联合国粮食及农业组织
用于推荐食品和饲料中最大残留限量的农药残留数据提交和评估手册

第　二　版

联合国粮食及农业组织农药残留专家联席会议　编

单炜力　主译

中国农业出版社

联合国粮食及农业组织

北京，2012 年

本出版物的原版系英文，即 *Submission and Evaluation of Pesticide Residues Data for the Estimation of Maximum Residue Levels in Food and Feed*（*FAO Plant Production and Protection Paper No. 197 - Second edition*），由联合国粮食及农业组织于 2009 年出版。此中文翻译由中华人民共和国农业部农药检定所安排并对翻译的准确性及质量负全部责任。如有出入，应以英文原版为准。

ISBN 978-92-5-506436-4（粮农组织）
ISBN 978-7-109-17426-9（中国农业出版社）

本信息产品中使用的名称和介绍的材料，并不意味着联合国粮食及农业组织（粮农组织）对任何国家、领地、城市、地区或其当局的法律或发展状态、或对其国界或边界的划分表示任何意见。提及具体的公司或厂商产品，无论是否含有专利，并不意味着这些公司或产品得到粮农组织的认可或推荐，优于未提及的其他类似公司或产品。本出版物中表达的观点系作者的观点，并不一定反映粮农组织的观点。

译 者 名 单

主　译　单炜力

译　者　（按姓氏拼音排序）

段丽芳　董丰收　龚　勇

郭素静　简　秋　柯昌杰

刘光学　刘新刚　朴秀英

乔雄梧　秦冬梅　宋稳成

孙建鹏　徐　军　徐　启

张琬菁　郑尊涛

主　审　叶纪明

前　言

《联合国粮食及农业组织用于推荐食品和饲料中最大残留限量的农药残留数据提交和评估手册》（以下简称《手册》）第一次修订版于2002年出版。修订版包含了1997—2001年间农药残留专家联席会议（Joint Meeting of Pesticide Residues，简称JMPR）报告的附加资料。自《手册》出版以来，JMPR制定了一些新准则，同时也修订了许多用于农药残留评估的准则，这些准则已经包含在JMPR年度报告中。与此同时，经济合作组织（Organisation for Economic Co-operation and Development ，简称OECD）农药残留工作组也制定了几个直接涉及农药残留评估的导则和文件。由于JMPR专家成员中的联合国粮食及农业组织（FAO）专家小组和OECD农药残留工作组的部分专家是交叉的，所以工作也是互补的。OECD工作组借鉴JMPR的应用准则，JMPR专家评估也应用OECD导则。

第二次修订的《手册》包含了当前JMPR中的FAO专家组评估农药残留及推荐农药最大残留水平建议值时所采用的基本准则。这些建议值经国际食品法典农药残留委员会（Codex Committee on Pesticide Resicues，简称CCPR）审议通过并被国际食品法典委员会（Codex Alimentarius Commission，简称CAC）采纳后成为国际食品法典标准。OECD的一些原理已经包含在《手册》中，但并没有特殊说明，这些导则和导则文件在参考文献中列出。考虑到读者对具体问题的特殊需求，《手册》给出了一个相关导则的参考目录。

除文本升级外，第二版《手册》包含了以下新的内容：

- 代谢研究
- 环境归趋的资料要求
- 分析方法的性能特征
- 田间试验的计划与执行
- 监测数据在香料最大残留量评估中的应用
- 残留数据的统计评估
- 每日摄入残留量的推算

为了便于读者阅读《手册》，每个章节用数字编号。章节号用粗体字标出，附录用罗马数字编号。

2002 年第一次修订版的前言

1997 年第一版《手册》准确描述了 JMPR 和《手册》的目标。

2002 年第一次修订的《手册》包含了 1997—2001 年间 JMPR 报告的信息。这些报告是在近来残留评估发现的基础上，对原导则和附加说明的修订。

1997—2011 年在残留评估方面有许多变化，特别是 1998 年，当 JMPR 第一次公布详细农药摄入评估计算时，长期膳食风险评估就被作为一个非常正式的基本内容。直到 1999 年，当 JMPR 能够公布许多正在被评价的农药—商品组合的评估细节时，短期风险评估也得到了应用。

自第一次修订以来，还在下面一些领域发生了根本的改变：

- 动物源食品的农药残留评估
- 转基因作物的残留
- 食品加工对残留的影响

应该根据原始背景理解导则。在 JMPR 里，通常对一种新情况，先行导则不起作用，或者应用有些牵强。某位专家因此采取了新的处理方法，并记录在评估报告中，事后得到了 JMPR 的同意，公布的报告就成了新的或修订的导则。导则不应该过度推广，也没有理由认为它们会比提出时设想的情景应用地更广。

当产生新发现时，导则会继续修订。

尽管在其他方面无需言明，但是《手册》以下目标应该得到进一步的明确阐明：

- 与 CCPR 及其成员国和其他 CCPR 的参与者保持联系
- 解释当前 FAO 专家小组所采用的程序

就像第一版前言里阐述的：“根据残留评估获得的经验和进一步的发现，《手册》将会继续修订”。

1997 年第一版的前言

农药残留专家联席会议（JMPR）是一个特设的专家团体，受 FAO 和世界卫生组织（WHO）的联合管理。JMPR 对农药残留化学和毒理学数据进行评审，建立农药最大残留限量（MRLs）和每日允许摄入量（ADIs）。JMPR包括两个组，FAO食品和环境农药残留专家组评估农药最大残留限量，WHO核心评估专家组（以前为WHO农药残留专家组）评估每日允许摄入量，并鉴别对环境中有机体的风险。

JMPR评估合理使用（法律允许使用）农药引起的食品和饲料中的最大残留量已经有30年了。这种评估是制定国际食品和饲料贸易中的国际间共用的最大残留限量标准（MRLs）的基础。

尽管不断修订依据的准则和数据要求，可能已经达到发达国家水平，但是FAO专家组和WHO核心评估组在各自领域应用的科学准则和数据要求是一致的。评估（专著）的格式也逐步修订。

本《手册》的目标是：

● 阐明、更新和加强FAO专家组评估实验数据和相关信息所使用的程序

● 提高FAO专家组工作透明度

● 规范制定法典MRLs要求的相关基础数据的种类、数量、质量和格式

● 促进成员国政府接受法典MRLs并在WTO-SPS协议中采用

● 要求数据提交者和FAO专家遵循该《手册》提供的信息和指南

● 帮助成员国评估农药登记残留数据，并协助建立本国的评估体系

现行的《手册》包含了所有当前JMPR估算最大残留限量标准和规范残留试验中值时所用到的相关信息和准则。由导则的性质决定，为适应新的科学发现和标准，导则会随着时间变化而修订，使用者应该通过参阅更新的JMPR报告了解最新的（修订）情况。由于残留数据评估会不断地更新和发展，因此本《手册》也将持续更新。

致　谢

由于JMPR在2002年后应用了新的准则，《手册》第一次修订版再度被修订。

感谢Árpád Ambrus教授，FAO临时顾问，准备了第二版的草稿。

感谢Ursula Banasiak博士、Eloisa Dutra Caldas教授、Steve Funk先生、Denis Hamilton先生、David Lunn先生、Dugald MacLachlan博士、Katerina Mastovska博士、Bernadette Ossendorp博士、Christian Sieke先生以及其他FAO专家组成员和FAO联合秘书杨永珍博士提供的意见和建议，真心诚意地感谢他们的贡献和帮助。

感谢Kevin Bodnaruk先生，FAO编辑，在《手册》的文字编辑和版面设计方面给予的巨大帮助。

2002年第一次修订版的致谢

《手册》的修订是根据1997年以来的JMPR建议进行的。

感谢Denis Hamilton先生，FAO专家组成员之一，为《手册》起草了技术科学内容。感谢2001年FAO专家组其他成员和特邀专家，包括Árpád Ambrus博士、Ursula Banasiak博士、Eloisa Dutra Caldas教授、Steve Funk博士、Caroline Harris女士、Dugald MacLachlan博士、Bernadette Ossendorp博士和Yukiko Yamada博士对《手册》修订作出的贡献。同样，也非常感谢Tony Machin先生的建议和意见。

感谢Amelia Tejada博士，FAO联合秘书，负责组织了这个项目。感谢Jacinta Norton女士在文字的语法编辑和版面设计方面给予的帮助。

1997年第一版的致谢

本《手册》由FAO的JMPR秘书发起，由A. J. Pieters博士和A. F. H. Besemer教授启动，并由K. Voldum-Clausen博士继续完成。

根据1997年JMPR FAO专家组成员的建议，《手册》文本是由Árpád Ambrus博士在专家组成员和特邀专家Angie V. Adam博士、Ursula

Banasiak 博士、Stephen Crossley 先生、Eloisa Dutra Caldas 博士、Denis Hamilton 先生、Fred Ives 先生、Elena Masoller 女士、Tsuyoshi Sakamoto 博士和 Yukiko Yamada 博士的协助下完成修订的。

感谢所有为《手册》的制定作出贡献的人。

目　　录

1 引　　言

内容

1.1　本《手册》适用范围

本《手册》说明了 JMPR 工作的历史背景，陈述了工作目的、选择农药的程序、推算最大残留量的数据要求以及试验结果评估和信息提供所遵循的原则。

本《手册》所使用的术语定义见附录Ⅱ。手册制定过程中所使用的相关文件见参考文献。

1.2　历史背景

第二次世界大战后，农业生产中农药使用的迅速增长，导致各国政府加强了对农药销售和使用的规范，以避免那些带有不可接受特性的化学物质流入市场。为保护农药使用者、食品消费者、家畜以及未来的环境，化学物质的使用受到规范。

为此，政府要求制造商和其他数据提供者提交有关它们的产品特性和意向用途的信息。鉴于各国在要求提交数据的内容和范围上千差万别，国际组织开始尝试协调相关要求。

1959 年 4 月，FAO 总干事在罗马召开了一个农药在农业生产中使用的专家组会议。该专家组审议与农药使用有关的多个问题。关于农药残留，专家组提议应敦促各国政府允许除公众卫生管理机构之外的其他有关农药和动植物保护的机构就控制农药残留水平法规的制定提出建议，应加强对有关食品和饲料中农药残留分析问题的研究。此外，专家组还建议就食品和饲料中农药残留所引起的危害、确定指导设立农药残留允许水平的原则、为实现农药的安全使用准备一份有关毒理学数据和残留数据的国际准则的可行性等问题由 FAO 和 WHO 联合开展研究。

为落实此建议，FAO 专家组与 WHO 农药残留专家委员于 1961 年 10 月在罗马召开了一次联席会议。在致参会人员的信中，FAO 和 WHO 的总干事声明除其他事项外，本次会议应审议制定食品中农药残留允许量原则。此次会议定义了许多术语，奠定了 JMPR 当前使用的“术语表”的基础。尽管会议制定了由每日允许摄入量、食品因子和消费者平均体重计算而来的“允许水平”的概念，它同时赞同“应（遵循良好农业操作规范）考虑食品首次用于消费时的农药残留实际水平”的基础推测“允许量”，相当于现在的 MRL。会议建议 FAO 和 WHO 总干事推动有关执行病理学试验和评估研究方法的研究，制定每日允许摄入量，国际上接受的农药残留分析方法。会议未就国际上接受的允许量估测达成共识。原因是不同国家可能会就同一农药在相同作物上制定不同的允许量，但是只要它不超过允许水平，将不会阻碍食品在国际贸易中的自由流通。

1962 年 11 月，FAO 在罗马召开了一个关于农药在农业中使用的大会。会议对不同地区以及同一地区的国家之间存在不同的残留允许量表示关切。会议强烈要求 FAO 调查产生不同残留允许量的原因，如有可能，寻找使它们协调一致的方法。因此，大会建议成立的农药残留工作组应重点关注：(a) 农药的毒性和试验方法；(b) 统一允许量的可能性；(c) 分析方法的协调性；(d) 搜集残留数据的调查；(e) 建立一份感兴趣的政府应优先开展研究的农药列表。大会支持食品中的农药残留量不应该超过良好农业操作规范（GAP）条件下产生的残留量原则，但是建议各国政府在就该议题达成国际协议之前不要制定农药允许量。

1963 年 9 月 30 日至 10 月 7 日在日内瓦召开了 FAO 农业农药委员会和 WHO 农药残留专家委员会的联席会议。对许多农药的毒理学特性进行首次研究，并建立了一些 ADIs，但在残留领域没有取得任何进展。

根据 1962 年 FAO 大会建议，FAO 农药残留工作组于 1963 年 12 月召开第一次会议。工作组研究了形成农药允许水平方面建议的方式和方法。下列几点被认为很关键：

a. FAO 应能够从政府和农药生产商那里获得 GAP 条件下的残留试验结果。这些数据应交由 FAO 农药残留工作组审议。在考虑 ADI 和 FAO 食物平衡表中国家营养模型的基础上，工作组应就单个作物上农药残留允许量提出建议，供政府和国际食品法典委员会农药残留专家委员会审议。

b. 在对市场商品的调查中发现的残留结果。

c. 由 FAO 农业农药委员会和 WHO 农药残留专家委员会的联席会议推荐的 ADIs。

d. 国家营养模型。

e. 可接受的残留分析方法，国际食品法典农药残留委员会也应采纳这些方法。

对那些尚待确定 ADI 估测值的农药，工作组可以建议临时允许量，并要求只有在 FAO 工作组搜集和评估所需数据并提出允许量建议案后，国际食品法典委员会农药残留专家委员会（CCPR 的前身）才应召集会议。此程序使得由政府代表组成的国际食品法典委员会能够对以独立身份参加活动的专家提供的技术信息进行审议。

1.3 JMPR 工作目标

JMPR 目前由 WHO 核心评估组和 FAO 食品和环境中农药残留专家组组成。它是由 FAO 和 WHO 总干事根据两个组织的规章召集成立的一个独立的科学专家机构，主要任务是提供有关农药残留的科学建议。

WHO 核心评估组负责审查农药毒理学及相关数据，估算农药的无观察副作用剂量水平（NOAELs），制定人类食用的食品中残留的日允许摄入量（ADI）。另外，根据资料和情况的要求，该组还负责评估急性参考剂量和其他毒理学标准特征，例如非膳食暴露。

FAO 专家组负责审查农药使用模式（GAPs）、农药的化学和组成资料、环境归趋

（由于它影响在食品和饲料商品中的残留）、家畜和作物体内的代谢、农药残留分析方法以及估算食品和饲料商品中最大残留量和规范残留试验中值的分析方法。在确定残留是否会引起公共健康问题时，应考虑 WHO 核心评估组评价的有效成分及其代谢物的毒性。建议 CCPR 考虑最大残留量水平，并提交 CAC 采纳为国际食品法典最大残留限量标准（法典限量 CXL）。CCPR 在推荐国际食品法典农药残留标准时要依据 JMPR 提供的科学建议。会议提供客观公正的评估至关重要。这要求对所有可获得的数据进行独立评估。

FAO 专家组撰写的专著包含了估算最大残留量所需的所有信息。此外，他们还提供了辅助信息，如农药的物理和化学特性、残留物在各种组织的分布、残留物的贮存稳定性、加工和烹饪对残留水平的影响以及在环境中的归趋等。

1.4 JMPR 评估程序

本《手册》仅限于 FAO 专家组应遵守的程序。

JMPR 所做的评估包含以下三类：

- 新农药的审查（JMPR 首次进行评估的农药）
- 根据周期审查程序进行的农药审查（周期审查）
- 对除新农药或周期审查农药以外的其他农药的新信息的再评估

新农药和周期审查农药的评估原则非常相似，都遵循（第 3 部分）资料和信息要求规定的主题顺序进行。当获得某种农药使用和残留的新信息时，如使用方式的改变或新的使用方式、代谢或残留行为数据等，需要对其进行再评估。再评估通常是为了处理、澄清 CCPR 提出的单个问题。周期审查和再评估的范围和深度存在本质区别，在第 5 部分中予以解释。为了明确区别农药的周期审查和再评估，后者通常被 FAO 专家组称为正常的再评估。

会议议程由 FAO 和 WHO 联合秘书根据 CCPR 提议并根据 CAC 批准的优先列表以及评估所需数据的充足性等信息来决定。当对一种新的或者正进行周期评估的农药进行评估时，通常情况下最好是在同一年进行毒理学和残留审议。然而出现一些实际问题，如在残留定义不能确定时、残留评估进展难以令人满意或无法有效进行时，在这种情况下，最好是在开展残留评估前先完成毒理学评估。

成员国、产业界和其他数据提交者应向 FAO 专家组提供所有相关信息，包括鉴别、代谢、环境归趋、残留分析方法、使用模式（登记的和官方授权使用、规范残留试验、家畜喂养研究）、贮存和加工中残留的归趋、发生在贸易和消费食品中残留的特殊案例信息、国家残留定义等。

JMPR 的 FAO 联合秘书将需要审查的农药分配给 FAO 专家组成员，并通知相应的资料提交者，公司将所需信息提交给专家组成员，他们将会对公司的信息以及在会前通过 FAO 联合秘书处从成员国那里收到的信息一起进行评估，并准备起草包含实验数据总结及相关信息的专著以及包含评估结果和建议草案的评定书草稿。

在联席会议期间，FAO 专家组讨论专著和评定草稿，协商建议草案。JMPR 的建议完全是建立在对提供资料进行科学评估的基础上的。在缺乏充分的毒理学和残留资料时，会议不能做出最大残留量建议。如果需要，FAO 和 WHO 专家组统一协调他们的活动，讨论化学和毒理学方面的问题，例如，代谢方式、代谢物水平和毒理学意义、澄清或解决疑难问题，最后专家组发布一份含有会议结论和建议的联合报告。

接受或拒绝这些建议是 CCPR 的职权，包括撤销之前适合用作 Codex MRLs 的建议。CCPR 有权考虑它认为合适的保留 MRLs 的因素。

下面简要介绍 FAO 专家组执行的评估程序。在后面的章节里将详细介绍评估程序的每个阶段。对一种新化合物（或周期审查农药）的评估程序中，将对大量的信息和实验数据进行审查。

对有效成分的物理和化学特性以及农药在动植物体内、土壤和水中的代谢和降解开展研究，以期测定残留的构成和分布。在这些信息的基础上，同时考虑可用的分析方法以及代谢和降解产品的毒理学意义，专家组将为监测目的和膳食摄入评估目的提出残留定义建议。

JMPR 不批准农药的使用。需要强调的是规范田间试验获得的残留数据只有在田间试验条件符合相关的国家 GAP 时才可以用于估算最大残留量。最大残留量的估算基础是已批准的国家最大残留使用量（关键或最大 GAP），这通常会在法典限量应用的商品部位上产生最大残留量（附录Ⅵ）。一种例外情况就是最大残留会引起急性摄入关注。在此种情况下，如果能得到合适的残留量，JMPR 会支持一种残留量在可接受范围内的替代 GAP。

在考虑家畜喂养试验结果和饲料产品中的残留时，在较少的情况下，自动物代谢试验获得的信息的基础上，对动物源性商品的农药最大残留量进行估测。动物源性商品的 MRL 还同动物直接使用农药有关。

为评估实验数据的可靠性和可在监管实验室里获得的估算残留定量限（LOQ），对谱图的分析方法和有关样品贮存残留稳定性的信息进行评估。

在估算膳食摄入量时，要考虑加工和烹饪时的残留归趋以及可食部分的残留。

国家监测项目的结果提供了有关实际使用下残留的有用信息，它们被用来估算再残留限量，并作为特例用来估算香料中的最大残留量（6.11.1）

为评估由作物从土壤处理和后茬作物中吸入残留的可能性，以及持续残留造成的环境污染可能导致食品和饲料中的残留，要对环境中的残留归趋进行评估。

2 评估农药的选择

内容

新农药的选择

已有农药的周期评估

农药的再评估

2.1 新农药的选择

FAO 和 WHO 食品标准联合项目联合秘书处定期邀请 CAC 成员国建议添加到法典农药优先列表中的农药，随后 JMPR 会对其进行评估，并在之后的 CCPR 会议上进行审议。根据收到的信息，CCPR 准备农药优先列表和临时列表，供 JMPR 在以后的会议上审议。

在对经 JMPR 评估的新农药进行优先排序时，委员会要遵守食品法典手册规定的标准[①]。

2.1.1 为法典优先列表推荐农药程序

食品法典委员会秘书处的通告 CL 1996/35—PR 说明了推荐程序。在建议将农药列入食品法典优先列表时要遵照以下程序。需要提交相关信息的表格见附件Ⅷ。

列入优先农药列表标准

在考虑将一种农药放入优先列表之前，它：

a. 必须在一个成员国予以登记

b. 必须是用作商业产品

c. 不能已经同意审议

d. 必须是在国际贸易中的食品和饲料商品中产生残留，且残留是（或者可能是）公共健康关注的问题，因此造成（或有潜在可能性造成）国际贸易问题

挑选应建立食品法典 MRLs 或者 EMRLs 的食品商品的标准。

寻求建立食品法典 MRLs 和 EMRLs 的商品应：

a. 构成国际贸易的一部分

b. 代表日常膳食的一个重要组成

c. 在监测计划中发现含有农药残留（通常是指 EMRL）

满足选择标准的商品—农药组合应遵从的程序

建议政府核查这个农药是否已经在法典系统中。

---

① 《国际食品法典委员会程序手册》，第十八版，2008，www.codexalimentarius.net。

注：已经包含在或正在考虑列入法典系统中的农药—商品组合可在由每一届 CCPR 会议准备的用作讨论基础的工作文件中找到。可查询该文件的最新修订版，确定某种农药是否已经被审议。

如果答案是“是”，参照下面 b；

如果答案是“否”，参照下面 a。

a.

（ⅰ）就是否存在充分的毒理学、残留和关键的支持性资料咨询生产厂商，确定其是否愿意向 JMPR 提供数据以及提供的时间。

（ⅱ）用附录Ⅷ规定的表格，将信息提交给 CCPR 指定的人。

b. 如果这个农药已经被 JMPR 评估过，且已经建立了 MRLs、EMRLs 或者指导限量（GLs），会出现两种情况：

（ⅰ）如有兴趣为一种新商品制定 MRLs。应查阅最新的包含所有 MRLs 的工作文件，确定商品或商品—农药组合尚未制定 MRLs。如有兴趣为新商品开发数据，政府应及时与产业界磋商合作的可能性，例如，生产商可能愿意分析按照第 3 部分的基本要求进行的规范残留试验得到的样品。可以直接向 JMPR 的 FAO 联合秘书提交对新商品—农药组合和新残留资料的建议。FAO 秘书可以决定评估新建议的日期，而无需按照上面 a 所要求的，根据附录Ⅷ进行提交。

（ⅱ）当存在新增的毒理学数据时，政府可能会愿意对某个农药进行重新评估。为此应使用附件Ⅷ中的表格。当某特定农药存在严重的公共健康关注时，政府应立即通知 JMPR 的 WHO 联合秘书，并提交适当的资料。

通讯的备份

给上述所有人的信件应该抄送 CCPR 主席和指定人员，无需附带详细的毒理学或残留资料。

资料截止日期

上述程序主要与建立食品法典优先列表有关。2009 年 CCPR 年会确认[①]委员会将在同年完成对 JMPR 评估的建议，并提交 CAC 采纳，且本年度的计划不应有任何其他变化。一旦确定 JMPR 的议程，JMPR 秘书处要求在指定的截止日期前提交详细的残留和毒理学资料。

自 2010 年起，应在 9 月 1 日前将资料目录提交给 FAO 联合秘书，在当年的 11 月 30 日计划审议前提交完整残留资料。那些可供 FAO 专家组考虑 CCPR 会议提出的问题（通常以 CCPR 关注格式提出）的次要材料通常在考虑问题当年的 5 月 31 日前受理。已同意按计划提交 JMPR 评估的优先列表要附在 CCPR 年会报告中，并散发给成员国。

产业界的联络点

有关具体农药的产业联络点的详细信息可从 CLI 的技术部获得（Avenue Louise 143 B-1050 布鲁塞尔，比利时，info@croplife. org，www. croplife. org. ）。

---

① 第 41 届国际食品法典农药残留委员会年会报告，第 187 段。

2.2　已有农药的周期评估

由于随着时间的推移，农药的使用条件会发生改变，已有的法典 MRLs 可能不再反映当前的使用方式。另外，一些原有的毒理学研究和残留试验不能符合现有的标准。在 CCPR 和 JMPR 内部，对于保留那些不再反映当前信息的正式法典 MRLs 亦受到关注。因此，根据 CCPR 周期评估程序（附录Ⅳ）对已有农药进行重新评估。

在对需由 JMPR 进行周期重新评估的农药进行优先排序时，CCPR 会考虑以下标准：

a. 摄入和/或毒性资料是否表明某种程度的公共健康关注。

b. 超过 15a 未进行毒理学审查和/或 15a 来未进行重要的最大残留量审查的农药。

c. 农药列入周期再评估候选名单的年限-但还未列入计划。

d. 将要提交的资料。

e. 某一成员国政府是否建议 CCPR 此农药应对贸易摩擦负责。

f. 是否有一种密切相关的农药可作为周期再评估候选农药，现在可对其进行评估。

g. 通过近期国家重新评估获得当前标签的可能性。

2.2.1　当前正在进行国家重新登记的农药的周期审查

对那些已报告进行周期评估，但正在由国家主管机构进行重新登记的农药，应向 FAO 联合秘书提供下列信息：

- 目前已登记的用途
- 目前已登记并将会受到支持的用途
- 可预见的新的或修订用途
- 登记状态和新的或修订用途将变成 GAP 的时间估测
- 已登记用途被撤销的时间估计
- 对从规范残留试验获得的数据有关用途的清楚说明（新的、修订的或当前没有获得支持的用途）

还可参见 3.4.1。

2.3　农药的再评估

在 JMPR 对某种农药进行评估后，授权的用途可能会改变，或可以获得有关农药特性的新信息可能会影响推荐的 MRLs 或者要求估测其他商品的新的最大残留量。

对 JMPR 已评估过的一种农药，如果出现下列一种或者多种情况，可能会需要进行新的评估：

a. 新获得的毒理学资料表明 ADI 或者 ArfD 有重大的改变。

b. JMPR 可能会标注周期再评估或者新的化学农药评估存在的资料欠缺。为此，成员国政府或者其他有关团体可能会承诺向 JMPR 的联合秘书提供信息，并抄送 CCPR 供其审议。在 JMPR 临时议程排定后，这些资料应随后提交给 JMPR 联合秘书。

c. CCPR 可能会对某种农药适用 4 年规则，在此情况下，政府或者产业应向 JMPR

的 FAO 联合秘书表明对具体 MRLs 的支持。在 JMPR 临时议程确定后，任何支持保留 MRLs 的资料都将提交给 JMPR 的 FAO 联合秘书。

d. 成员国政府可以尝试扩大现有法典农药的适用，也就是说，可从已有的其他商品的 MRLs 获得一种或者多种新商品的 MRLs。这种要求应向 JMPR 的 FAO 联合秘书提出，并提交 CCPR 审议。在 JMPR 临时议程确定后，需要向 JMPR 的 FAO 联合秘书提交资料。

e. 因 GAP 的改变，成员国政府可尝试审查某个 MRLs。例如，一个新的 GAP 可能会需要更大的 MRL。在此情况下，应向 FAO 的联合秘书提出要求，并提交 CCPR 审议。在 JMPR 临时议程确定后，需要向 JMPR 的 FAO 联合秘书提交资料。

f. CCPR 可以要求对 JMPR 的某个建议予以澄清或者进行重新审议。在此情况下，有关的联合秘书将会将此请求列入下届 JMPR 议程。

在上述情况下，将在以后的 JMPR 上对该农药进行重新评估。

3 JMPR 评估所要求的数据和资料

内容

3.1 引言

JMPR 不是一个管理机构，因此严格意义上讲，它不能要求提交数据。然而，当资料不充足时，它能做到停止估算最大残留水平。在此情况下，报告中会说明缺少的资料。对于残留评估来说，会议要对某种农药的使用、归趋和其残留等所有方面进行审议，这就意味着有必要提供所有这些试验的信息。只有 JMPR 才有权决定哪些资料是相关的，哪些是无关的。当发现提交的材料中缺失资料或者在某些方面不够充足时，JMPR 会公布它认为“理想”的资料清单。

建议资料提供者在编辑所要提交的资料包时遵循本部分的指南。

3.2 新农药和周期评估农药

本节列出了评估新农药和周期评估农药的残留所需要的资料和信息。

周期评估的目的是为了充分利用现有的资料库，而不管试验时间长短。因此，成员国和产业应提供所有相关信息，不论这些信息是否之前已经提交过。然而，经验表明，一些周期评估提交的资料对于估算最大残留水平作用有限。例如：

- 残留资料与当前 GAP 没有关系，缺少足够的田间试验行为细节、样品处理或者分析细节（包括相关的回收率数据）的资料。
- 非选择性分析方法获得的残留资料，例如比色分析或者生化分析等。

● 缺少取样、样本运输、样本贮藏和取样到贮藏以及贮藏到分析的间隔时间等具体情况和条件的信息。

● 遗漏关键性支持研究，例如代谢、家畜饲喂、加工、分析方法和冷冻器贮藏稳定性研究。

在考虑数据库有效性时，对存在明显不足的残留数据和研究，即便作为补充材料提交，也只能逐一进行判定。

在准备产品报告（工作报告）时，数据提交者应该根据当前的使用规范、残留定义、分析方法等考虑残留资料的相关性，并且只有当这些资料与产品当前或者建议的用途相关时才能提交。如果不能提交关键性支持研究数据，那么必须在提交资料时解释说明关键性支持研究数据没有提供的原因，例如加工信息。符合现代国家登记系统要求的研究通常都会符合 JMPR 的要求。

提交资料（数据包）的内容和格式应该遵从 JMPR 评估的格式。

3.2.1 识别

ISO 通用名
化学名称
化学文摘登录号
CIPAC 号
实验式
结构式
分子式
相对分子质量

3.2.2 物理和化学特性

提供详细的新的和周期评估农药的物理和化学特性，作为解释现有试验数据的指南。

纯有效成分：

外观
蒸气压（mPa，在规定的温度下）
熔点
正辛醇—水的分配系数（在规定的 pH 和温度下）
溶解度（在规定温度下水和溶剂中）
密度（g/cm^3，在规定的温度下）
水解（在规定的 pH 和温度下）
光解
电离常数
热稳定性

原药：

最低浓度

主要杂质（含量范围，作为保密信息不会出现在 JMPR 的专著里）
熔点范围
稳定性
FAO 原药或母药的规格参考

制剂：

提供一个商业上可获得的制剂表
FAO 制剂规格的参考

3.2.3 代谢和环境归趋

需要的信息：

- 动物代谢
- 植物代谢
- 土壤中的环境归趋
- 水—沉积物系统内的环境归趋

另外，体外试验资料对表明农药是否可能经历水解（酸、碱或酶）氧化还原、光解或其他变化是有用的。

鉴定和描述残留成分，包括不可萃取残留物的剂量水平和标准与登记机构的指南是相似的。为了指导资料提交者和帮助评估实验，下面总结了最重要的原则。

开展代谢研究是为了确定有效成分的代谢归趋并解释代谢路径。许多农药在施用于植物、土壤、水和牲畜以后，会发生变化。因此，在制定残留分析方法和残留定量之前，一定要确定最终残留的构成。

要求对全部的放射性同位素标记的有效成分予以量化，包括可提取的和不可提取的。有效成分应予以标记，以便尽可能地实现对降解路径的跟踪。放射性同位素标记应放置于分子中，以便对所有重要的部分和降解产物进行跟踪。如果存在多环结构或有重要支链，且这些部分之间预计发生裂解，那么通常会要求对每一个环或支链标记进行单独研究。如果预期不会发生裂解，那么可以依据多重放射性同位素标记开展的研究提交一个合乎科学逻辑的解释。

在决定标记位置时，需要确保选择一个稳定的位置。首选的同位素是^{14}C，如果没有 C 原子可标记，或者分子中只有不稳定的 C 支链，那么^{32}P、^{35}S 或者其他的放射性同位素会更合适。由于氢极易在物质内部转移，^{3}H 非常不适合作为标记。如果选择了不稳定的支链或者使用氚标记，那么只有当植物体内所有重要的放射性部位得到识别并被发现与有效成分相关，且与从有效成分分子基本结构的标记丢失无关时，代谢试验才会被认为是有说服力的。

放射性同位素标记的有效成分的放射性比度应充分满足代谢研究的总体数据要求[可食组织、奶、蛋和植株母体的残留放射总量（TRR）的量为 0.01mg/kg]。1 倍剂量研究一般用于确定是否超过阈值水平。当残留水平预期较低，1 倍处理剂量的研究可能无法提供足够的数据来确定代谢路径，因而推荐使用大剂量，例如 5 倍剂量。

代谢研究的预期目标是鉴定和描述可食用组织、奶、蛋和每种初级农产品中至少 90%的残留放射总量。在许多情况下，可能无法鉴别 TRRs 中的重要部分，特别是当残留总量很低时，或者残留物与生物分子相结合时，又或者有效成分被大量代谢成为低浓度产物时。在第三种情况下，申请者要明确说明代谢物的存在及其代谢水平，如有可能，尽量说明其特征。研究应该利用目前最先进的技术并给出这些技术的引用出处。表3.1提供了鉴定和说明可提取的残留物的策略指导。

表 3.1　鉴定和说明来源于作物代谢产物的可提取残留物的策略

相对含量（%）	浓度（mg/kg）	应采取的行动
<10	<0.01	没有毒理学问题不采取措施
<10	0.01～0.05	确定性质。只有容易确定结构的时候才尝试确定结构，例如有参考物或以前的研究已确定了化合物的结构
<10	>0.05	每个化合物逐个考虑，根据已确定结构的化合物数量，决定对化合物进行结构、性质确定
>10	<0.01	确定性质。只有容易确定结构的时候才尝试确定结构，例如有参考物或以前的研究已确定了化合物的结构
>10	0.01～0.05	尽力确定结构尤其是需要确定代谢途径时，最终获得性质信息
>10	>0.05	用所有可能用的方法确定结构
>10	>0.05 结合态放射性残留物	参见注释

注：如果未萃取的放射性标记部分的放射性低至0.05mg/kg的临界值或TRR的10%，取两者中的较高值，那么萃取的固相部分应进行定量测定，尝试释放放射性物质以作进一步鉴定。

萃取的固相部分可以连续处理或平行进行处理。建议的处理方式：37℃加入稀释的酸或碱，应用表面活性剂、酶，加入6mol/L的酸或10mol/L的碱回流。需要注意的是，处理条件越温和，得到释放的残留物结构越准确。而用酸碱回流等方式进行提取，可能会释放出残留物最后的水解产物，这些水解产物可能与原先的结合残留物在结构上相差较大。代谢研究的推荐程序的具体信息在OECD测试化学导则501作物代谢和导则503家畜代谢中有具体说明①。

在开展作物代谢研究过程中，保留放射性标记的样品用于随后的分析方法的开发（为了监测、数据收集或膳食风险评估的目的），对评估这些方法的回收率（有时候叫做方法的“放射验证”）将非常有帮助。保留的样品应该包括作物的代表部分、肌肉、肝、奶和蛋。如果某一类有机质存在代谢富集的情况，那么这些有机质同样需要被保留。然而，如果分析方法与放射性标记研究中使用的方法相同，则通常就没有必要保留此类数据。分析方法提取过程的放射性验证应该作为分析方法报告的一部分提交，或者它可单独作为一个报告，也可以放在代谢报告中。在所有数据的简介或摘要中应该指明其放置的位置。

用于评估的资料要包括建议的代谢路径的资料，带有含有相关的化学结构和名称［包括化学文摘服务（CAS）、国际纯粹与应用化学（IUPAC）的名称］的表格，在植物不同部位（表面、叶子、茎和可食根部）、动物不同组织（脂肪、肌肉、肾、肝、蛋和奶）以及在不同类型的土壤中的代谢物的量。代谢路径应该明确所有假设的中间代谢产物和代谢产物。在植物、动物和土壤中的代谢产物的组成和消失的比率同样需要研究。如果代谢物或者蚀变产品的结构同其他已知的注册农药相同，且资料已经公开，那么在提交的资料中应该说明这种情况。

① OECD测试化学导则，No. 501，No. 503。

代谢研究使用的分析方法要具有确定残留物组成的能力，而不管残留物是游离态的、结合态的或者未提取的，这些应说明清楚。

需要强调的是，家畜代谢研究的所有数据需要同时提供给 WHO 核心评估组和 FAO 专家组。通常 WHO 专家会将会在其专著中详细讨论小型试验动物，例如小鼠、大鼠、豚鼠、兔子和狗的代谢研究，而 FAO 专家会将会在其专著中详细讨论家畜，例如牛、山羊、绵羊、猪和鸡的代谢研究。植物代谢所需数据应该提供给 FAO 专家组，而 WHO 专家组则只需要植物代谢机制的方案。

家畜和植物体内的代谢研究应该提供支持建议的食品、商品残留定义的基本信息以及提供某种残留是否可以被归为脂溶性的证据。

3.2.3.1 家畜代谢

当农药直接适用于家畜、家畜饲喂场所，或者用于动物饲料的作物和产品、草料，或可能用于动物饲料的任何植株部分出现明显的农药残留时，需要开展研究。

需要分别开展在反刍动物和家禽上的动物饲喂研究（家畜饲喂研究）。除特殊情况外，不必开展猪的代谢研究，因为可以从大鼠的研究中获得单胃动物的代谢机理资料。如果大鼠的代谢机理不同于母牛、山羊和鸡，则需要提供猪的代谢研究。这里的不同包括（但不限于）下面几个方面：

- 代谢程度的不同
- 观察到的残留物性质的不同
- 出现次级结构的代谢产物，且可能会引发潜在的毒理学关注

通常，最重要的代谢研究指的是反刍动物和家禽。反刍动物的首选是泌乳期山羊或母牛，家禽的首选是鸡。

对于每一组农药的实验条件（经口或经皮，各放射标记部位等），实验动物的数量应该按下列规定。一个反刍动物的代谢研究可以使用一个单一动物来完成。对于家禽，建议每次实验（或一个剂量）使用 10 只。如果有科学要求，可以增加实验动物数量。在家畜代谢研究中没必要设对照动物。家畜经口代谢研究使用的最低剂量应与饲喂饲料中观察到的农药的最大残留量相当。不论怎样，对于经口研究，饲料中家畜的剂量至少为 10 mg/kg。经皮试验的最低剂量为农药标签给出的最高浓度。通常需要加大的剂量以获得足以鉴定和描述组织中的残留量。反刍动物和猪至少给药 5d，而家禽至少给药 7d。

如果代谢研究是为了代替单独的使用未标记农药的家畜饲喂研究，那么需要增加施用过合理剂量的第二种动物（或第二组家禽），如果怀疑未达到坪水平，则强力推荐延长动物给药期。在这种情况下，JMPR 可能需要在缺少动物饲喂研究的情况下，推荐动物组织的最大残留水平。使用代谢研究免去动物饲喂试验要有充分的科学理由，尤其是在代谢研究中奶或蛋中未达到坪水平更是如此。

在家畜代谢研究中的所有剂量估算是以干重计算的。值得注意的是，使用作物处理百分比或残留中值等信息来确定这些试验的剂量是不能被接受的。

3.2.3.2 植物代谢

植物代谢研究应按下述方式设计，以便在农药使用符合最大 GAP 条件时，它可以代表残留物的构成。在用最大施药剂量得到较低的残留量时，为便于代谢物的识别可以增加施药剂量。作物要用放射性同位素标记的有效成分来处理，最好使用田间最终使用的剂型。

农药可能使用的每一类型作物组都要进行作物代谢研究。作物可能属于下列五类作物代谢研究的一类：

- 根类作物（根类或块茎类蔬菜、鳞茎类蔬菜）
- 叶类作物（芸薹属蔬菜、叶类蔬菜、茎类蔬菜、啤酒花）
- 水果（柑橘类、仁果类、核果类、小果类、浆果类、香蕉、坚果、果类蔬菜、柿子）
- 豆类及油籽类（豆类蔬菜、豆类、油籽、花生、饲用豆科作物、可可豆、咖啡豆）
- 谷类（谷类、牧草及饲料作物）

从代谢研究的角度，作物组中的一种作物应该能代表该作物组中的所有作物。为了将一种农药的代谢放大到整个作物组，则至少进行三种代表性作物（从5种不同类别的作物组中）的代谢研究。如果这三类作物的研究结果显示了类似的代谢途径，就不需要对其他两组作物进行额外的研究。

研究应反映该有效成分的使用方式，例如叶面处理、土壤或种子处理、收获后处理。如果用叶面处理已经进行三个试验，后来批准用途中又增加了土壤处理，例如种子处理、颗粒剂、土壤浇灌等，那么就应该补充反映土壤处理的试验。

如果在相同的条件下进行研究，例如相同安全间隔期（PHI）和生长阶段下叶面喷雾，发现代表作物的代谢途径不同，那么需要进一步研究农药在其他作物组上的使用，并获取其最大残留限量。如果属于相同代谢途径，只是代谢物残留量不同，则没有必要进行补充试验。

除了三种代表作物外，还存在就作物和/或它的生长条件而言，批准使用较为特殊的情况，那就有必要进行另外的代谢研究。例如，如果农药用于水稻，那么无论是否有其他可获得的代谢研究，都应该提交水稻代谢研究。

开展后茬作物代谢研究是为了确定人类食品或动物饲料的后茬作物中农药残留的性质与数量。对于（不限于）下列商品或作物组，通常不需要进行多年生或半多年生作物代谢研究，包括：芦笋，鳄梨，香蕉，浆果类水果，柑橘类水果，椰子，红枣，人参，朝鲜蓟，番石榴，芒果，蘑菇，橄榄，番木瓜，西番莲，菠萝，车前草，仁果类水果，大黄，核果类水果以及坚果类作物①。

具体讲，研究应实现以下目的：

- 提供各类初级农产品通过土壤吸收的放射残留总量（TRRs）的评估。
- 识别各种初级农产品中最终残留物的主要成分，因此说明需要在残留定量研究中分析的残留成分，也就是说，用于风险评估和监测的残留定义。
- 阐明后茬作物中活性成分的降解途径。
- 提供信息，以便根据残留吸收水平确定后茬作物的试药限制。这些信息主要为国家登记机关使用。
- 提供信息以决定是否需要提交有限的后茬作物规范田间试验（见3.5.2）。

除非标签上注明的用途限于一种土壤类型而非沙壤，试验通常应该在处理过的沙壤土上进行，且放射性标记物质的施用量要相当于季节最大施用剂量（1倍）。在任何情况下土壤都不能灭菌。如果标签建议每隔1周施药1次，每公顷施药1kg，共施药9

① OECD测试化学导则，No. 502。

次，那么就可以获得季节最大施用剂量。例如，每公顷一次施用9kg的有效成分或每公顷3kg，施药3次或其他用药方案，只要达到季节最大施药量。在上述所有情况下，土壤中农药降解开始的时间认为是从最后一次施药算起。应该使用含放射性同位素标记的有效成分的农药来处理土壤，最好是具有商品制剂的成分，且通常是田间施用的最终产品。如果是传统的农业生产操作，农药施用于土壤后就可能被土壤吸收。

后茬作物应该代表以下的作物组：

- 根类和块茎类蔬菜，如萝卜、甜菜或胡萝卜；
- 小粒谷类，如小麦、大麦、燕麦或黑麦；
- 叶类蔬菜，如菠菜或莴苣。

如有可能，标签上应当包括后茬作物名称。

代表性的后茬作物应该在三个适当的轮茬间隔期后进行种植，例如，7～30d用来评估作物种植失败或短期后茬作物情况；60～270d用来反映前茬作物收获后传统的轮茬情况；270～365d是评估来年再种植后茬作物的情况。选择的轮茬间隔期，应该以农药在农业上预期使用的情况和传统的轮茬种植为基础。在施用农药，如除草剂后，导致7～30d种植的后茬作物出现严重药害的情况下，应该研究改变第一个轮茬间隔期的开始时间。应提供有关因药害而做出的后茬作物种植限制方面的信息。

后茬作物代谢研究可以在温室、户外试验小区、人工气候生物培养箱内或以上两个的综合环境中进行，例如，后茬作物可以在温室条件下生长，土壤经过在户外或田间条件下的处理和老化。

如果没有其他合适的茎叶代谢试验，收获后使用的农药应至少进行一次试验。如果有熟透的商品，且暴露在用药环境中，那么茎叶试验可以代替收获后试验。如果对不同作物组中的多种农产品都存在收获后施药，那么应该提交另外三个试验结果。

这些试验提供了有关总残留合理水平的信息，识别了全部最终残留中的主要成分，揭示了残留的分布路径和它的迁移情况（来源于土壤，被植物吸收或者表面残留），明确了残留不同成分的萃取过程的效率。

转基因和非转基因作物的农药代谢可能不同。转基因作物与非转基因作物的代谢不同时，应该提供全面且详尽的信息。对于转基因作物，只要不涉及植入一种抵制代谢的基因，那么就不需要进行额外的代谢试验。但是，应该详细阐明基因不改变代谢途径这个结论的基本原理。当因农药代谢而导致植入基因对有效成分产生抗性时，那么每个转基因作物所从属的作物种类都应该进行作物代谢试验。然而，如果某个这类研究表明与传统作物的代谢类似，那么就不需要进行另外的试验。如果发现不同的代谢途径，那么应该提交另外两个试验结果。

3.2.3.3 在土壤、水、水沉积系统中的环境归趋

FAO专家组不评估环境毒理数据，但要求提供与食品和饲料作物残留吸收相关的环境归趋试验结果。

通常要求所有农药都要进行试验，除非那些具有特定的限定用途的农药，比如，种子处理、收获后仓储使用。相关试验结果的可获得性对于评估食品和饲料中的残留至关重要。

由于关系到产品中农药残留的估算程序，FAO专家组审议了不同类型的环境归趋试验，认为先前评估中的某些试验在定义残留关注或者估算残留水平方面没有多大帮助

（表 3.2）。

表 3.2 JMPR 对于提交环境归趋研究数据的要求

试验类型 研究类型	使用类型和要求（是/否/有条件的）						注释
	叶面	土壤	根、茎或鳞茎植物，或花生（固定后）	种子包衣（包括马铃薯种子）	用于作物中的杂草	稻谷	
物理和化学特性	有条件的	有条件的	有条件的	有条件的	有条件的	有条件的	仅提供原药的数据，例如水解、光解
土壤降解（有氧）	否	是	是	是	是	否	可能是对后茬作物影响资料的一部分
土壤光解	否	是	是	是	是	否	
土壤降解(无氧)	否	否	否	否	否	否	
土壤中的持续性	否	否	否	否	否	否	
在土壤中的迁移和过滤	否	否	否	否	否	否	
土壤类型的吸附	否	否	否	否	否	否	
水解率和产物	是	是	是	是	是	是	在无菌的缓冲水溶液中的水解。应提供无菌的差异（例如拟除虫菊酯）
植株表面的光解	有条件的	否	参见叶面	否	否	参见叶面	提供足够的植物代谢研究。特别情况下要求（例如阿维菌素）
自然池塘水中的光解	否	否	否	否	否	有条件的	对于大米，植物代谢研究已经足够。GAP 包括了对水面的施药
作物吸收和可利用率（参见后茬作物）	否	否	否	否	否	否	
限制的后茬作物	是	是	是	是	是	否	果园的后茬作物不要求。土壤作物需要对放射性同位素标记进行分析

（续）

试验类型 研究类型	使用类型和要求（是/否/有条件的）						注释
	叶面	土壤	根、茎或鳞茎植物，或花生（固定后）	种子包衣（包括马铃薯种子）	用于作物中的杂草	稻谷	
大田后茬作物	有条件的	有条件的	有条件的	有条件的	有条件的	否	要求提供在后茬作物上有条件使用的资料
大田消解研究	有条件的	有条件的	有条件的	有条件的	有条件的	否	要求提供在后茬作物上有条件使用的资料
在水—沉积系统中残留降解（生物降解）	否	否	否	否	否	有条件的	提供充分的水稻的代谢研究数据。在一些情况下，例如施用于池塘水，需要提供代谢和降解研究

3.3 采样和残留分析

3.3.1 采样

只有根据试验目的采样才可能取得可靠的结果。应特别重视采样方法的选择和样品处理（包装、标记、运输和存储）。试验设计应确保整个残留研究过程的完整性。采样方法和采集对象的选择取决于试验目的。

在植物代谢试验中，所有初级农产品取样应对残留进行说明并/或予以识别。对于那些外皮不可食用的农产品，例如橘子、瓜类、香蕉，应该确定果肉与果皮中的残留分布。对于那些有时尚未成熟就被食用的作物，例如玉米笋或凉拌用叶菜，用于分析的取样必须取自这些产品。对于那些成熟作物上的不可食用部分，如苹果叶、马铃薯叶，可用来帮助识别残留，可食用部分也必须进行采样分析，来证明其与不可食用部位具有相似的代谢途径。如果涉及多种施药模式，则需要增加样品，以反映不同安全间隔期(PHIs)。

在后茬作物试验中，选择的代表性后茬作物应已收获，且要对用于人类食用和家畜饲用的初级农产品的合适植株部位进行采样。在正常的农业生产操作中通常会将不成熟作物连同成熟作物一并收获，那么应在不同的间隔期内对受选作物进行采样。收获后的采样应该包括草料、干草、谷类作物的秆和谷粒；成熟和未成熟的叶类蔬菜样本，根类作物的根茎和叶片部分（即使叶子部位不是实际种植的根类作物的初级农产品）。需要有来自根类作物的叶片和未成熟叶类蔬菜的数据，因为这些作物可以用作模型，将试验结果扩大到更广泛的食品作物上。此外，由于未成熟叶类蔬菜用于烹饪的情况增多，需要对未成熟的叶类蔬菜采样。未成熟叶类蔬菜被定义为处于作物完全成熟所需正常时间

约50%的生长阶段的蔬菜。

在动物代谢试验中，如有可能，应该每天收集2次排泄物、奶、蛋。收集的组织应至少包括肌肉（反刍动物的腰部和腹部肌肉，家禽的腿和胸肌）、肝脏（山羊和家禽的整个器官，牛和猪的每个肝片的代表性部分）、肾（仅反刍动物）和脂肪（肾上的、网膜上的及皮下的）。所有组织、排泄物、奶、蛋的总放射性残留（TRR）均应量化。就牛奶而言，应该用物理方法将脂肪部分与水分离开来，各部分的TRR应予以量化[①]。

在规范田间试验研究中，应采集整个初级农产品，因为它用于商业流通。就有些作物而言，可能会有多个初级农产品。例如，大田玉米的初级农产品包括籽粒（种子）、干草和青饲料。自每种初级农产品的采样通常会取自每个取样间隔期的施药部位。有些作物在装运前可能没有经过剥离、修剪或清洗，因此，对残留采样使用这些程序只能是在其运输之前的商业运作中。当然，修剪或清洗过的样品的数据可用于风险评估。建议的田间试验采样方法见附录Ⅴ。

在选择性的田间调查和监测程序中，应使用法典采样方法来确定符合MRLs[②]的农药残留。在所有的试验中应该详细说明采样方法、处理和样品的储存条件。在规范田间试验、田间调查和监测程序中，还要提供确定初级样品施药时期选择的方法、合成样品中初级样品的数量以及合成样品的总重等信息。

3.3.2 样品的制备和处理

为提供评估MRLs使用的残留数据，应按照法典标准处理商品样品，以获得适用法典农药残留限量的商品部位[③]。样品制备指南见附录Ⅵ。

膳食摄入评估需要可食部位的残留数据。对于那些可食部位不同于初级农产品的商品，例如香蕉，则需要对样品做进一步的处理，以区分可食部位与不可食部位，并进行单独分析。

3.3.3 分析方法

分析方法用于获得评估膳食暴露所需的数据，从而确立最大残留限量以及确定加工因子。分析方法同时用于监测已经建立的残留限量。值得注意的是，分析方法应该能够确定特定农药的残留定义规定的所有分析物。用于膳食风险评估的残留定义可能与用于MRLs执行的残留定义不同，因此需要不同的分析方法。在一种分析方法不能够涵盖某一具体残留定义中的所有化合物的情况下，可能需要提供多种分析方法。

只要技术允许，应尽可能地分别检测主要的残留物。不鼓励使用非特异性方法。对某些分析物，特定的残留分析方法可能难以获得或者无法操作。当所有的化合物都含有该具有重要毒理学意义的部分时，且当单种主要成分不足以作为农药浓度标记时，那么将它们转化为某种共有官能团是有效的。在这些情况下，可以使用“共同官能团方法”。

就监测方法而言，尽管多残留方法的潜在回收率较低，监测试验室偏爱可一次检测大量分析物的多残留方法，因为实验室一般不具备对所有可能存在的化合物进行单独检测的能力。国家监测研究发布的结果清楚地证明了这一点，那些可利用多残留方法回收

---

① OECD测试化学导则，No. 503。

② CAC，推荐采样方法，ftp：//ftp. fao. org. /codex/standard/en/cxg_033e. pdf。

③ FAO，www. codexalimentarius. net/download/standards/43/CXG_041e. pdf。

的化合物比利用单独监测方法回收的化合物需要更多的分析。当一种分析物不适宜多残留方法技术时，可以采用单独的残留监测方法。

在实践中，可能需要采用此种方式获取数据，即在适当情况下确立两个不同的残留定义，一个用于风险评估，另一个用于 MRLs 遵守的监测。在这种情况下，如条件允许，申请者应要么分别分析残留定义的单独化合物，而不是采用“共同官能团方法；要么根据“共同官能团方法”先进行分析，再利用田间监测样品对某一合适的指示分子平行分析，如果“共同官能团方法”不适合实际日常监测，且监测 MRLs 成本合理。应当考虑监测合适方法的可得性。

方法应该：

- 能够检测样品基质中的残留定义（包括风险评估和监测定义）包含的所有可能的分析物
- 当需要进行膳食风险评估时，能够区分单个异构体/类似物
- 有足够的选择性，干扰物质不超过分析定量限的 30％
- 提供可接受的回收率和重复性
- 覆盖所有的处理的植物、动物和饲料产品。当存在显著残留时，涵盖加工部分和饮用水
- 覆盖所有的可食动物商品，如家畜可能食用处理过的作物

在技术可行的情况下，监测方法应该适用对残留水平不高于 0.01mg/kg 残留进行定量分析。

在不同研究中使用的方法应该经过验证以证明它们满足研究目的。在样品分析过程中，应通过合适的质量控制试验来验证方法操作。登记前和登记后研究中的方法验证程序的详细情况，包括检测提取和确证的效率，可接受的操作参数标准以及方法报告格式见 OECD 分析方法指导文件①以及 CAC② 制定的良好实验室规范。

提供的分析方法应该包括：

- 规范田间试验和环境归趋研究中所使用的专门方法
- 监测方法

应对方法进行概括总结，包括一份有关已确定的化合物以及方法适用商品建议的清晰纲要。此外，还要包括方法的特异性、重复性、经验证的方法的定量限和检测范围、平均回收率、在每个添加水平的回收率的相对标准偏差，包括定量限等内容。

提供给 JMPR 的资料不仅包括规范试验所使用的分析方法原理，还要包括整个分析程序的细节，包括对样品及分析部位的精确描述、样品处理过程中残留的稳定性、不同水平的回收率、定量限、检出限、样品及质控样品的谱图以及对如何确定定量限和检出限的说明。

除了生产商制定的方法外，还应提供监管部门使用的法定监测方法。如果没有提供法定监测方法，CCPR 可能无法进行 MRLs 评估。

3.3.3.1 残留分析方法的萃取效率

萃取效率被视为方法开发的关键，应提供通常使用的溶剂和条件（包括温度、酸碱

---

① OECD 农药残留分析方法指导文件，农药系列 No. 39，测试系列 No. 72，2007。

② 《法典秘书处（2003）残留分析良好实验室规范指南（修订版）》CAC/GL 40 1993，Rev. 1-2003，http：//www.codexalimentarius.net/download/standards/378/cxg_040e.pdf。

度、时间等）信息。萃取效率对分析结果的准确度有显著的影响，因为低萃取效率是方法的误差产生的主要来源。然而，分析前通过快速添加样品的传统回收研究，无法检验方法的萃取效率。对于残留定义中的所有残留物的萃取效率的严格验证，只能够采用“按照正常途径接触分析物且分析物残留在样品上”的样品。通常代谢研究就是这种情况，通过放射性标记的分析物可以确定萃取效率。

在 IUPAC 的一份关于植物和动物源性食品商品中的外源性残留报告[①]中建议“残留分析方法的萃取程序应该通过使用放射标记研究中的样品进行验证，放射标记研究中的化学品要按照符合标签和 GAP 的方式使用。

较为理想的情况是保留代谢、规范残留试验和后茬作物试验中用来确定监测方法和分析方法萃取效率的相关商品。试验报告应当包括挑选商品的理由。保留的商品应取决于相关的分析方法萃取程序，这样利用放射标记程序就能很容易确定萃取效率（燃点分析、液体闪烁计数、放射性检测器的色谱分析）。效率可以与代谢研究中提取的相对量进行比较，在此类研究中商品要经过旨在剔除绝大部分的潜在分析物的严格萃取程序。这种比较被称为放射验证，如果可能，应该用于所有方法萃取效率的验证。

同样，比较萃取效率研究包括常用萃取溶剂，例如丙酮＋水、乙酸乙酯和乙腈，可用于代谢研究的样品上。应该提供监测方法所用溶剂的萃取效率的资料。

当代谢研究的样品不能再用于新分析方法的开发时，可以使用两种溶剂系统。可以利用代谢研究条件下使用的溶剂体系作为第一步对诸如规范田间试验中产生的残留物进行提取，然后利用正在考虑使用的溶剂作为第二步。可以通过直接比较分析结果获得有关可萃取性的信息。

检验萃取效率可以是代谢研究的一部分，也可以是方法开发研究的一部分。在任何情况下，应在相关的方法验证研究中引用调查结果，因为他们对于两种方法（登记前和登记后）的开发都非常重要。

3.3.4 在贮藏和加工过程中的残留稳定性

代谢研究和残留分析样品的理想保存条件应该是低于－18℃。需要对所有其他任何条件下的贮存加以记录和说明。因为可能存在多种降解和消解途径，即便在冷藏条件下贮存，也需要贮藏稳定性研究。

在多数残留试验研究中，样品在分析前都会被贮藏一段时间。在此贮藏期间，残留定义中的农药残留和/或其代谢物可能因挥发或酶解等过程而减少。因此，为保证样品中农药残留水平在分析时与采样时相同，需进行对照试验来评估贮藏对残留水平的影响。需要进行贮藏稳定性研究，以证明农药残留在待分析的样品冷藏期间是稳定的，或者说明在贮藏期间残留量的减少程度。

贮藏稳定性研究应按此种方式设计，贮存样品的残留稳定性可以界定。当分析方法确定“全部残留物”时，贮藏稳定性研究应该不仅仅包括全部残留物，还要对残留定义可能包含的所有化合物进行单独分析。

通常，残留试验样品应该在采样或收获 24h 内冷冻。然而，如果不是这种情况，在

① Skidmore, M. W., Paulson, G. D., Kuiper, H. A., Ohlin, B. and Reynolds, S. 1998. Bound xenobiotic residues in food commodities of plant and animal origin. Pure & Applied Chemistry, 70, 1423-1447.

考虑冷藏稳定性研究时，应当考虑密封或冷藏时间。

冷冻贮藏稳定性试验中商品的形式，例如匀浆、粗切样品、整个样品、提取物，最好尽可能地与相应残留试验中的样品形式相同。在某些情况下，冷冻贮藏稳定性试验可能需要上述多种形式的贮藏。例如，如果田间试验样品先匀浆贮藏几个月，提取后再贮藏几周后才进行最终的分析，则冷冻贮藏稳定性商品应按照同样方式处理。

在残留比较稳定的情况下，可以采用典型的取样检测间隔 0、1、3、6 及 12 个月，可以类推到更长的贮藏时期，例如 2 年。相反，如果怀疑残留农药降解较快，则可以选择例如 0、2、4、8 和 16 周这样的取样检测间隔时间。如果预先不知道农药的稳定性情况，则取样检测间隔可综合考虑上述两种情况[①]。

对于残留界定的所有化合物，应在每个时间点对每个样品的重复样品进行分析。然而，如果同一时间点重复样品的结果之间存在重大差异（大于 20%），应在对该时间点商品的其他采样进行分析的基础上做出判断。

如果在贮藏稳定性试验中产生残留，那么应该对样品中存在的残留定义中的所有化合物进行确认并保证有足够的残留量，以便检测到残留量的变化。在此情况下，被分析的样品保持新鲜非常重要，也就是说采样后或在合理贮存期后立即进行分析。老样品，即冷冻样品中的残留可能已经降解到了稳定水平，当用老样品进行贮藏稳定性试验时，可能不能够反映新鲜样品的贮藏稳定性情况。

如果在实验室空白样品中添加检测物质，通常为活性物质和/或添加相关的已识别代谢物。在需要进行含有多种化合物的残留定义试验的情况下，应证明每种化合物的稳定性。因此，不建议使用混合标准溶液进行添加，因为它可能掩盖化合物之间的潜在转化。所以，冷冻贮藏稳定性试验应该在每个受检测的样品中分别加入残留定义中的每个化合物。

样品中农药的添加水平应为每种分析物方法 10 倍的定量限，以保证充分确定在贮藏条件下残留物的稳定性。避免因回收率变化而影响残留稳定性研究。添加程序应该与分析方法验证中样品添加程序一致，例如回收率数据。如果不可能做到，则应提供一份数据适用性的详细说明/证明。在田间试验样品中没有检测出农药残留或农药残留水平接近检测方法的最低定量限的情况下，应在冷冻贮藏稳定性试验中采用添加的对照样品，而不是产生的残留。

如果需要动物商品的 MRLs，应该提供在动物组织、奶和蛋中的残留贮藏稳定性试验。

在作物样品的试验中，对特定商品种类作物可使用外推法原则，商品类别如下：

- 高水分含量作物；
- 高酸含量作物；
- 高油含量作物；
- 高蛋白质含量作物；
- 高淀粉含量作物。

如果残留农药在所有样品试验中残留表现稳定，对 5 个作物类别中任一试验都是可以接受的。在这种情况下，将假定在所有其他样品中的残留在同一时长、相同贮藏条件

① OECD 化学品测试指南，第 506 号：贮存商品的农药残留稳定性。

下稳定。

如果只是为了获得5种作物类别中的1种作物的MRLs，那么需要检测残留农药在该种作物类别中的2～3种不同商品中的稳定性。如果这些分析物的稳定性得以确认，则不需要再对该种类别中的其他作物做进一步的试验。

如果在5种不同的作物类别中均没有发现显著下降，则将不需要加工食品的冷冻贮藏稳定性数据。然而，如果在经过一定时间的贮藏后显示农药不稳定，应对稳定贮藏时间内的任何农产品（初级农产品或加工农产品）进行分析。

应该对采集、样品制备和贮藏过程中样品是否保持完整进行确认。试验条件应确保田间残留试验样品符合上述完整性要求。在分析前样品萃取物贮藏时间已超过24h的情况下，应按照同样条件对样品的稳定性进行回收率试验。

在代谢试验中，检测应该证明放射标记的残留物在整个试验期间没有发生变化。在确定残留定义和代谢试验所需时间之前，不能添加样品。如果已有证据显示在试验的分析阶段曾尝试通过合适的贮藏介质和萃取物来限制残留物的降解，那么对那些6个月之内完成分析的样品通常不需要贮藏稳定性数据。

如果基于其他信息，怀疑或者发现有效成分的不稳定性，应采取措施确保试验的完整性。在样品采集后6个月内不能完成代谢试验的情况下，应提供证据证明残留物在样品采集和最终分析期间没有发生任何变化。这可以通过在研究早期和末期对代表性的基质进行分析来完成。基质应该是贮藏的物质，也就是说，如果在整个研究期间都使用了介质萃取物，并且介质在研究后期并没有提取，那么应说明萃取物的稳定性。

如果发现有变化，如HPLC的某一个峰或TLC的某个斑点消失，那就需要开展另外的分析或另一个短期采集样品的代谢试验。

在样品匀浆过程中（切碎、砍碎、磨碎），整个样品中的残留物浓度也可能发生显著改变。通过在萃取前快速向已匀浆的检测物质中添加已知浓度的分析标准品的常规回收率研究方法不可能总是观测到残留物的分解和挥发。即使在匀浆过程中测试物质绝大部分已经消失，获得的回收率仍可接受。通过对水果和蔬菜试用多种测试物质混合物，包括一种稳定化合物和几种稳定性未知的化合物的系统研究显示，对冷冻样品材料进行低温处理可以显著降低或者消除残留物的分解[①,②]。

应提供关于样品贮藏和加工阶段残留物稳定性的详细报告。

如果总是在30d内对冷藏条件下保存的田间残留试验样品进行分析，假如能给出合理解释，比如基本的物理和化学特性数据，表明该农药不易挥发或不容易分解，申请者可以不进行低温贮藏稳定性试验。

3.4 使用模式

必须向JMPR提交待评估农药的现有GAP信息。关键GAP是指同一国家有关同

① Fussell R. J., Jackson-Addie K., Reynolds S. L. and Wilson M. F., (2002): Assessment of the stability of pesticides during cryogenic sample processing, J. Agric. Food Chem., 50, 441.

② Fussell, R. J., Hetmanski, M. T., Macarthur, R., Findlay, D. Smith, F., Ambrus Á. and Brodesser J. P. (2007): Measurement Uncertainty Associated with Sample Processing of Oranges and Tomatoes for Pesticide Residue Analysis. J. Agric. Food Chem., 55, 1062-1070.

一农药在同一作物上的最多施药剂量和最短 PHI 等现有登记使用，规范田间试验的使用模式应反映此关键 GAP（通常被称为临界 GAP）。GAP 信息应该按照本《手册》规定的标准格式以系统方式提交。用于农业和园艺作物、收获后使用和直接动物饲喂的农药使用有专门的格式，对于其他类型的使用也有其他格式。提交的信息应该便于与规范的田间试验条件进行比较。

GAP 摘要旨在为提交的数据进行评估提供帮助，应同验证标签一起提交。需要强调的是，除了摘要信息外，生产商（或其他数据提供者）必须提供原始标签的复印件。此外，如果原始标记不是以英语印刷，那么应同时提交原始标识相关部分的英文翻译，如指明农药喷雾浓度或者 kg/hm^2 剂量、施药方法、施药时作物的生长期、使用条件和使用限制等。

摘要不应该包括标签没有明确规定的任何使用信息，例如如果标签仅标明 kg・ai/hm^2，而不是 kg・ai/hL，如果标签规定为特殊生长阶段施药则不能转换为 PHI，不能由规定的施药间隔和 PHI 推算施药次数。对作物组，例如叶类蔬菜或水果，应明确其中的作物，除非他们与现行的法典作物分类中作物组的作物一致①。如果标签没有说明，将不能对某一农药的特定用途进行评估。

应明确区别反映现行 GAP 条件与建议的标签。此外，标签目录应便于 GAP 摘要信息的查找，规范田间试验将便于评估。如果没有提供相关标签，将不能对某一农药的特定用途进行评估。

如果上述要求的详细 GAP 信息由国家登记主管部门提供，那么标签的提交申请是比较理想的。尤其是在多家生产商生产同类农药的情况下，由国家主管部门提交的 GAP 资料摘要尤为重要。在后一种情况下，有关农药原药的化学组成以及报告国内使用的制剂信息非常受欢迎。

数据提供者应该从两方面对使用模式进行概括，（1）生物防治效果和（2）制剂和施用。生物防治效果可通过列举防治的主要害虫和病害的方式来说明，或以表格形式表示。后一种情况，表格应该包含作物、防治害虫、施药时期的作物生长阶段（表 3.3）。

表 3.3 特丁硫磷的病虫害防治信息（JMPR，1989）

作物	防治的害虫/病害	施药时期
香蕉	蚜虫、钻茎虫、象鼻虫、线虫	每年 2～4 次
棉花	土壤害虫、根部线虫	种植时犁耕处理
马铃薯	黑玉米甲虫、根部线虫	种植时犁耕处理
甘蔗	线虫、粉红沫蝉、蛴螬、金针虫、根部线虫	种植时犁耕或垄埂，采收前 4 个月

应以表格的形式概括说明制剂、施药方法、有效成分施药剂量等信息（表 3.4～3.6）。应以注释或脚注方式提供符合 GAP 与使用相关的具体信息（例如基于害虫的使用剂量，指定的重复使用施药最小间隔期，整个生长季节施用的有效成分的总量，灌溉和飞机撒施的限制）。

① FAO/WHO，1993，法典食品和饲料分类，第二版，第二卷，农药残留，第二章，FAO/WHO 联合食品标准计划，FAO，罗马。注：CCPR 目前正在修订商品分类。读者应注意 CCPR/CAC 已经完成并实施的作物分类。

表 3.4 灭菌单在蔬菜和谷物上的登记使用

作物	国家	制剂	施药		喷雾			采收间隔期(d)
			施药方式[a]	施药剂量 kg·ai/hm²	施药浓度 kg·ai/hL	施药次数	施药间隔[b]	
大麦	法国			1.5				21
豆类	希腊	可湿性粉剂 800g/kg	叶面施药	0.6～1.5	0.1～0.25	3～4		7
豆类	葡萄牙	可湿性粉剂 800g/kg	叶面施药		0.13	1～2		7
青豆类	西班牙	可湿性粉剂 800g/kg	叶面施药	1.6	0.16			21
芸薹属蔬菜	意大利	可湿性粉剂 800g/kg	叶面施药	0.35～0.40				10
莴苣	法国	可湿性粉剂 800g/kg	叶面施药	0.64				21～41[a]
莴苣	以色列	可湿性粉剂 800g/kg	叶面施药	2.0		每周		11

[a] 夏季 PHI21d，冬季 PHI41d。

[b] 在天/周后。

表 3.5 在水果上收获后处理的 GAP

作物	国家	剂型	施药			注释[d]
			方式[a]	施药浓度 kg·ai/hL[b]	浸药时间[c]	
苹果	澳大利亚	乳油 310g/L	蘸果	0.05～0.36	最低秒速 10～30s	
苹果	法国		蘸果	0.04～0.20	30s	
苹果	法国		浸果	0.04～0.20	30s 至 2min	
梨	土耳其		蘸果、浸果或熏蒸	0.075	最高 2min	

[a] 施药方式实例：蘸、浸、喷雾、烟熏。

[b] 蘸、浸、喷雾等的浓度。

[c] 标签中标明的接触时间或其他要求。

[d] 如果处理因商品而异，如果商品在处理后一段时期没有被食用或者售出，应按标签说明给予解释。

表 3.6 直接动物体外处理的登记注册

动物[a]	国家	制剂	施药			施药后屠宰的间隔期[e]（d）	施药后采奶的间隔期[f]（d）
			方式[b]	剂量[c]	浓度[d]		
肉牛	美国	25%悬浮剂	淋洗	2 mg·ai/(kg·bw)	25 g/L		
奶牛，非泌乳期	美国	25%悬浮剂	淋洗	2 mg·ai/（kg·bw）	25 g/L		
奶牛，泌乳期	美国	25%悬浮剂	淋洗	2 mg·ai/（kg·bw）	25 g/L		
绵羊	澳大利亚	25%悬浮剂	注射	0.5L 液体（羊毛生长期的每个月）	25 mg/L	0	

[a] 标签规定的家畜。

[b] 施药方式包括淋洗、蘸、耳标、注射、喷雾。

[c] 施药剂量可按每个动物或每千克体重表示。明确说明剂量是以有效成分、制剂或喷雾浓度表示。

[d] 用于动物的喷雾或蘸、浸等方式的施药浓度。淋洗试验的施药浓度与制剂浓度相同。

[e] 停药期。标签上对用于人类消费的动物施药和屠宰之间的间隔期的说明。

[f] 标签上规定的动物施药和采奶之间的间隔期。

当使用不同格式来报告有关专门的 GAP 数据时，如种子包衣，通常应包含使用模式的下列具体信息：

- 负责报告机关
- 农药名称
- ISO-E 通用名称。对其他的国际代码名称，在括号中标明标准机构。例如：（英国标准所：BSI），（美国国家标准所：ANSI），（日本农林水产省：JMAF）。如果相关，还应该提供专利商品名或者商号
- 如果有，提供 CCPR 农药编码
- 批准标签上描述的农药使用模式信息。有效成分的使用剂量和浓度必须予以明确说明

如果上述要求的详细 GAP 信息由国家登记主管部门提供，那么标签的提交申请是比较理想的。尤其是在多家生产商生产同类农药的情况下，由国家主管部门提交的 GAP 资料摘要尤为重要。在后一种情况下，有关农药原药的化学组成以及报告国内使用的制剂信息非常受欢迎。政府或者主管国家机构要按照表 XI. 2（附录 XI）的要求概括说明 GAP 信息。表中国家一栏应填写表中列举的 GAP 国家，不需要与资料提交国一致。表格应严格反映标签中所含信息。对于对产品标签上注明的使用范围加以扩大的情况，即标签外批准，应该提供注册审批文件复印件或其英文翻译件。

再次强调以下 GAP 信息要求。

- 摘要不应该包括标签上没有出现的任何使用信息。
- 应提供现有标签的有效复印件以及相关部分的英文翻译件。
- 应对作物组中的作物单独命名，除非作物组与现行的法典食品和动物饲料商品分类一致[①]。
- 单独商品最好能够参照法典食品和动物饲料商品分类。
- 应明确区别反映现行 GAP 的标签与“建议”标签。
- GAP 的汇总信息包括现行 GAP 条件下的田间试验信息，还应提交同一农药在同一国家同一作物上的具有较高施药剂量或较短安全间隔期的田间试验信息。然而，为了避免不必要的标签翻译的开支，也为了避免不必要的额外工作（残留数据不支持农药使用模式），仅仅需要提供那些符合 FAO 资料要求的支持农药使用模式的原始标签的复印件（必要时翻译）。

3.4.1 需要国家主管部门重新登记的周期性评估农药

在国家评估程序中，需要不断修订农药的现有使用规范以满足人类健康和环境安全的新需要。因此，提供给 JMPR 的数据通常包括现行登记使用和正待国家主管部门批准的标签。然而，田间试验获得的数据通常与农药的新使用相关。在此情况下，JMPR 不能修订或者建议维持现行的 MRLs。

此外，对一些农药，旧标签和规定更低用量的修订标签同时存在，不能制定反映修订后使用模式的 MRLs。

---

① FAO/WHO，1993，《法典作物分类》，第二版。

为了确保更好地评估残留数据，有关正待国家重新登记的周期性评估农药的下列信息应提交给 JMPR 的 FAO 联合秘书：

- 现行登记使用信息
- 将被采纳的现行登记使用信息
- 设想的新的或者修订的使用信息
- 登记状态以及新使用模式或者修订使用模式成为 GAP 的预计日期
- 预计旧登记使用模式将被废除的日期
- 对与农药规范试验获得数据相关的（新的、修订的或者现行的但将来不会获得支持的）使用模式的清楚描述

此类化合物审议重点在于新的或者修订的使用模式，或者现行的但不会获得支持的使用模式，提供评估的全部细节。仅就现行使用模式的 MRLs 提出建议。

只有当新的或者修订的使用模式成为 GAP 后，才推荐 MRLs。

3.4.2 GAP 信息的表述

所有信息必须以英文表述，必须直接来源于批准的标签。

作物和施用情况的描述要严格遵从批准的标签。如果批准标签用于作物组，例如柑橘类水果或果树，应该在 GAP 表格中录入。在国家作物组中具体作物应该以英文名称（括号中列出地方品种）在表下注中明确说明，最好使用与法典食品和动物饲料分类相一致的作物描述。

害虫信息可以用具体害虫或相关害虫种类的大组的英文名称表述，例如白粉病、叶螨、鳞翅目昆虫、酵母等。在括号里使用拉丁名称通常可以提供更明确的信息。避免使用害虫生物的大类，例如菌害、有害昆虫或者相似的表述，因为这类信息通常不够详细。

农药产品的制剂使用 2 位字母编码系统表示，该系统由 GIFAP 开发并被 FAO 和 CIPAC 采纳。编码详见附录Ⅲ。具体定义见关于制定和使用 FAO 植物保护产品说明的 FAO 手册（2006）①。

制剂产品中液体制剂有效成分的浓度必须以 g/L 表示，例如 EC（乳油）或者 SC（悬浮剂）[只要标签说明中给出的剂量为每公顷或者每 100L 喷雾（或相似度量）中制剂产品的体积升数]。固体制剂中有效成分的浓度以重量/重量表示，通常为 g/kg，或者% 有效成分/制剂。

必须详细说明施药方式，例如使用的器械的类型以及输出量，例如 ULV、高容量喷雾等。通常施药方式和具体制剂有关联性。必须认识到不同施药方式具有不同的残留累积，例如在每公顷的有效成分数量相同的条件下，施用 ULV 比高容量施药产生的残留沉淀更高。

最后一次施药带来的残留积累占收获期残留量的很大一部分。由于农药残留的持效性可能在季节的不同阶段不尽相同，最后一次施药的作物的生长阶段需要记录。例如，在气候温和的地区，由于夏季的光照强度（UV）和温度均比秋季高，因此一些农药残

① FAO，2006，《FAO 农药规格手册》第一版，http：//www.fao.org/agriculture/crops/core-themes/theme/pests/pm/jmps/manual/en/。

留降解的速率秋季通常要低于夏季。应详细解释用于说明作物生长阶段的编码数字（最好使用 BBCH 系统）。

只有当标签上有明确说明时，才要给出每季的施药次数。由于施药间隔期，相应的施药次数通常与施药剂量有关，应该清楚地说明推荐的替代情况。例如，对于控制苹果疮痂斑，剂量 A 要求每间隔 7～8d 施药 1 次进行预防，剂量 B 施药剂量约为 A 的 1.5 倍，施药间隔期则为 10～14d。连续施药间隔期可能会对某一特定时间的残留累积产生重大影响，因为早期施药的残留可能会在随后施药时仍然存在。一些标签指定每季的农药最大施药剂量。这些信息最好以脚注方式予以说明。

施药剂量应该以公制单位表示。见附录 X 非公制单位和公制单位的换算系数总则部分。制剂剂量应该按照有效成分的量以克 g/hm^2 或者 kg/hm^2 表示。当标签中有说明的时候，应提供整个生长季节的有效成分的最大使用量，而不需要按照最大施药次数进行计算。

在标签上指示为 g/L 或者 kg/hL（喷雾浓度）的情况下，说明这种喷雾浓度，但是不要计算相当于每公顷喷雾液体平均数量的 kg·ai/hm^2。如果之前编辑包括测算了 kg·ai/hm^2 值，那么这种情况应与标签指示清楚的区别开来。

应在相关产品的标签中说明规定的或推荐的和申明的收获前采收期。如果对于同一个或者相似的商品推荐不同的 PHIs，例如温室或户外种植作物，或者在使用较高剂量的情况下，特定情况应予以清楚的说明。有时当推荐在作物生长初期阶段施用农药时，例如苹果和梨芽期用药，在苗前或苗期除草等，要说明作物生长阶段的时间。在这种情况下，最后一次施药的生长时期对于阐明 GAP 很有帮助。GAP 表格中的 PHIs 应该仅仅采用批准标签上明确说明的 PHI。

对于动物直接处理情况，应该列出动物用药和屠宰之间，或者动物用药和产蛋、产奶之间的停药期。对于草料或者干草料作物农药的施用，用药后的食用动物的放牧限制也应该予以说明。

3.5 作物规范试验残留结果

规范田间试验（作物田间试验）是为了获取初级农产品中或上，包括饲料产品的农药残留水平而进行的试验，应按照可以反映最高残留量用药方式的方法来设计试验。作物田间试验的目的是：

- 按照推荐或已有的 GAP 用药后，对作物中的农药残留量预期范围加以量化
- 在合适的情况下，确定植物保护产品中农药残留的降解率
- 确定残留值，如规范残留试验中值（STMR）和开展膳食风险评估的最高残留值（HR）
- 获取最大残留限量（MRLs）

作物田间试验提供的有关农药母体和代谢物绝对量和相对量的信息对于确定残留定义也有用。

“规范试验”是指在田间，例如室外、温室（玻璃温室或者覆盖地膜的田块）生长作物上以及在收获后作物上，例如仓储谷物、水果打蜡或浸药处理，施用接近目标用量或授权用量的农药，还包括田间程序的严格管理、可靠的实验设计和采样。按照 OECD

试验指南[①][②]进行的残留试验被 JMPR 视为规范试验。新的规范试验应根据 OECD（或同类的）GLP 准则（OECD，1995；2002）或者符合确保残留数据质量的国家法规要求的方式来设计、实施、编写和报告。

最大残留限量主要来源于规范田间试验得到的残留数据，这些规范田间试验的目标旨在确定根据农药登记或批准的使用方式产生的残留性质和水平。由于这些工作通常在登记前已经完成，在很多情况下试验是基于预期的登记使用方式。由于 JMPR 是在国家主管部门进行登记后才对化合物进行评估的（见第 2 部分），一些试验数据可能与 JMPR 评估无关。因此，通常仅需要提供反映现行 GAP 的规范残留数据。然而，需要注意的是一些 GAP 条件下的试验，其他规范试验的结果可以提供支持信息，例如，残留降解试验可以提供残留降解率，或者高剂量施药导致残留低于 LOQ。应主要提供正常收获季节成熟作物的残留数据。然而，在施药时可食用作物的重要部分存在的情况下，应进行一些残留消解试验以补充正常收获获得的残留数据。

当在作物可食部分（人类食品或动物饲料）形成后施用农药，或预计会在最早采收期或临近最早采收期的食品或饲料作物上存在残留时，需要进行残留消解试验。残留消解数据用于下列目的的残留评估：

- 确定较长 PHI 是否会产生较高残留量
- 估计残留半衰期
- 确定 PHI 的改变，变化至消解动态试验中 GAP 的 PHI 水平，是否会影响残留水平
- 允许一定程度的内推以支持使用模式，包括 PHI，并不直接等同于单个试验中采用的模式
- 随时间推移确定残留相关资料，以增进对在更适合 GAP 条件下农药代谢的理解，协助合理确定残留定义
- 确定喷施在番茄或花生等作物上的内吸性农药达到最高残留水平的时间间隔

为了评估在国际贸易中流通的商品的农药残留最大水平，应对可代表所有出口国的传统农业规范、生长和气候条件的规范田间试验结果加以适当考虑。因此，为确保推荐的限量覆盖由某种农药批准使用所获得的最大残留量，并可以对长期和短期残留膳食摄入进行合理的评估，数据提交者有责任向 FAO 专家组提供所有相关的有效规范田间试验数据和补充信息，这也符合各国政府的利益。

然而，需要强调的是，不论数据是代表全球范围使用还是限在某一区域内使用，如果数据充分，那么 JMPR 将评估提交的信息并推荐最大残留限量水平。试验次数（通常最少 6～10 次）和样品取决于使用条件的变化、残留数据后来分布以及商品在生产、贸易和膳食消费中的重要性。残留数据应通过试验获得，最好是执行至少 2a，或者至少代表符合或大体符合 GAP 的不同气候条件。如果是在气候条件显著不同的地区批准使用农药，那么应该在每个地区开展试验。只要作物田间试验在广泛的作物种植区域进行，且考虑到不同的气候条件和作物生产体系，那么来自一个季节的残留数据就可以被认为是足够的。

① OECD 测试指南草稿，田间试验，2009 年 2 月 19 日。

② OECD 残留化学研究综述，No. 64，2009 年 2 月 19 日。

3.5.1　规范试验的计划和实施

计划、开展和报告规范田间试验的的基本原则如下。详细指南参见参考文献。应该在商业作物的主要生产地区以及能反映作物维护和农业规范主要类型的区域，特别是那些能显著影响残留的措施，如套袋和不套袋的香蕉，沟施和喷灌以及葡萄叶的修剪，开展残留试验。应鉴别并报告所有作物试验地点的土壤类型，如沙土、黏土和沙壤土。如果产品是直接施用于土壤，田间试验应包括不同土壤类型的试验地点。

贮藏产品如马铃薯、谷物和种子的采后处理试验常在一些具有不同贮藏条件如温度、湿度和通风条件等的仓储地点进行。应该记录农药使用的相关信息和用药商品的所有保存条件。施药过程中如何保存商品因其贮藏条件而异，可能装在麻袋中、箱中贮藏或堆放，也可能在自动化的大筒仓中存放或在水果处理自动化装置上存放。

作物品种不同可能会影响有效成分的吸收和代谢能力。残留试验报告应说明使用哪些作物品种。在一系列残留试验中，应考虑挑选那些商业性较为重要的作物品种，如鲜食和酿酒葡萄，应季作物，如冬小麦和春小麦，成熟期不同的作物，如早熟和晚熟水果品种，以及形态迥异的产品，如樱桃番茄。这就提供了代表实际农业情况的不同使用条件。

试验区大小因作物而异。然而，试验区应足够大，以便施用测试物可反映和模拟生产实际，且能采集到充足的没有偏差的代表性样品，一般按行栽培作物需要至少 $10m^2$，果园和葡萄园通常是 4 棵果树或 8 棵葡萄藤。试验区应足够大，以避免在机械采样和采收时污染。对照（非施药）试验区应在试验区附近，以便在相同/相似条件下种植和耕作。为避免交叉污染，确保试验区内有足够的缓冲带或隔离带也很重要。

只要器械可以准确测量，那么可用手动或商业器械施用农药。在田间试验作物中使用手动设备施用农药应是为了模仿商业操作。在准备飞机喷施的喷雾溶剂中所用的水时，标签上注明的喷雾体积为垅地作物不少于 $18.7L/hm^2$，树或果园作物不少于 $93.5L/hm^2$，那么可用地面设备代替飞机喷施来进行田间试验。

在进行测试物的残留田间试验时，应该采用施药次数最多、再次施药间隔期最短的有效成分的最大标签剂量（临界 GAP，cGAP）。

施药时期根据控制害虫的要求和作物的生长期确定，如开花前、50%出苗等和/或采收前的天数。标签上指明了特定 PHI 的任何时间，如不能在采收前 14d 内用药，该特定 PHI 应在作物田间试验中用作 cGAP 的一部分，此时施药时作物的生长期并不重要。相反，在那些生长期是 GAP 的关键部分的情况下，如芽前、种植时、花前、剑叶期或苗期等，此时 PHI 的重要性则是第二位的。在这些情形下为了评估 PHI 的合理范围，对尽可能多的作物品种进行田间试验非常重要，如对于一年生作物芽前施用农药进行从种植到成熟的较短和较长间隔期的试验。所有试验应记录用药的生长期（最好是德国农林生物研究院-联邦品种局-化学工业植物生长期编码系统，BBCH 编码）和 PHI。

对于采收前施用，施药剂量应该以每单位面积的产品数量和/或有效成分数量的形式表示，例如每公顷多少千克有效成分，如果按施药浓度，例如每 100L 多少千克有效成分。

垅地作物（马铃薯、小麦、大豆等）一般用播撒形式施药，试验区面积（长×宽）

是需要考虑的重点因素。相反，一些作物如坚果、果树、上架蔬菜和藤本作物，为了估计每行作物或果树喷药体积或需要计算单位面积用药量，需要记录作物高度、树冠高或树高（喷药叶子高度）。对于叶面喷施的“高个”作物，如果园和藤本作物、啤酒花、温室番茄，需要特别注意，一般不用平面喷雾，常使用高压喷枪（气流辅助）。当计划在这些作物上进行残留试验时，考虑和报告在不同生长期的喷雾浓度（如每 100L 有效成分千克数）和喷雾体积（如每公顷药液升数）是很重要的。

种子处理的用药量一般用每单位种子重量的有效成分用药量，如1 000kg 种子有效成分克数和播种率表示（如 kg·种子/hm^2）。

对于采收后蘸果和浸果试验，应该记录溶液有效成分浓度（如 100L 有效成分千克数）及单位体积浸果量和以秒计的浸果时间。在蘸果处理过程中，如农药残留被蘸走，需要补充农药溶液以维持有效成分浓度，应记录添满溶液处理过程。对于贮藏商品，如马铃薯或谷物的撒粉、烟熏或喷雾处理，应记录用药剂量（如1 000kg 有效成分千克数）。熏蒸时气体和喷雾剂的使用剂量应该用被处理的堆货单位体积农药的量来表示（如 g·ai/m^3）。

除目标 PHI 外，残留消解动态应包括 3～5 个采样间隔（若可能，包括原始沉积量样品）。若作物商业成熟期允许，采样间隔应该等间距，应在目标 PHI 前后设置采样间隔。如果 cGAPs 包括多次施药，在最后一次施药前的一个采样点是确定先前的施药对残留的贡献以及对残留半衰期的影响的最佳采样。

另外一种可接受的残留消解试验选择，被称为“反转消解动态试验”，涉及在指定的商业采收日期对不同间隔期的不同试验区施药。所有试验区在同一天，即商业采收日期采收，导致从最后一次施药到采收处于不同间隔期。此种方式适合需要在短时间内采收商品的情况。例如，可以在临近成熟前进行试验检验采收前干燥剂的施用，必须在用药的较短时间内采收。

当需要进行残留消解动态试验时，可能需要多种作物或介质作物采样。处于不同生长期且被用作食品或饲料的不同作物，如谷类牧草、谷物饲料、谷粒和秸秆，就是这种情况。这将导致在一个残留消解动态试验中需要有 2 组或更多的采样日期。

受检测的用于作物田间试验的农药制剂应当尽可能是商业上可获得的该作物或商品的最终使用产品。

像湿润剂、展着剂、非离子表面活性剂和植物浓缩油等助剂可能有助于增强农药残留在植物上/中的沉积、渗透和持留。因此，对于那些标签中允许使用未指定助剂的农药，田间试验应包含一种助剂（任何当地所售助剂），按照助剂标签推荐的方法使用。对于标签推荐使用某一特定助剂的农药，作物田间试验应包括此助剂或特性相同的另一助剂，按照助剂标签推荐的方法使用。

其他的植物保护措施，尽管不是作物田间试验的主要内容，但一些要求作物管理以控制杂草、病害或其他虫害（也包括化肥、植物营养剂或植物生长调节剂）的试验也通常会要求。应该选用那些不会影响，也就是说不会干扰对相关残留定义成分的残留分析的作物或试验区保护产品。另外，这些养护产品应在对照区和施药区按相同的方式施用，如施药量和施药时机。

在多数情况下，只要可以清晰实现有效成分和相关代谢物的测定分离，即不会干扰分析，那么就可以在作物田间试验中对一个单独的施药地区混合施用有效成分，如桶混、预混合或依次施用。可从试验区中采集单个样品并用于2个或更多的有效成分的残留分析。例外的情况是有效成分有协同作用，不能在登记产品中混合使用。

3.5.1.1　试验次数

目前，国际上对评估STMR、HR和MRLs的最少试验次数没有一致要求。各国自行确定对作物登记使用所需的最低次数，然后建立合适的MRL。在一个国家或地区内的田间试验地域分布要求有助于确保可以获得作物主产区的试验数据，在作物田间试验数据系列中要有充足的园艺运作。

JMPR没有指定评估最大残留水平、HR、STMR所需要的最低试验次数。然而，利用统计学方法来估测最大残留限量水平的评估经验显示，利用统计方法获得最大残留水平的理想估测要求最少15个有效残留数据。

OECD农药工作组制定了有关田间试验最少次数的指南①，用于所有目标GAP一致的OECD国家的农药登记，也就是说，一个关键指数的最大偏离率为25%。附录Ⅻ给出了不同OECD国家对规范田间试验的次数要求，以及一份全面申请需要的试验次数。尽管JMPR并不要求具体的试验次数，但是较为稳妥的方式是参照OECD指南确定室外田间试验的最低次数，提交JMPR评估。

3.5.1.2　考虑不同类型的制剂和有效成分衍生物

有关额外的制剂类型或种类的数据应逐一加以说明。

缓释剂型，如某些微胶囊产品，通常要求符合该特殊使用方式的完整数据。由于这些剂型是为控制有效成分的释放速率，与其他剂型相比有可能增加残留量。

不管已有其他剂型的何种数据，直接施用的颗粒剂一般均要求提供完整数据。如果有效成分湿喷雾剂型，如乳油（EC）、可湿性粉剂（WP）已有数据，则不需要再提供灰尘的数据。

最常用的农药剂型要对水稀释后施用，包括乳油（EC）、可湿性粉剂（WP）、水分散粒剂（WG）、悬浮剂（SC）和可溶液剂（SL）。残留数据可在那些用于种子、出苗前，即播种前、播种时、播后苗前或刚刚出苗时，或直接施用于土壤，如行间喷雾或苗后定向喷雾（不同于叶面喷施）的农药剂型间共用。

一些有效成分，如卤代苯氧型除草剂，可以一种或多种盐和/或酯的形式应用。在多数情况下，不管施药时机如何，可以认为一种有效成分的不同盐分与产生的残留量相当。但是，当存在能赋予表面活性的反离子时，实质改变解离度或与有效成分离子螯合的新盐时，需要提供新的数据。如果PHI小于或等于7d，出于确定数据需求的目的，需把不同形式的酯当做该有效成分的新剂型，需要进行不同剂型的关联试验。

在农药有效成分施药量、施药次数或者PHI增加或减少量达到25%，而其他条件都相同的情况下，残留结果可以视为具有可比性。参数应当是那些将导致残留浓度出现±25%变化的参数，而不是参数本身出现±25%的变化。由于施药计量与残留浓度成正比，因而±25%同样对施药浓度适用（见6.2）。当为获得作物使用的完整数据集而做田间试验时，“25%原则”可用于临界GAP的一个参数；但是不得同时将此原则适用于此处所列一个以上的临界GAP参数。同样的原理可以用于判断试验中使用的某一有效成分含量不同的特定剂型的残留数据的等效性，只要cGAP并没有发生实质改变，

① OECD残留化学研究综述，No.64。

如单位面积有效成分剂量增加不超过25%。

关联试验（见6.2）是一种重要的外推工具，以充分利用现有数据支持微小变化或对现有使用改变加以改变。一个关联试验一般涉及为了数据外推而对比不同剂型或使用方法，但是可以，也可不涉及点对点比较。如果关联试验被认为是必要的，且农药使用范围广泛，那么至少要提交3个主要作物组的数据（每个作物组一个作物），如一种叶类作物、一种块根作物、一种果树、一种谷物和一种油籽，每种作物至少要进行4个试验。试验应在那些预计能产生高水平残留的作物上进行（通常是那些在采收时或临近采收时施药的作物）。如果使用一个新剂型，或不同使用方法开展一个关联试验，且获得的残留量更高，或者利用不同剂型获得的混合残留数据集将导致最大农药残留水平更高，则需要提交一套完整的新数据。

3.5.2 后茬作物试验（有限田间试验）

在经农药处理过的作物收获后（在某些情况下是农药处理过的作物种植失败后补种）再种植粮食或饲料作物的情况下，通常要求对施用农药的后茬作物（有时被称为后续作物）进行代谢和残留试验。

后茬作物残留试验是为了验证在大田条件下的后茬作物中是否存在、存在多少残留物（见3.2.3.2）。产生的数据用于确定是否需要制定后茬作物残留限量，或者在国家层面采取合适的轮作限制，也就是从限制农药施药时间到后茬作物中已经没有具有毒理学意义的残留，可以种植的时间。

后茬作物中的残留通常包括各种不同的低浓度代谢物，残留定义中规定的化合物的浓度通常低于LOQ，因而不需要采取进一步的措施。对于在常年生作物上施用的农药通常不需要后茬作物试验，例如各种果树、酿酒作物；通常不需要进行轮作的半常年生作物也不需要后茬作物试验，例如芦笋。

在有限的后茬作物代谢试验中发现初级农产品中的TRRs超过触发值(0.01mg/kg)的情况下，需要确定并提交TRR超过0.01 mg/kg试验作物中残留物的性质。

如果后茬作物代谢研究中发现的化合物的相对毒性低于前期作物残留定义的毒性，则可不需要提交后茬作物研究，即便是残留值可能高于0.01mg/kg。在此情况下，应该提交合理的解释说明。

如果有特别的毒理学关注，那么即便是残留值可能低于0.01mg/kg的情形，也可能需要提供后茬作物残留研究（有限田间试验）。

后茬作物田间试验要依据农艺使用做法，农药不需要进行放射性标记。要在至少两个不同的代表使用的农业区域施用最大季节施药剂量。试验设计应能够体现由于施药方式、土壤类型和土壤温度、农药持久性或其他环境或种植习惯等原因，后茬作物中吸收的土壤农药残留水平最高的情形。

涉及根/茎作物、小粒谷物、叶类蔬菜的试验通常足以代表所有可能的后茬作物。如果在后茬作物代谢试验中，在一种或两种具有代表性作物中没有发现对主要残留的吸收，仍然需要对三种不同的具有代表性的作物进行有限田间试验①。如果农药主要是用于水稻，则可能需要一种替代性的试验设计，例如在田间作物轮作种植前考虑洪水条件

① OECD测试化学指南，No.504。

下的农药的施用时间。

3.5.3 采样和分析方法

有关采样和分析的基本要求见3.3。采样方法见附录Ⅴ。

分析应该包括对于限量监测和膳食摄入评估残留定义均具有重要意义的所有残留物。如果技术允许，残留物成分的浓度应该分别检测。

3.5.4 田间试验结果的报告

为了确保获得评估需要的所有详细信息，必须提交规范田间试验的完整原始报告的复印件，最好用英文，或者翻译关键内容以便于评估。此外，规范田间试验的结果应该按照表Ⅺ.3（见附录Ⅺ）规定的格式总结。对于表格栏目的解释与3.4“使用方式”的解释相同。试验地点应按国家或国家地区提交。国家名称最好用英文记录。一种可接受的选择是使用由3个大写字母组成的ISO编码（ISO 1993）。

如果分析物不止一种，那么应分别报告每种残留物的浓度。可以另行计算总残留量。在后一种情况下，计算使用的换算系数也应报告。

在考虑分析方法的不确定性基础上，应报告残留值。在评估现有分析技术时，应该使用至少两位有效数字，例如0.0012mg/kg、0.012mg/kg、0.12mg/kg、1.2mg/kg、12mg/kg到99mg/kg。出于方便，残留值≥100mg/kg可使用3位数字表示。

应该提交不同浓度水平获得的回收率数据，但是残留量的测定不应用回收率校正。如果实验室进行了校正，校正事实应连同校正原因和校正所用方法予以特别说明。

重复分析（通过对同一实验室样品的复制部分进行分析获得）必须能够与重复取样的结果区分。汇总表（表Ⅺ.3，附录Ⅺ）应该包括重复分析平均值。

- 应该将取自重复试验区（使用相同制剂，按相同名义剂量，用相同器械，在同一天施药的邻近试验区）的样品与取自单一试验区的重复取样清楚区别开来。对于每一个田间试验，每一个重复试验区的结果应该单列

在分析初次取样时，报告中应含有初次取样的重量。

残留的表述方法应予以清楚说明，诸如使用的换算系数、空白或比照样品的校正或回收率等信息。报告中必须包含未校正（或未调整）的残留数据。

动物饲料中的残留应以干物质计（见6.13）。如果没有以干物质表示，则应连同相关水分信息予以明确说明。

基于FAO专家组的经验，在规范田间试验汇总中下列信息的表述往往是不充分或者含糊不清的，需要特别注意。可以增加备注或脚注，以对田间试验条件予以补充说明和解释。

- 作物的描述，可在括号中给出其他名称（不同的品种或栽培变种）
- 施药时期及对应作物生长阶段、施药间隔、最后一次施药到采样之间的间隔。清晰描述多次施药的相关日期，按顺序采样尤为重要。有关处理间隔、从采样到样品贮藏的贮藏条件、分析前间隔和采样贮藏条件等信息特别重要
- 与GAP有关的施药方法，施药剂量以公制单位表示
- 应详细描述采样方法，包括复合样品中初次取样的数量、复合样品的总重量，批样品中二次样品的准备方法等。对于新的田间试验，样品大小应该尽量按照

FAO 规范田间试验农药残留数据指南附录Ⅴ的要求

- 样品的准备应按照食品法典《法典 MRLs 应用作物部位指南》的规定进行，作物的分析部位应该准确无误的描述

当对可食部位和不可食部位中的残留物分别进行分析时，应报告每个样品两部位的质量比，例如柑橘果肉中检测的残留数据仅对于评估膳食摄入有用，但是不能用于评估最大残留水平。

JMRP 必须能够清晰地确定残留的商品部位 。

对于谷类作物，一些谷粒和种子仍然带壳，但对于大米，通常是对精米而言的（这些不同种类的商品，残留水平通常大不相同。此外，分析的大米商品必须是可以进入国际贸易的商品）。

核果数据应该清晰说明是否是去茎或者去核和茎的整个商品上的残留。在后一种情况下，必须给出在每个采样间隔期果核在整个水果中所占的比例（%，w/w）。

在动物产品中，对于脂溶性农药，应该说明肉类的数据是否是以整块可切割脂肪为基础表示，或者是以压榨和提炼后的脂肪来表示，以及有关脂肪的类型。

本部分的要求应适用于所有田间试验，包括那些由政府机构开展的试验，不论其资助方是谁。

3.6 估算香辛料上农药残留应提交的资料

第 35 届 CCPR 会议决定使用监测数据推算 MRLs，而此前 JMPR 仅将监测数据用于估算 EMRLs，然而估算农药基于现行农业种植方式产生的 MRLs 需要更多的细节资料。

通常某种香辛料上的农药登记和使用情况很难获得，农民可能参考农药防止蔬菜害虫和病害的效果，使用各种可能的农药来保护他们的香辛料免受害虫和病害的危害。此外，由于香辛料可能种植在主要作物的田垄间，也就是说作为一种间种作物，可能间接暴露在主要作物使用的农药下。因此，不太可能获得香辛料的规范田间试验数据，而残留监测数据可以作为估算这些商品的 MRLs 的数据来源。

通常，不同种植地点的香辛料被收集到一起进行采后处理。而原始的作物可能暴露于不同的农药下，这样就可能在对香辛料样品进行分析时极大的增加待分析农药的种类。

3.6.1 监测数据的提交

通常，对香辛料中的有机污染物痕量分析非常困难。对来源未知的香辛料中的农药残留的可靠鉴别和定量是一项非常艰苦和复杂的工作，尤其在 GC-MS 和 LC-MS-MS 技术的应用受到限制时。在这种情况下，样品分析通常使用更多常规残留分析方法。然而 MRLs 的估算只能针对那些分析方法特异性并且阳性结果可以通过合适的方法确认的农药。

由于香辛料通常从几个地点采集并且不混合，所以与规范田间试验采集的样品是不一致的，不能认为是独立的点。因而，要认真考虑并执行采样程序，以获得估算 MRLs 的残留数据。主要样品应从多点随机采集，理论上最好多于 25 点，实验室样品的重量

应该大于1kg。当有大量样品（大于5t）时，最好取超过1个独立样品，以便获得残留分布的信息。

提交JMPR的监测数据的评估显示，残留分布是分散的或倾斜向上的，没有一种统计学分布符合。2004年JMPR认为，仅基于监测数据对一个给定的农药商品组合估算最大残留水平，至少需要58点样品的分析数据。

估算香辛料商品中MRL应提交以下资料：

a 香辛料的科学名称和英文名称，如果有要提供法典作物分类（第199段，ALINORM 03/24A，2003）

b 描述种植香辛料的农业种植方式，应包括：

- 作为主要作物还是间种作物种植
- 授权使用在主要作物上的农药，以及他们相对于香辛料作物的收获的使用信息（如果有）
- 直接施用于香辛料作物的农药以及相对于收获施用的时间
- 收获的频率和收获方式
- 香辛料作物加工成为香辛料商品的加工信息，以及贮藏条件和对采后保护的要求

c 采样的具体描述和样品处理方法

d 对定量分析方法进行描述，或者参照已评估过的程序，要同时提供方法的确证数据以及对方法涵盖的每一种农药残留的适用性［残留定义规定的残留物、定量限、不同添加水平下的平均回收率及偏差（如果通过回收率校正了报告结果，则需要提供校正方法）］。应当提交实际的LOQ数值，这些会在样品分析时进行校核。对于分析方法更具体基本的要求可以参见3.3

e 对香辛料每一种农药残留的结果汇总表见3.13

f 任何其他与残留数据评估相关的信息

3.6.2 选择性田间调查的设计和用以获得香辛料中残留数据的报告

在评估最大残留水平时，由于缺少香辛料样品的农药使用记录，监测数据的应用有局限性，这时选择性田间调查就成为估算MRLs时的另一种获得残留数据的方法。这种情况下，样品中的农药残留可能检测不到，这也对估算适合的MRLs带来影响。因而，分析人员应该获得香辛料上农药实际使用，或可能存在的使用的尽可能多的信息。

在选择性田间调查中，样品根据当地的农业耕作方式种植、直接或间接施用农药、采收。选择性田间调查的基本特征就是所有农药的施用、作物的生长阶段以及香辛料的收获后处理都必须记录并写入采样报告。这就使得实验室可以明确的鉴定施用的农药，以及来自土壤的环境污染物，例如有机氯农药。

对于评估MRLs，来自选择性田间调查、具有明确农药使用信息的残留数据要好于农药使用情况不明的市场监测残留数据。

在规划和执行选择性田间调查时，要考虑以下几个方面：

- 成功的调查需要种植者的全面合作，他们要明白这项调查对他们的生产有利，准确的信息是成功的基础
- 调查地点的选择要体现香辛料的典型种植条件。越多的信息和残留数据越有助于准确估算最大残留水平

- 田间调查和采集样品的最少数量要求取决于种植条件的多样性。在起始阶段，对于每一个香辛料农药组合，最少需要 10 个代表典型种植和加工条件的可信残留结果。12 个田间样品足够准备一个实验室样品
- 对于采收后处理的情况，最少需要 10 点独立处理的样品数据，最好是使用不同的加工和储存设备得到的数据。实验室样品应该是来自最少 25 点初级样品的混合样品

除去 3.7.1 列出的条件，还应该提供下面的具体信息。

- 负责选择性田间调查组织、监管和报告的人员和机构
- 典型的农业种植模式（具体见 3.7.1）
- 对香辛料作物种植条件的描述，例如主要或间种作物，收获时的生长阶段。收获数据以及作物的收获部位
- 如果香辛料是作为主要农作物的间种作物来种植的，那么需要提供主要农作物的登记使用或允许使用农药
- 在香辛料样品直接收获的田地上的主要作物或间作作物上农药施用的时间、方式和剂量
- 采收后处理的细节，以及采收前处理的信息（如果有）
- 对香辛料任何加工和贮藏条件的描述
- 分析前样品贮藏条件
- 样品的分析部位
- 在样品中发现有效成分及代谢物的残留（mg/kg）。结果应该按照表 3.7 的格式列出

表 3.7　选择性田间调查数据汇总表［商品名及法典编码（如果有）］

施用农药			日期		分析			
有效成分[a]	kg・ai/hL	日期	采收	采样	日期	残留（mg/kg）		方法

[a] 注明施用是直接施药还是间接施药。

3.7　贮藏和食品加工中农药残留的归趋

鉴定残留物的同时应包括贮藏和加工过程中的归趋。

加工研究应该作为新化合物或周期性评估化合物的关键支持研究。在评估加工产品的残留水平时应该对工业加工和家庭加工过程对残留的影响进行研究。

加工研究的目标

加工研究应该有以下目标。

- 获得农药的分解或反映的信息，这需要单独的风险评估
- 确定残留在不同加工产品中的定量分布，已估算消费产品的加工因子

● 已获得更合理的长期或急性农药残留膳食摄入评估

加工研究的需要

下列情况下，不需要进行加工研究。

● 作物和作物产品通常仅用于生食，例如头状莴苣
● 只有简单的物理操作过程的，如洗涤、清理
● 没有出现高于定量限的残留

如果加工过程中在植物或植物产品中出现显著的残留，必须进行加工研究。“显著残留”通常指残留在初级农产品中高于0.1mg/kg。如果农药的ARfD或ADI很低，那么即便残留低于0.1mg/kg也需要进行加工研究。对于啤酒花，这个值可以设为5mg/kg（由于稀释效应，啤酒中的残留要小于0.01mg/kg）。对于油菜籽中的脂溶性农药的残留，必须考虑到油中残留浓缩的可能性。

确定加工产品中农药残留的形状是加工研究的基础。他用来确定加工产品的残留定义，或者确定农药是否分解。

3.7.1　确定残留定义的加工研究的实施指南

残留定义研究的目标是确定在加工过程中初级农产品中的残留是否分解或反应，可能需要单独的风险评估。

在研究加工对农药残留的影响时，会发现主要加工程序，例如果汁、果酱、酒的制备，主要存在水解作用，因为加工，包括加热，通常降低了农产品中酶的活性。因而选择水解研究作为加工降解的模型。由于基质不产生主要影响，所以在水解研究中不需要农产品。对于水溶解性小于0.01mg/L的物质，对模拟水解研究不做要求。

水解数据（有效成分理化性质部分要求的内容）通常是在0～40℃温度范围内，pH为4、7和9条件下，在一定时间后降解至少70%而得到的。该研究主要与环境条件密切相关。因此，此处各种模拟研究中获得的必需数据是具有不可互换性的。正因如此，残留物理化数据不能替代按照本准则规定开展的相关研究所得到的数据，因为在这里所描述的加工过程均涉及高温，且通常经历很短周期，在一些情况下还会使用极端的pH条件。因此反应加快，可能导致形成不同的降解产物。

表3.8列出了每类加工过程中典型的条件（温度、时间、pH）①

表3.8　加工过程的典型参数

加工类型	极端操作	温度（℃）	时间（min）	pH
烹煮蔬菜、谷类	煮沸	100[a]	15～50[b]	4.5～7
果酱	巴氏灭菌	90～95[c]	1～20[d]	3～4.5
蔬菜酱	灭菌	118～125[e]	5～20[f]	4.5～7
果汁	巴氏灭菌	82～90[g]	1～2[h]	3～4.5
油	精炼	190～270[i]	20～360[j]	6～7

① OECD化学品测试指南，第507号：加工商品中农药残留形状-高位水解反应。

（续）

加工类型	极端操作	温度（℃）	时间（min）	pH
啤酒	酿造	100	60～120	4.1～4.7
红酒[k]	加热葡萄粉碎物	60	2[l]	2.8～3.8
面包	烘培	100～120[m]	20～40[n]	4～6
方便面	蒸汽、脱水（通过油炸或热空气）	100 140～150（油炸） ＞80（空气）	1～2 1～2（油炸） 120（空气）	9[o]

a 蔬菜烹煮过程中的温度。

b 蔬菜或谷类保持在100℃下的加工时间。

c 果酱巴氏灭菌的温度。

d 果酱保持在90～95℃下的时间。

e 蔬菜酱灭菌的温度。

f 蔬菜酱保持在118～125℃下的时间。

g 果汁巴氏灭菌的温度。

h 果汁保持在82～90℃下的时间。

i 精炼过程中的除臭温度。

j 除臭过程的时间。

k 白葡萄酒不需要加热。

l 随后要么快速冷却，要么慢慢冷却（过夜）。

m 20～40min内面包里面和外面的温度。

n 面包保持在100～120℃温度下的时间。

o 面粉混合了0.1%～0.6% Kansui（碱水，含20% K_2CO_3 和3.3% Na_2CO_3）。

列出的详细数据，进一步简化参数，归纳为3种典型的水解条件，用于研究相关加工过程中的水解作用，具体见表3.9。

表3.9 典型的水解条件

温度（℃）	时间（min）	pH	代表性操作
90	20	4	巴氏灭菌
100	60	5	烘焙、酿造、煮沸
120[a]	20	6	灭菌

a 密闭系统，加压（如高压锅及类似物）。

对于其他加工过程，包括更极端的条件，需要视情况进行特殊加工研究。

除水解对加工行为的影响外，氧化、消解、酶或者热力学降解也可能需要进行研究，如果农药和其代谢物显示出上述过程，可能产生有明显毒理学性质的降解产物。

基于农药可能的使用范围，需要对一种或多种代表性的水解情况进行研究。研究通常使用放射性标记的有效成分或者存在问题的残留物。研究希望达到鉴定和鉴别至少90%的最终TRR的目的。放射标记的部位选择、残留化合物的鉴定或鉴别、对研究过程和报告的基本要求与代谢研究相同或非常相似（见3.2.3）。

JMPR在评价研究结果时，会考虑水解研究主要产物的形状、加工过程的稀释或浓缩因子以及初级农产品的初始残留水平。

3.7.2 影响残留水平的加工研究的实施指南

应根据加工类型对加工商品进行分类。加工研究必须考虑加工产品在人类和动物膳食中的重要性。如果植物代谢研究中发现了有需要关注的残留，那么必须考虑在水解研究中出现的有毒理学意义的降解产物。

为获得有效成分的核心数据集，应该在代表作物中进行加工研究，例如柑橘类水果、苹果、葡萄、番茄、马铃薯、谷物和油籽。通过对核心加工过程和选择性作物的研究，研究可以类推到相同加工过程的其他作物上。在不能够得到一致加工因子或者ADI值非常低的情况下，才需要对每一个作物都进行加工研究①。

在特殊情况下，需要增加田间试验。例如确定油制品中的农药残留，有效成分的log P_{ow}高于4，且油籽中没有显著地残留，但由于有效成分的ADI值非常低，还需要进行额外的研究。

3.7.2.1 加工过程的测试条件

加工研究程序要尽可能与实际加工工艺一致。因而，对于家庭加工产品，例如蔬菜烹调，应该使用家庭式的设备和方式；对于工业加工产品，例如谷物制品、果汁或糖，加工研究应该代表商业化的食品加工工艺。

在一些情况下，可能存在不止一种常见的商业加工工艺，例如英国和美国炸马铃薯片的商业加工模式不同（见1998年JMPR对抑芽丹的评估）。这时要说明选择某种加工模式的原因。

应该说明开展对GEMS/Food食谱中的商品和由作物产生的动物饲料（例如谷物制品、油籽、苹果、柑橘和番茄）的加工研究的重要性。

3.7.2.2 加工研究的性质

需要对加工研究进行设计，这样才可以得到加工因子，并估算国际贸易中重要的加工食品和加工饲料的MRLs。需要进行一个以上的加工研究才可以确定通用加工因子。

加工研究应该尽可能模拟商业或者家庭的加工工艺。加工研究使用的初级农产品必须是含有可定量农药残留的田间试验样品，这样才能够确保得到加工产品的加工因子。这就要求田间试验要加大施药剂量以确保有足够的高残留水平。除非能够证明初级农产品的残留都停留在作物表面，否则加工研究不接受残留添加。

3.8 产品贮藏试验的信息和数据

如果提交JMPR的残留数据来自贮藏产品，例如谷物和种子，通常要求提交不同条件下的贮藏研究，包括不同温度、湿度、通风等条件。同时应该提交农药施用信息和产品的所有贮藏条件。

谷物和其他产品在贮藏中的处理更加困难。通常认为贮藏中使用的农药在稳定性上差异很大。消解率受不同环境温度、例如热带与温带、湿度以及通风条件的影响。对于大型筒仓贮藏的成袋商品，使用的农药也有很大区别。此外，农药在贮藏时也可能有很大变化，例如盒装马铃薯。因此，必须合理设计取样程序，以获得有代表性的

① OECD化学品测试指南，第508号：加工商品中农药残留量。

样品。

3.9 来自家畜饲喂研究和动物体外用药试验的资料和数据

家畜饲喂研究的结果用来估算初级动物食品的 MRLs，以及评估因为食用这些食品而引起的膳食暴露。

当饲喂动物的作物或产品中出现显著的残留，并且代谢研究表明动物可食用部分出现显著残留（>0.01mg/kg）或者存在生物体内累积风险时，需要提供饲喂研究资料。

家畜残留研究用反刍动物（牛）和家禽（产蛋母鸡）为代表。一般而言，牛的饲喂研究可以推断其他家畜（反刍动物、马、猪、兔及其他）的残留研究结果，产蛋母鸡的饲喂研究可以推断其他家禽（火鸡、鹅、鸭子及其他）的残留研究结果。

单胃动物的代谢研究资料可以从大鼠的试验中获得，所以除特别情况外，一般不要求进行猪的体内代谢研究。如果大鼠的代谢机理不同于母牛、山羊和小鸡，则需要进行猪体内代谢研究。在这种情况下，如果研究表明猪的代谢途径不同于反刍动物，那么应当进行猪的饲喂研究，除非预计的猪吸收是不显著的①。

当按照推荐使用模式［即最大剂量、最大使用次数、最小安全间隔期（PHI）］使用农药后，在田间试验时证实饲料中残留水平低于检测限时，家畜残留研究不是必需的，除非家畜代谢研究显示在动物产品中存在显著的农药生物富集趋势。然而，当在饲料品种中出现可定量检测的农药残留时，则必须考虑家畜预期日粮负担以及家畜代谢研究结果。

在相当于十倍给药的代谢研究的情况下，将预计的日粮负担作为一倍剂量，所有可食用的畜产品中残留水平结果均低于定量限（LOQ）（典型的 0.01 mg/kg），则认为在推荐用药条件下将不会在家畜产品中产生可定量残留。在这种情况下，代谢研究也可以充当饲喂研究。

3.9.1 动物饲喂研究

农场动物饲喂研究用于确定饲料的残留水平与组织奶蛋中可能的残留之间的关系，不需要使用放射性标记的化合物。

设计动物饲喂研究应能够清晰提供残留的脂溶性信息。因此，在准备研究计划，包括采样时，对于 log P_{ow}> 3 的农药，应考虑残留物可能存在的脂溶性。

用于试验的物质应该能够代表作物或饲料中的代表性残留。应该用饲料中残留物定义中的代表成分对家畜用药，这些残留定义来源于作物代谢研究、后茬作物和加工研究结果。农药残留的定义可能由母体化合物加上一个或多个代谢产物、单一或几个代谢物或降解产物组成。如果母体化合物是饲料/植物中的主要残留物，并且当它在家畜中的代谢与在植物中一样时，仅用此化合物给动物饲喂即可。如果一个唯一代谢产物是饲料和植物中的主要残留物，仅用此代谢物给动物饲喂即可。通常不推荐用混合物饲喂，否则需要给出特定的理由。一些情况下，最好使用来自田间试验的残留物。

试验物质应当通过适当的方式给药，最好用胶囊来模拟残留物在饲料中的浓度并保

① OECD 测试化学指南，No. 505。

证在整个研究期间的持续暴露。如果将试验物质直接加入饲料中，则试验物质必须和饲料彻底混合，并且必须定期分析检验，以保证整个研究期间药物在饲料中的浓度和稳定性。

动物一旦适应环境，应每日给药，维持最少28d，如果28d内在奶和蛋中的残留没有达到稳定水平，那么直到残留水平稳定后再停止给药。

有一点是非常重要的，就是含药饲料喂养终止后要有足够长的研究时间，使得肉、蛋、奶中的农药残留能够达到稳定水平，且当常规剂量给药后奶、肉、脂肪或蛋中存在可定量的残留时，可以观察到残留水平的降解速率。

因为净化研究的目的在于提供消减速率的资料，因此用最高剂量给药组进行净化研究足以涵盖所有GAP条件下饲喂水平的净化试验。至少应该在最高剂量给药组动物停止给药后取三个时间点，例如停止给药的零点和三个其他的时间点，每个时间点至少宰杀一只反刍动物和三只母鸡。应该选择适当的时间点数，以便能用这些时间点计算出肉/脂肪、奶或蛋中净化的半衰期。

在一些情况下，例如化合物优先在脂肪而不是奶中富集，由于净化率可能不同，登记者可以考虑使用肉牛而不是奶牛来进行独立的净化研究。每一个净化时间点应该包括三种动物。家畜应该1倍、3倍（或5倍）和10倍给药，1倍是预期的最低地区间膳食负担，由具体每种饲料（加工饲料的平均残留）中最高残留水平和区域家畜膳食结构中每一种饲料的比例计算得到。增加的剂量水平也是必需的，例如，用于细化膳食风险评估。最基本的假设就是达到总家畜膳食量的所有饲料应该都是经过农药处理的，膳食负担应该反映实际中可能出现的最糟糕的情况。10倍剂量是为了评估超出正常水平时会出现的情况，能够说明是否农药摄入成比例，产品出现新的使用方式时是否需要补充数据。

反刍动物和单胃动物：每个研究要有1只未处理的（对照）动物以及每个给药组要有3只动物。在有生物富集物的情况下，最高给药组应至少再加3只动物。对于母鸡的研究，每个给药水平都要有1只未处理的（对照）母鸡，每个研究有3到4个给药水平，这样每个剂量组要有9到10只处理动物。在有生物富集物的情况下，最高给药组至少再加9只。开始给药时，母牛应该是在泌乳期并能达到平均产奶量，母鸡应处于产蛋盛期。整个研究期间，包括适应期和给药阶段，动物的情况都应该记录，还应同时记录动物的年龄和每个动物的体重、每日饲料的消耗量（各个动物或每组动物的平均量）、产奶量或产蛋量。动物的身体状况可以提供关于供试药物的吸收率和净化率的重要信息。应该报告任何健康问题、反常行为、进食量低或不寻常的动物处理，并且在必要时讨论这些情况对研究结果的影响。

3.9.2　动物及其圈舍的直接处理

当农药直接施用在家畜或使用在饲养场所时，标签限制条件不能排除农药可能在肉、蛋或奶中的残留，应该进行最大暴露情况下的残留研究。研究应该反映所有可能的残留转移途径，像直接吸收、直接摄入或直接污染，例如挤奶器械直接污染奶。

对反刍动物（牛）、非反刍动物（猪）及家禽（鸡）要分别进行独立的研究。根据动物直接给药研究进行外推通常是不合适的。牛的经皮处理不能够外推到山羊上。如果是对山羊施药，那么限量仅制定在山羊上。对于直接给药，制剂也可能是重要的因素，因而可能要求对不同制剂类型进行分别的研究。

药剂处理应该在两个独立的厩舍中或者在同一厩舍的两个独立的区域中，以最高处理剂量和1.5～2倍的剂量，按照标签上建议使用的方法进行处理。在第三个独立的区域中，饲养对照动物。三个区域的供试动物要具有相同品种、性别、龄期、体重及身体状况。要对研究中的厩舍特征和药剂处理进行适当详细的报告。采用多次药剂处理方式，在所有的药剂处理完成后，试验相应继续进行，直至完成动物的屠宰采样及蛋/奶样品的采集。

在特殊情况下，除了通过饲喂含有药物残留的饲料外，还需要该产品直接处理家畜。在这种情况下，残留研究需要反映出这种组合暴露时的残留水平。如果对饲喂和直接处理的残留分别进行了研究，就可以把两种情况的残留量相加以确定适当的限量。但是，这样会导致所得到的结果比必要的动物产品最大残留限量（MRLs）偏高。

3.9.3　动物饲喂研究文件

应该提供以下信息：

- 每一饲喂组的动物数量
- 每个动物的重量
- 饲喂化合物或残留的特性（化合物纯度、多年的残留、母体化合物和代谢物的混合样品）
- 每天的饲喂剂量［mg·化合物/（kg·bw·d）或者mg·化合物/（动物·d）］
- 饲喂水平的等价物（饲料干重中的，mg/kg）
- 摄入的饲料（干重）
- 饲料的描述
- 牛奶或蛋的产量
- 给药和停药的时期，动物宰杀和收集奶或蛋的时间
- 组织、奶（对于脂溶性农药测定奶脂肪）或蛋中的残留水平

组织分析至少应该包含骨骼肌、肾周脂肪、皮下脂肪或背膘、肝脏和肾脏。需要特别注意在样品的采集过程中不能让皮毛中的农药残留污染组织样品。应该单独报告各动物个体的残留数据。对一些脂溶性的化合物，各部分的脂肪不能够混在一起，要分别进行分析。然而，如果没有足够的背膘进行分析，背部脂肪可以由其他皮下脂肪进行补充，最好使用胸部脂肪，其来源要在研究报告中注明。

3.9.3.1　脂溶性农药试验中的油脂样品特性

根据动物饲喂和直接给药获得的信息建议的MRL值应该能够覆盖不同类型脂肪中的残留值，这些脂肪随后可能会被政府权威机构抽样检测。有时候，会假设动物体内不同部位的脂肪的残留水平近似（除了直接给药的部位），但是这种情况不是必须的。

对于脂溶性化合物，农场动物饲喂和额外的动物处理研究，应该能够提供在遵循农药登记使用条件的情况下，可能出现在任何脂肪部位的最高残留水平。最高残留水平是推荐MRLs的基础。这种情况下，不同部位的脂肪样品应该分别检测。

在一些研究中对脂肪的描述不是非常清晰。它应该是修割下的含水脂肪，也可能是一些其他的组织，或者可能是液体部分。脂溶性农药的残留水平应该以液体部分

表示。

对于饲喂和动物直接给药试验的脂溶性农药，应全面描述分析的脂肪样品，因为同一动物体内不同部位的脂肪的残留水平可能不同。对脂肪的描述应该包括：

- 脂肪的属性（例如，肾周的、肠的、皮下的）
- 在动物体内的位置（如果多于一种可能性）
- 脂质含量（精制的或萃取的脂肪可以假定为100%脂质）或文献得来的脂质含量

在动物体外给药研究中，给药部位的脂肪样品也需要分析，例如倾泻给药的部位。

脂溶性农药的残留水平也可能取决于动物的条件，也需要记录。

3.9.4 动物直接给药和动物饲养场所的信息

当化合物不仅作为农药在作物上使用还直接施用于动物或动物饲养场所时，应向FAO专家组提供全套的批准使用信息，包括目的、根据批准使用方式进行田间试验获得的残留数据，以及动物的代谢数据。

对于首次评估或周期性评估的情况，对于兽药应采取与其他使用一样的方式。如果没有提供相关信息，对于新化合物FAO专家组将不推荐涉及动物直接给药或动物饲喂场所处理的MRLs，对周期性评估农药，FAO专家组将建议撤销基于相关使用的MRLs。

3.10 贸易和消费食品的残留

监测数据是评估已经成为环境污染物的农药EMRLs值，以及评估香辛料中农药残留限水平的基础。应该按照3.6.1规定的格式提交香辛料的监测数据。

3.11 国家残留定义

对于新农药和周期性评估农药，需要提供国家农药残留定义资料。这些背景资料将有助于JMPR确定残留定义。

3.12 复评审

当农药扩大使用，或是对已制定的限量有了补充资料时，需要对农药进行再评价，在这种情况下所有的新资料和补充或者勘误的资料都要提交。

新的资料和数据应该主要是增加的GAP，监测残留试验得到的新数据等，这些资料将有助于JMPR专家评估最大残留限量水平，从而最终为新作物推荐MRLs、修订或者维持已制定的MRLs。此外还应提供其他相关资料，例如新增的代谢研究资料（该农药在首次评估时未提交代谢研究资料）；在新增基质中母体化合物和代谢物的比例和数量；新增的动物饲喂研究数据；改良的分析方法（具有更低的检出限并能够更好的区分母体化合物和代谢物）。

当已制定限量的作物新增转基因品种时，需要按照新的作物数据要求提供相关的代谢研究和分析方法资料。

需要强调的是，FAO 专家组的推荐必须基于 JMPR 收到的数据资料，如果通过 CCPR 要求或者建议修改 FAO 专家的推荐结果，必须要对建议原因进行清晰的陈述说明，同时必须提供必要的数据供 JMPR 参考。

根据以往的经验，提供给国家评估部门的资料往往没有提供给 JMPR。应当向 JMPR 提供与国家评估部门一致的全套资料，以便于 JMPR 进行评估。

只有当农药的所有相关数据都提供时，才可能得到 STMR 和 HR 值。对于新农药和周期性评估的农药能够获得全套的数据资料。国际每日膳食摄入 IEDI 评估需要考虑全部的残留数据，所以，如果只提供了农药对新作物的数据或新增加的残留数据，那么只能够评估或者修订最大残留限量水平，而不能重新计算和修订 IEDI 值。

3.13 再残留限量评估的数据要求

JMPR 关注的农药再残留限量（EMRL）是指那些由环境中带来的（包括以前农业使用引起的），而非来源于农药在商品上直接或间接使用引起的残留（见附录Ⅱ术语表）。对 EMRL 的评估数据来自食品监测计划。

在对 EMRL 提出任何建议时，必须有明确的声明证明该农药不允许在农作物、动物和动物饲料中使用。如果是停止使用，则要提供该农药撤市的具体时间。

评估需要提供下列监测数据和支持信息：

- 国家
- 监测数据年份
- 产品的描述（依据法典作物和饲料分类）和分析部位
- 农药和残留定义
- 样品分类，如进口、出口或者国内生产消费
- 声明，明确数据是来源于随机市场监测或是针对特殊问题和情况的监测
- 分析方法及描述（具体见 3.5.4 中对报告方法的基本要求）。此外，还要提供实验室报告的每个 LOQ 水平，例如 LOQ：0.05mg/kg，0.02mg/kg，0.01mg/kg
- 为了在评估最大残留水平时，更好的利用统计学方法，每一个可检测到的残留物应该分开报告

具体的残留数据应该按照下面的内容提交一个 Excel 文件。

农药残留监测数据的标准报告模板：

国家

农药

监测方法监测的残留物

产品

国家最大残留限量

LOQ 或者报告的检出限（mg/kg）：

LOQ或者报告的检出限（mg/kg）	产品[a,b]	样品数量[c]	年份
0.01	GC0640 大麦	52	2000—2006
0.02	MM0812 奶牛肉	23	2000—2003
0.01	MM0812 奶牛肉	34	2004—2006

[a] 根据《法典产品分类》和《产品分析部位》对产品进行描述；

[b] 列出有区别的商品；

[c] 样品数量包括用于检测 LOQ 值的样品。

检测到的残留[a]（mg/kg）：

年份	产品[b,c]	
	大麦	奶牛肉
2000	0.012	0.02
	0.012	0.021
	0.013	0.021

[a] 同一贮藏样品的重复试验应该标明；

[b] 根据《法典产品分类》和《产品分析部位》对产品进行描述；

[c] 必要时可添加列。

4 供 JMPR 专家组审议的数据资料的准备

内容

4.1 文件资料的组织

在考虑将某种农药提交 JMPR 评估前，它必须是商品化的产品，这就意味着已经进行过科学试验，并经过国家登记体系评估。这些试验通常对 JMPR 来说已经足够，因为现代登记体系准备的报告资料通常是符合 JMPR 要求的。由于 JMPR 并不审查某些议题，如药效、部分环境归趋状况和环境毒理学，因此不必提交。如果提交了，这些研究也不会用作参考或者汇总在专著中。

提交给 FAO 的 JMPR 专家组的材料应按照如下议题排列，它包括支持工作报告和总结材料的各技术报告

0. 资料目录（参见附录Ⅶ）
1. 背景信息
2. 代谢和环境归趋
3. 残留分析
4. 使用方式
5. 作物上的规范试验残留结果
6. 贮藏和加工中的残留归趋
7. 动物源性商品中的残留
8. 商业食品中的残留
9. 国家残留定义
10. 提交的所有试验参考文献

每个卷册的开始部分应有一个内容目录。每个卷册应按照下面的例子清晰标记。

公司名称
日期
有效成分的通用名称
卷册号和卷册的总数
章节题目

本卷册的商品列表（适用于残留试验、家畜喂养、加工和贮藏的稳定性资料）和动物、植物、土壤和水的列表（适用于代谢资料）

例子：

拜耳公司
1992 年 11 月
倍硫磷
18 册之第 15 分册
第 5 部分 规范试验残留结果
柑橘类水果
柠檬、橙子、蜜柚
仁果类水果
苹果、梨

4.1.1 资料提交

应根据审查者的要求直接向其提交一份纸制文件和电子版文件，并将电子版抄送 FAO 联合秘书。如果不能得到原始资料的电子文件，这份报告应先扫描成 pdf 格式。

工作报告、GAP 和残留资料的总结应该以 WORD 格式文件提供，用商用化学结构式程序制作的代谢路径可以以图表的形式包含在文件里。

4.2 资料目录

参见附录Ⅶ“提交评估资料目录的标准格式”。

生产商应在计划审议当年前一年的 9 月 1 日前向 FAO 联合秘书提交一份详细的信息索引或者目录，以用于残留评估。

目录为资料提供者提供了一个简要的审查资料包，识别那些不符合现有标准要求的研究差距与遗漏的机会，确保 FAO 专家组能得到一个可接受的用于审议的资料包。

在提交实际资料前对目录的审查会方便 JMPR 的计划制定，确保专家组成员之间合理的工作分配。一个综合的资料目录会简化评审中查询相关部分或试验的过程，特别是在提交的材料比较庞大的情况下。此外，这些目录提供了一份提交资料的永久记录。

对 FAO 联合秘书来说，单从目录来确定与使用方法有关的残留资料的可接受性、关键性支持试验或者专著的有效性是不可能的，这仍然是资料提供者的责任和 FAO 专家组的最终任务。

提交给 FAO 专家组支持专著的详细报告必须根据目录的标准格式（附录Ⅶ）组织，为国家管理机构制作的报告和提交的资料应该根据这个格式进行重新组织。

为方便文件查询和评估时参考文献的合并，要求电子版的资料目录以 WORD 的格式提交。

FAO 专家组成员使用的 JMPR 手册（附录Ⅹ）对那些准备提交审议材料的人来说也很有用。

4.3 工作报告或专著

生产商应提交一份用 MS WORD 格式撰写的工作报告或专著，总结试验结果和从试验结果中得出的结论，在计划审查当年前一年的 11 月 30 日前与原始报告一起提交。

在适当情况下，工作报告应把残留资料与残留定义、分析方法、GAP 信息、动物试验中的剂量水平等联系起来，并能清楚地演示推荐 MRLs 的基础。说明规范试验的子部分应该遵从法典商品分类的顺序，并最终对提供的信息进行评估。

在提交材料支持新的或者修订的 MRL 的情况下，评估会仅限于对可获得的残留资料和 GAP 信息进行简要讨论。在后面的示例中，新的关键的支持试验是很有价值的信息，应该被提交。没有必要重新提交之前已经评估的试验，但是应参考有关的试验。

准备工作报告草案是为了便利审查者对资料进行评估和专家组的整体工作。它不能被用来替代 FAO 专家组对单独试验报告的审查。

准备提交给诸如美国和欧盟登记主管机构的英文报告，通常被认为是可以接受的。在此类报告不是按照下面规定的格式的情况下，必须提供一个目录，让审查者能很容易地使用单独的技术报告。此类材料中还需要附加其他情况，例如：

- 法典术语里的商品描述
- 良好农业规范的摘要
- 规范试验残留资料摘要
- 残留定义的摘要

JMPR 评估需要的资料和信息以及准备信息摘要建议格式在第 3 部分里有详细的描述。来自于单独试验的信息应该根据目录建议的副标题，以及对每一部分可用数据的评估一起进行组织。在各种各样的副标题下，对任何与资料评估有关的试验细节的描述都会被认为对残留或试验的有效性有影响。

包括电子格式的代谢路径的原理图。

根据商品或关注的酶作用物，对加工试验予以分组，并用表格的形式汇总数据。表格制作应非常小心，以便它能够清晰表明样品是源自加工阶段的哪部分产品。

应指明按重量计算的加工样品的加工比例。对每一个试验地审查，应说明田间处理和施药剂量。

包括解释一些复杂商业程序的流程图。

4.3.1 国家评估的应用

国家或地区主管机构进行的评估对 JMPR 准备农药评估很有用。

提交者在提交 JMPR 文件资料时，应提交由地区或国家主管机构开展的评估材料。这个建议并不妨碍要求生产商提交所有相关原始试验，因为这些仍然是原始的资料来源。

5 JMPR 农药残留数据评估实例

内容

5.1 引言

JMPR 进行科学评估，考虑所有可获得的相关信息。较好的评估结果来自于对残留行为过程的理解，而不是仅限于对数据的处理。此外，可用信息的变化较大。因此，JMPR 对其的评估并不局限于规则，而是要针对具体情况考虑提交的信息。下面列举的基本原则尽可能做到符合实际。

作为评估过程的重要内容，FAO 专家组要准备包括所有有关农药的相关信息的专题报告以及评估报告、结论、建议并给予充分的解释和理由。为便于读者查阅相关信息，专题报告和评估报告要按 FAO 专家组手册附件 10 规定的统一格式准备。专题报告和评估报告将在 FAO 系列出版物《食品中农药残留—评估第一部分・残留》中发表。此外，JMPR 报告也将提供一份包括已评估的信息和对每种农药建议的简短摘要。

JMPR 已意识到对其建议的理由和基础给予充分说明的必要性。专题报告详细归纳了有关 GAP 的信息和规范残留试验数据，解释了结论和建议的理由，例如提供了足够详细的数据以便读者能了解建议的依据。从 20 世纪 90 年代初期到中期，专题报告的篇幅不断增加主要是由于增加了更为详细的解释，反映了工作所需要的信息在不断增多。

5.2 物理和化学特性

提交的有关纯有效成分的物理和化学性质的数据应予以评估，以确定在对作物或者动物施药过程中或者施药后这些特性对农药行为的影响。关于物理和化学特性的数据对理解分析方法也有用。

化合物的挥发性及其在水中及紫外辐射下的稳定性，对化合物使用后的消解会有显著影响。

农药的溶解度尤为值得关注，因为化合物在植物和动物组织中的渗透能力取决于其在水中和有机物质中的溶解度，这正是其在加工过程中的行为。

将一种残留指定为脂溶性或者非脂溶性对于确定 MRL 以及遵守相关标准很重要。“脂溶性”状态决定监测分析中样品的性质。

通过家畜代谢及饲喂试验获得的在肌肉与脂肪之间的残留分布应作为确定脂溶性的首要指标。在某些情况下，通过代谢或饲喂试验获得的残留（母体化合物和/或代谢产物）分布的信息不容许对脂溶性进行评估。在缺少其他有用信息的情况下，JMPR 选择作为脂溶性指标的物理特性辛醇—水分配系数，通常被记为 log P_{ow}。

应该注意的是，报告的同一化合物 log P_{ow}的估算值在某一单元存在偏差。数据的开发方式不同通常导致结果不同。应对这些差异予以解释说明。

脂肪和肌肉之间的残留分配（作为 P_{ow}的函数）是可以预测的[①]。脂肪组织/血液分配系数指的是脂肪组织和血液中化学品浓度或溶解度的比例。脂肪组织或整个血液中化学品的溶解度等于其在脂质和水相基质中的总和，脂肪和肌肉的分配系数 k 是可以计算的，假设 P_{ow}（辛醇：水）与 P_{lw}的值相同，P_{lw}为脂质和水的分配系数。此外，如果假定肌肉中含 5%的脂质，其余为水，脂肪中 80%为脂质，那么：

$$P_{lw}=[\text{脂质}]/[\text{水}]\approx P_{ow};$$

$$k=\frac{P_{ow}\ [\text{脂肪部分}]_{\text{脂肪}}+[\text{水相部分}]_{\text{脂肪}}}{P_{ow}\ [\text{脂质部分}]_{\text{肌肉}}+[\text{水相部分}]_{\text{肌肉}}}$$

$$k=\frac{(P_{ow}\times 0.8)+0.2}{(P_{ow}\times 0.1)+0.9}$$

logP_{ow}与脂肪肌肉间分配系数的函数图（图 5.1）显示：对于 log $P_{ow}>3$ 的化合物，其分配系数与 log P_{ow}不相关。

2005 年，JMPR 决定修改其在 1991 年推荐的经验范围。在没有反证存在且 logP_{ow}

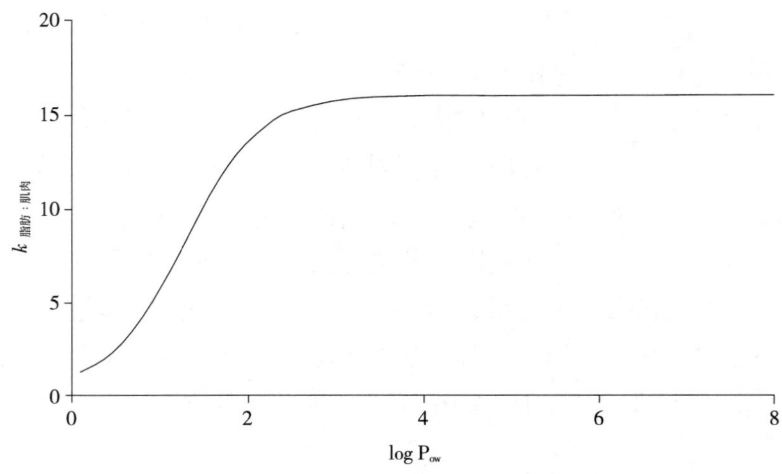

图 5.1 基于 logP_{ow}预测肌肉脂肪间的残留分配图，k=脂肪/肌肉间的残留浓度比。

① Haddad S, Poulin P, Krishnan K. 2000. Relative lipid content as the sole mechanistic determinant of the adipose tissue: blood partition coefficients of highly lipophilic organic chemicals. Chemosphere 40: 839-843.

大于3的情况下，化合物将被认为是脂溶性的，否则为非脂溶性的[①]。

一些残留物的构成不同，例如，残留物被定义为母体和代谢物的混合产物，就会产生问题，因为代谢物的脂溶性可能与母体化合物的不同。在此情况下，应考虑每一个代谢产物的 log P_{ow}信息。混合物内相对浓度也会改变，因此混合物中脂肪分配也将发生变化。JMPR认为，对那些脂溶性或者水溶性不明确的化合物应给予特别关注。

如果数据允许，肌肉和脂肪残留定义中的残留浓度可以通过山羊代谢试验确定。这些数值与相应牛饲喂试验中肌肉和脂肪中残留浓度值进行比较。尽管在某些情况下，由于包含在残留定义中单个成分的分配不同，因此残留物的脂溶性可能被指定为肉类的而非奶类的，但仍可将奶和奶脂肪数据视为考虑某种农药的脂溶性的补充因素。

对最近审议的 log P_{ow}＞3的化合物就提供了一些处理过的例子，用以界定某一残留为脂溶性或非脂溶性以及估算肉的最大残留水平。

嘧菌环胺的 log P_{ow}＝4，残留被定义为母体化合物。代谢试验中山羊脂肪中的残留量比肌肉中的残留量高75倍，表明脂肪中残留的溶解性大于肌肉（JMPR，2003）。基于代谢试验数据，残留物被指定为脂溶性。

氟酰胺的 log P_{ow}＝3.17，动物食品的残留被定义为氟酰胺和三氟甲基苯甲酸之和。牛的饲喂试验表明，肌肉和脂肪中的残留量相当（JMPR，2002）。基于所提供的数据，氟酰胺残留物被指定为非脂溶性。

吡氟氯禾灵-R-甲酯（活性形式）的 log P_{ow}＝4；，甲基吡氟氯禾灵（消旋体）的 log P_{ow}＝3.52；吡氟氯禾灵酸的 log P_{ow}＝1.32；吡氟氯禾灵的残留物被定义为吡氟氯禾灵酯，吡氟氯禾灵和它的轭合物，以吡氟氯禾灵表示。1996和2001年，JMPR报告了两个牛饲喂研究结果。1996年的第一次研究结果显示脂肪中的残留量高于肌肉中的残留量，而2001年的第二次研究报告显示脂肪和肌肉中的残留量相当。两个研究中采用的分析方法可以对结果进行解释。代谢研究表明，吡氟氯禾灵在脂肪中是以非极性共轭物形式存在，很容易在碱性条件下水解产生吡氟氯禾灵；在奶脂中共轭物被确定为甘油三酯共轭。在1996年JMPR报告的牛饲喂研究中利用碱性水解步骤，从所有组织中提取残留物，而后来的研究试验对肌肉、肾脏和肝脏利用碱萃取方法，但不包括脂肪。碱萃取是植物和动物基质分析方法不可分割的部分，2001年JMPR报告的试验应不予考虑。基于牛饲喂研究，使用适当的残留方法对脂肪和肌肉样本进行分析，残留物应被指定为脂溶性。

氟虫腈有一个复杂的残留定义，氟虫腈的 log P_{ow}＝3.5，其主要代谢物（MB 46136）的 log P_{ow}＝3.8。在代谢研究中（JMPR，2001），山羊脂肪中残留物浓度（母体＋MB46136）比肌肉中高20～30倍。在牛饲喂研究中，剂量相当于0.43mg/kg，在肌肉中未检测到残留物（氟虫腈和MB46136）（＜0.01mg/kg）。氟虫腈在脂肪中的残留物个别成分比肌肉中高3到4倍，代谢物（MB46136）比肌肉中高40～50倍（＜0.01mg/kg）。牛经皮和经口试验，氟虫腈和MB46136在肌肉中的水平＜0.01mg/kg，但氟虫腈在脂肪中的水平比肌肉LOQ高4～6倍，MB46136水平比肌肉LOQ高7～77倍。这些数据清楚地表明定义的残留物（氟虫腈和MB 46136）为脂溶性。在通常情况下，肾脏脂肪中的残留物水平与腹部脂肪的残留物水平相比存在显著差异，说明在牛饲

① 2005年JMPR报告，第28页。

喂研究中有必要对单个脂肪点进行分析。

上面的例子表明，残留单个成分的 log P_{ow}是一个初步指标，但并不是用来评估脂溶性的唯一因素。

为了保障应用这些原则的一致性，在化合物周期审议过程中对所有残留定义进行再审查。

5.3 植物、动物和土壤使用农药后的代谢和降解

对植物、动物或土壤施药后，化学降解和代谢是农药消解的主要机制。降解和代谢的速率取决于于化合物的化学特性和诸如温度、湿度、光照及作物的表面、作物液体的 pH 和土壤成分等因素。代谢研究提供了化合物归趋的重要信息。代谢物提供了残留构成的定性或半定量情况，揭示了可能的残留行为、说明了不同组织间的残留分布。残留物的部位和水平也可能取决于化合物是否为作物的叶子或根部吸收，在植物中是否移动及其在土壤中的持续性和迁移性。

代谢数据被用来评估农药的毒理学和残留情况。FAO 专家组审查实验动物的代谢，并将其与使用过农药的食用家畜和植物品种的代谢进行比较。这要求确定毒理学研究与人的相关性，定义植物和家畜产品中的残留。只有当代谢模式定性和半定量相似，基于实验哺乳动物毒理学研究的 ADI 和 ARfD 估算值才对食品有效。如果植物或家畜的代谢物尚未被确定为实验哺乳动物的代谢物，那么这些毒理学终点不包括那些代谢物。如果食品中发现显著残留，为评估它们的毒理学特性，可能有必要对这些代谢物开展等剂量的独立研究。

有关最终残留构成的信息被用来评估残留分析方法的适用性，并确定残留定义。

5.4 分析方法

作为评估程序的一部分，JMPR 定期评估用于规范试验、食品加工研究和家畜饲喂研究的分析方法的有效性。

基于验证数据和表现特征，检验每种方法对于预期目标、方法确定的化合物以及用于分析的基质方面的总体适当性。分析回收率数据尤为重要。有关试验和研究中有代表性的基质的方法验证是必须的。在可靠的回收率（通常为70％～120 ％）可以实现的情况下，JMPR 将方法 LOQ 的估算值视同为最低残留浓度。检出限可以表明不同基质中可能存在的低水平残留，但是因为它们不能提供定量数据，所以在估算残留水平时不予考虑。然而，JMPR 认为随着时间的推移，相对于方法验证期间的估算值，LOQ 值可能会有所不同或改变。

分析方法中样品提取步骤的效率可利用有效的数据与代谢研究样品中放射性标记的残留成分比较来确定。

5.5 贮藏分析样品中农药残留的稳定性

源于规范试验、食品加工研究和家禽饲喂研究的残留样品，在实验室分析前，通常

要在冷冻条件下贮藏 1a 或更长。在此情况下，有必要进行冷冻贮藏稳定性研究，以保证贮藏样品中的残留与新鲜样品中的残留实质上一样。分析前，如果贮藏过程中残留损失超过 30%，类似贮藏期间的残留研究可能无效。

冷冻贮藏样品试验的结果和条件应与试验分析样本的持续时间和贮藏条件相当，有助于确定试验残留数据的有效性。

在冷冻贮藏试验评估期间，需注意以下几点（见 3.3.4）：

- 研究设计（预计采样间隔、重复、程序性回收试验的次数）
- 贮藏容器（尺寸、材质、密封性）
- 被测试样品的性质（商品，未切碎、切碎或均质的）
- 残留的性质（单一化合物或混合物）
- 存在或添加的残留（添加水平）
- 程序性回收率及变异系数
- 贮藏温度（计划温度和实际记录温度）

程序性回收率（对贮藏样品进行分析时添加样品并分析）应用于确定分析的有效性。对于贮藏样品的分析结果不应根据程序性回收数据加以调整。

在一些贮藏稳定性研究报告中，“回收率百分比”被用作“分析或程序性回收百分比”，也用于“贮藏后剩余残留百分比”。为避免混淆，JMPR 评估将样品贮藏后剩余残留的数据称为剩余浓度或剩余百分比，将分析回收率实验的数据称为回收百分比。

在许多情况下，对残留数据的单一检查可以表明残留在试验间隔期内是否稳定。在因为数据分散或处于稳定性临界点结果不是很清楚的情况下，有必要对数据做进一步分析。

如果假定为一级动力学降解，浓度的自然对数随时间曲线提供了降解半衰期。半衰期=ln（0.5）/斜率。

残留损失为 30%的贮藏时间=0.51×半衰期≈0.5×半衰期。

残留样品贮藏的间隔期超过上述时间的，其有效性应受到质疑。

5.6 良好农业规范（GAP）信息

JMPR 评估最大农药残留水平的一个重要因素是良好农业规范信息。FAO 专家组依赖已注册标签作为可靠的 GAP 信息。FAO 专家组使用这些国家的 GAP 信息，确定在食品或饲料中可能导致最高残留量的情况（常常被称为“最严格 GAP 或最大 GAP”），并将这些使用与规范试验执行中的现有条件结合起来。因此，来自于规范试验执行国家，或具有相似的气候条件和农业规范的相近国家的国家 GAP 信息至关重要。

在提交有关一国农药使用良好农业规范的充分信息方面，FAO 专家组认为一些国家可能适用不同的农药使用批准制度。有些国家使用严格的、以产品为基础的正式登记制度，而其他国家则使用非正式授权方法。后者的“授权安全使用”或“批准使用”仍可能包含在 GAP 表中，假如有关国家提供关于国家批准使用或授权安全使用的信息。属于“批准”和“授权”被理解为那些没有完整登记制度，但有使用授权形式的国家的 GAP 信息。这种区别旨在承认在国家层面上 GAP 授权的不同术语和方法，并无国家制度孰优孰劣之意。

农药的登记和批准使用因国而异，使用方式经常有很大的不同，尤其是气候差异较大的地区。自然生长条件和作物种类也可能会造成使用方式的差异。根据GAP定义，一种农药应以此种方式使用，留下的残留尽可能最少。由于不必要的高施用量（“过量”）或不必要的较短安全收获期而造成残留水平超过实际的最小残留量，均与GAP概念相悖。

5.7 规范试验结果

最大残留水平的估算主要是基于规范试验获得的可靠残留数据，规范试验应以此种方式进行，即试验处理应与反映相应最严格GAP的使用相当。

在从最大最严格GAP中获得的残留引起急性摄入关注的情况下，可考虑使用较小的最严格GAP来估算最大残留水平。

可靠数据的重要性已经在3.5中对试验信息和数据的要求中强调。

评估规范试验数据所遵循的原则在第6部分中已详细介绍。

5.8 加工研究

与农药法典MRLs有关的“加工食品”是指对“初级食品商品”应用物理、化学或生物过程而得到的产品，因此对于初级食品商品的电离辐射、清洗或类似的处理不属于这里讨论的加工食品。术语“初级农产品（RAC）”即“初级食品商品”。

最初，对加工食品的主要兴趣集中在那些国际贸易中的重要产品，如碾磨的谷物和其他谷物产品、植物油、果汁和水果干。已经制定了这些商品的MRL。近来对获得有关其他类型的加工食品中的残留水平的信息的兴趣增加，例如初级食品商品去皮、烹饪或烘焙。这些商品中的一些商品通常并不进入国际贸易，但残留水平的信息对于进行更精确的膳食摄入评估很重要。就食品商品中可食部分和不可食部分之间的残留分布而言，在可以证明整个食品中发现的残留在加工过程中被破坏或被去掉时，可能会产生更高的MRL被接受的结果。经验表明，残留水平在加工过程中通常会减少，如剥皮、烹饪和榨汁。然而，在其他情况下，如从油籽和橄榄中榨取油，在加工过程中残留水平可能会增加。此外，在某些情况下，在加工过程中有效成分可能被转化为比母体化合物毒性更大的代谢物。

JMPR注意到以水果、蔬菜、谷物和肉类为基础的加工产品的贸易量较大。然而，由于产品供应方式的不同，不可能对所有可能的加工食品建议MRLs。基于这个原因，JMPR同意对残留不被浓缩的加工产品将不推荐MRLs，但出于膳食摄入考虑，将有可能考虑加工食品中的残留。

JMPR会经常评估国际贸易中重要的加工食品和饲料中的最大残留水平，当在这些产品中浓缩的残留水平高于其初级农产品的残留水平时，例如油、糠和果皮。即使当估算并不被用作推荐最大残留限量或当残留没有集中在加工产品中时，JMPR将继续在其专题报告中记录加工对食品中的残留水平和归趋的影响，以便更好的评估农药的膳食摄入。

加工研究是评估一个新化合物和周期评估化合物所需的关键支持研究之一。见 3.7.1 中的目标和数据要求。

初级农产品中确定的所有残留（母体和相关的代谢物）也需要在加工产品中被确定。此外，代谢研究中发现的需要进行独立的膳食摄入评估的任何降解产品，也需要考虑。按照符合最大残留限量的相关定义和膳食摄入估算来计算残留。

作为加工研究的一个结果，有可能发现残留减少和浓缩以及计算重要产品的加工因子。

加工因子（pf）被定义为加工商品中发现的残留量与加工前初级商品中的残留量之比。

$$pf=\frac{\text{加工产品中的残留水平（mg/kg）}}{\text{初级农产品中的残留水平（mg/kg）}}$$

加工因子很容易受到影响，且取决于加工量。农药残留的特性，如水溶性或脂溶性、农药在商品中的分布，如表面或组织内部、收获前或收获后处理都可能相关。因此，加工因子应被视为一个加工过程和商品的组合。

当对同一初级农产品中的特定农药进行两个以上的加工研究时，加工因子的中值通常是加工因子最好的估算，特别是在研究结果出现加工因子包含“低于”实际值和实际值，或者出现一些高的无法解释的加工因子的情况。

如果两个研究的加工因子相互矛盾，例如：相差 10 倍，则中值是不恰当的，因为它无法代表任一试验过程。在此情况下，最好是选择其中一个值为代表值。如果没有其他的原因，应选择最高的加工因子为缺省（保守）值。

加工因子可以被最后一次对初级农产品施药后的不同间隔天数确定。在此情况下，能反映最严格 GAP 的最短安全收获期的结果应予以考虑。然而，在加工因子差别不大的情况下，所有数据都可以被考虑，如例子中用环酰菌胺处理葡萄的加工：

安全间隔期（d）	14	21	28～35
平均加工因子	0.343	0.298	0.366
中值	0.355	0.32	0.36

当加工商品中的残留检测不到或小于 LOQ 时，计算的加工因子（初级农产品的残留水平/LOQ）应用“小于”（＜）符号报告。如果几个加工研究中的加工商品中的残留检测不到或小于 LOQ，则可能意味着加工商品中残留是非常低或实际为零，计算的加工因子仅仅是反映初级农产品中的初始残留水平。在此情况下，最好的加工因子估算值是最小的“小于值”，而不是“小于值”的中值。

当初级农产品中的残留量小于 LOQ，但在加工产品中被浓缩（残留水平＞LOQ），计算的加工因子（加工商品中的残留水平/初级农产品中的 LOQ）应以“高于”（＞）符号报告。

当加工商品和初级农产品中的残留量均为低于 LOQ（不可量化）时，获得加工因子的研究没有价值。

如果有效的几个研究，在初级农产品加工过程中使用通用步骤，例如清洁或清洗，可在研究中省略，因为在计算平均加工因子的研究中，将其包括在内是不合适的。

5.9 国家监测计划结果

国家监测计划的数据对推荐 EMRLs 和估算香料的最大残留限量很重要。见 6.11.1 和 6.11.2。

5.10 附加信息的评估

通常，如果收到的数据为相同类型且与早期评估的数据一致，有关 GAP 的新信息和试验相关数据并不会造成困难。然而，有关化合物代谢领域新进展的信息可能会带来更多的问题。这些信息可能改变原来的残留定义，这意味着同时评估新老数据可能会非常复杂。除非在特殊情况下，当所有相关信息均可获得，且在决定残留定义时予以考虑，则在周期审议时才可对附加代谢研究结果和显示母体化合物和重要代谢物的比例的规范试验信息进行评估。

同样，当残留定义中原来包含的两种农药，其中一种农药是另一种农药的代谢物，出于毒理学或其他原因决定随后对农药分别予以鉴定，也可能会出现问题。在这种情况下，旧残留数据往往不适用。

分析程序的改善也可能会造成困难。如果 LOQ 降低，那么低于原来 LOQ 的旧残留数据将难以解释，可能对以后的评估来说既不适用，也无法获得。在此背景下，就有关化合物代谢作用的新信息而言，需考虑有关化合物的整个数据集，JMPR 需要针对具体情况逐一做出决定。

然而，在大多数情况下，JMPR 无法获得科学再评估所需要的所有信息。因此，在对化合物进行周期审议的过程中才能对如此复杂的问题予以最好、最充分的处理，因为在周期审议时所有相关的原始报告均要求再次提供，且可能会予以考虑。

5.11 CCPR 周期评审计划中化合物的再评估

周期评审计划要求对那些需要再评估的附加信息采取不同行动（以下称为常态情况），必须要事先清楚确定周期评审计划下评估的那些化合物。见 3.2。

如第 3 部分中详述，在周期评审时数据提供者应提交所有相关的有效信息，不管之前是否已经提供过。

如新农药评估，JMPR 评估有关周期评审化合物的所有相关信息，包括鉴定、代谢和环境归趋［残留分析方法、目前使用模式（注册和正式批准的使用）］、规范残留试验、家畜饲喂研究以及贮藏和加工中残留的归趋。然而，周期评审和常态评审的结论和建议有所不同。

不同于新的化合物，周期评审的化合物已经有推荐的 MRL。常态评审和周期评审对现有 MRL 推荐的处理不同。

对周期评审化合物的数据评估与常态再评估（JMPR 对可获得的一些特定信息进行再评估）进行比较，以澄清主要差异。

5.11.1 新的和现有的 MRL

如果不存在个别商品或相关商品组的 MRL，在处理提交用于常态评估或周期评审的信息方面略有不同。

对接受评估的个体商品，在 MRL 已经存在的情况下，如果有新的数据提供且对数据进行评估，那么可能要求或不要求对 MRL 进行修订。

在周期评审中，如果提供了有关某一个体商品的充分信息，为与现代 GAP 相关，对 MRL 要么进行修订，要么予以确认。

在常态评估中，当收到已有 MRL 商品组中单一商品的信息时，评估需要证明组 MRL 仍然保留，或者可以建议一个单一商品的 MRL 和一个组的 MRL（指定的除外）。

在周期评审中，当已有 MRL 商品组中仅收到一种商品的信息时，可能有必要撤消商品组的 MRL，估算一个单个商品的 MRL 。

5.11.2 GAP 信息

正常情况下，如果没有提供新的 GAP 信息，MRL 将保留。新的 GAP 信息可能允许对先前记录的残留数据进行重新解释，以估算一个新的最大残留量。

在正常情况下对新的残留数据进行评估，需要在逐一审查的基础上决定先前记录的 GAP 是否仍然有效。多年前记录的一些化合物的 GAP 信息可能仍然可以接受。

在周期评审计划下，GAP 和残留信息缺失很重要。例如，如果未提供某一具体商品的 GAP 信息，JMPR 可以认为不存在该商品的 GAP。只有为再评估目的所提供的 GAP 才被认为是有效的。如果没有提供 GAP 信息，将建议撤销 MRL。同样，如果有 GAP 信息但不足以支持所提供的残留数据，可以建议撤销 MRL。

5.11.3 支持性研究

对关键的支持性研究（代谢物、家畜饲喂、加工、分析方法和分析样品的贮藏稳定性）进行评估，以帮助解释规范残留试验的数据，修改或确认残留定义，验证残留物和其他试验，提供消费食品中残留物的进一步信息。在缺乏关键的支持性研究，且如果不能充分说明其缺失的理由，FAO 专家组不可能为新的或周期评审的化合物推荐 MRL。

5.12 残留定义

5.12.1 一般原则

在评估与食品或饲料中存在的残留相关的膳食摄入风险时，要求明确残留定义中化合物或相关化合物，同时提供适合监督的 MRL。

一种农药残留是农药及其代谢物、降解物和其他转化产物的组合体。虽然农药残留定义中包含了代谢物、降解物和杂质，但这并不必然意味着代谢物或降解产物就一定包含在用于监管（MRLs）目的或用于膳食摄入估算的残留定义中（STMR，HR）。

WHO 专家组考虑并在其评估报告中指出哪些代谢物具有毒理学意义，应包含在膳食风险评估中。

在 JMPR 召开会议前，FAO 专家组评审人员和毒理学和环境组的其他评审人员应在诸如哪些代谢物具有毒理学意义等问题上保持密切沟通。

在残留试验数据表中，FAO专家组评审人员应分别指明相关代谢物及其母体化合物的残留水平，但可允许以后对其合并，以保证在联席会议上对残留定义的调整能被接纳。

如果被推荐用于风险评估的残留定义与用于监管目的的残留定义不同，应在评估报告中明确说明。

这两方面的要求（摄入风险评估和监管MRL）有时是不可调和的，作为两个相互矛盾的要求之间折中的结果，残留定义有时候看起来有些武断。出于这个原因，以及考虑到它们被用于不同目的，由各国政府制定的残留定义往往不一致。

残留定义的基本要求是：

- 用于MRL的残留定义应该是
  - 尽可能基于单个化合物
  - 最合适于监督遵守GAP情况
  - 如果可能的话，所有商品是相同的
- 应避免共有部分残留用于MRL定义
- 用于膳食摄入评估和风险评估的残留定义，应包含有毒理学关注的化合物

两个残留定义的要求有时是不可调和的，因此可以有不同的残留定义。对一些化合物，可以分别制定用于监管目的的残留定义和用于膳食摄入评估目的的残留定义。用于膳食摄入评估目的的残留定义应包括具有毒理学关注的代谢物和降解产物，而不管其来源如何，用于监管MRL的残留定义应是一个简单的、适合实际日常监测和执法以及合理的成本。

虽然农药残留定义中包含了代谢物、降解物和杂质，但这并不意味着代谢物或降解产物就一定包含在用于监管（MRLs）目的或用于膳食摄入评估的残留定义中（STMR）。将转化产物（代谢物和降解产物）纳入残留定义取决于许多因素，做出是否将它们纳入的决定非常复杂，应在逐一审查的基础上做出决定。

在代谢试验中通常会利用基于标记化合物的方法来对代谢物和其他转换产物进行定性和定量。在某些情况下，用于规范试验的方法很复杂，还可能要求特殊的提取和净化程序及使用精密的仪器，因此并不适合多残留检测程序，它将会使成本增加，并限制了监管分析工作的适用性。

此外，如果没有标记化合物以及专门的实验室，不能对用于分析产生共轭代谢物的残留方法进行验证，一些国家甚至在获取“冷冻”代谢物标准品用于分析工作方面面临的极大困难。因此，残留定义中包含的代谢物，特别是极性代谢物，对于监督GAP遵守情况是不实用的。复杂的残留定义通常需要单个残留方法，因此会导致较低的监测和/或监管分析的数量（相对于使用多残留检测方法而言），欧盟的结果或美国的监测计划清楚的说明了这一点。

应当强调，在选择适当的分析物和用于检测残留试验样品的分析方法时，生产商或赞助商必须考虑风险评估和监管的必要性。在实践中这意味着数据以这样一种方式来产生，即如果合适，可在制定两个独立的残留定义方面给予一定的灵活性。在出于风险评估目的可能需要多成分残留定义的情况下，生产商或赞助商在田间试验样品的测试中应：

a. 在分析方法允许的情况下，分别对残留物中的单独成分进行分析，而不是进行总残留分析

b. 如果用总残留分析方法获得风险评估数据，如可以用多残留程序对合适的“分子指标”进行分析，则下一步可对田间试验样品中的指标分子进行分析，如母体化合物

这种方法允许对具有重要毒理学意义的残留成分进行风险评估，同时又可确保获得为监管 MRL 制定一个不同的、简单的残留定义。

生产商或赞助商提交利用总残留检测方法获得的残留试验数据，是不能为日常实际监督和执法以及合理成本的 MRL 确定一个合适的、简单的残留定义，FAO 专家组可能无法估算该化合物的最大残留限量。

下面的例子进一步说明了情况的复杂性。

几种农药代谢成为一个化合物，其本身也用作农药（例如苯菌灵和多菌灵），在某些情况下，农药和其代谢物的毒理学性质大不相同（例如乐果和氧乐果）。在任何可能的时候，应为母体农药及其作为农药使用的代谢物分别制定 MRLs。贸易中食品商品的分析所提供的信息不包括代谢物。

如果由于母体农药被迅速降解或没有测量和分辨母体化合物（例如：乙烯-双-二硫代氨基甲酸，苯菌灵和多菌灵，甲基托布津和多菌灵）的分析方法，因此不可能制定单独的 MRL，适用于相关农药的 MRL 只能通过代谢物或转化产品来确定。

当农药代谢物可能并非源于农药使用时，就会产生另外一个问题。在此情况下，样品中存在的代谢物残留对于确定遵守 GAP 情况没有意义，代谢物不应包含在 MRL 的残留定义中（例如灭蝇胺和三聚氰胺、扑草净和三聚氰胺）。一组特定农药的共同代谢物，如三唑类，也应排除在单个农药的残留定义之外。

在建议或修订残留定义时，JMPR 考虑下列因素：

- 动物和植物代谢研究中发现的残留物的成分
- 代谢物和降解产物的毒理学特性（用于风险评估）
- 规范残留试验中确定的残留性质
- 脂溶性
- 监管分析方法的实用性
- 形成的代谢物或分析物是否其他农药也会产生
- 一种农药的代谢物是否被注册用作另一种农药
- 国家政府已经制定的残留定义以及制定时间较长且习惯上已被接受的定义
- JECFA 已经标记制定残留定义的农药，但有可能会在动物商品上产生农药残留的化合物

转基因和非转基因作物中的农药代谢不同。决定残留定义的原则没有改变，对代谢及分析方法仍有很强的依赖。当不能很容易地辨别非转基因作物商品和转基因作物商品时，二者的残留定义应该是相同的。没有适用于所有情况的单一方法，目前仍需要逐一审查方法。

脂溶性是残留物的一个特性，主要是用来评估代谢和家畜饲喂研究中观察到的肌肉和脂肪之间残留物的区别。如果此信息不够充分，5.2“物理和化学性质”提供的基于正辛醇/水的分配系数确定农药的脂溶性。动物商品的取样方法取决于残留物是否为脂溶性的。

多年来，JMPR一直在脂溶性农药的残留物定义中量化"脂溶性"，使用的表述为：

"残留定义：【农药】（脂溶性）"

1996年JMPR建议"脂溶性"不应再被包含在残留定义中，因为"脂溶性"是一个抽样方法的条件，与膳食摄入的残留物定义不相关。为了避免混淆，同时表达残留物是脂溶性的信息时，JMPR同意用单独的一句话来表明残留物是脂溶性的。

近年来，JMPR时残留定义的政策发生变化，因此所有残留物的定义在化合物的周期评审过程中要重新审查。

在专题报告残留分析一节中有对每个化合物残留定义的解释。残留定义应明确说明它适用于植物商品或动物商品，还是对两者都适用。

5.12.2 定义用于MRL的残留应遵循的原则

出于监管目的，残留定义应尽可能地实用，且最好基于一个单一残留成分、一个代谢物或分析程序的一个衍生物，该单一残留成分是全部重要残留的一个指标。丙硫菌唑的残留物定义（JMPR，2008）可作为一个遵守MRL残留定义的很好例子，在此情况下主要代谢物脱硫-丙硫菌唑（可被几个多残留程序回收），被从一个相当复杂的残留构成中选出作为一个标记残留物。选定的残留成分应该反映农药（剂量、PHI）的应用条件，并应尽可能用多残留程序检测。对其他残留成分的监测只能增加分析的成本。

这种方法的优点是显而易见的，可以降低整体成本且监管实验室可以对更多的样本进行分析。此外，更多的实验室可以参与残留监测，因为一个相对简单和快速的分析程序可能不需要昂贵的设备和确定残留所有成分所必需的时间。尽管如此，用单一化合物来表示残留并不会降低对数据的要求。仍需要有关总残留构成和残留成分的相对比例的完整信息，以确定是否以使用一个单一的化合物，且通常需要用于风险评估目的。

尽管有例外，相同的残留物定义应尽可能地适用于所有商品。例如，如果动物商品中的主要残留物是一个具体的动物代谢物，为达到监测目的就需要一个包括该代谢物的定义。然而，植物产品的残留定义并不要求动物代谢物，如果没有在植物中发现。那么就需要分别推荐植物源和动物源产品的定义。例如，噻菌灵的残留定义：噻菌灵；在动物产品中，为噻菌灵和5-羟基噻菌灵的总和。

一般情况下最好以母体化合物来表示残留物。即使残留物主要由代谢物组成，残留物应以分子重量校正后的母体农药来表示。举例来说明原则的实际运用：

如果母体化合物能以酸或盐的形式存在，残留物最好表示为游离酸。例如：2，4-D的残留定义为2，4-D。

如果已知代谢物大量存在，但分析方法将总残留量作为一个单一的化合物来测量，残留物应表示为母体化合物。应列出残留物中的代谢物。例如：倍硫磷的残留定义：倍硫磷的总和，它的氧化类似物和亚砜及砜表示为倍硫磷。

倍硫磷、它的氧化类似物和亚砜及砜全部被氧化成的单一的化合物（倍硫磷氧类似物砜），但残留物表示为母体倍硫磷。

有一些例外：例如双甲脒的残留定义：双甲脒和计算的N-(2，4-二甲基苯基)-N′-甲基甲脒的总和。

较为理想的情况是使用多残留检测分析方法来测量定义的残留，且方法对建议的MRL有足够合理的LOQ以及高分辨率。尽管可能会有例外情况，残留定义通常不依赖于特定的分析方法，这意味着该定义不应该包含“测定为”之类的词。然而，在二硫代氨基甲酸盐类的情况下，为提供一个实用的残留定义，有必要将残留物描述为“测定为____，以____表示”。例如符合 MRLs 福美双的残留定义：总二硫代氨基甲酸盐类，测定酸消化期间产生的 CS_2 并表示为 CS_2 mg/kg。

在残留被定义为母体化合物和代谢物之和，并以母体化合物表示时，代谢物在被加入总残留之前，应根据它们的分子重量校正其浓度。残留定义中“表示为”一词意味着分子量的调整。例如灭虫威的残留定义：灭虫威及其亚砜和砜之和，表示为灭虫威。

不允许对一些旧化合物残留定义中的分子重量进行校正。因为这些定义已被广泛接受，任何变化应慎重考虑。重新考虑现有残留定义的最佳时间是在周期评审期间。例如（没有再计算分子量）DDT 的残留定义：p，p′-DDT、o，p′-DDT、p，p′-DDE 及 p，p′-TDE（DDD）之和。七氯的残留定义：七氯和环氧七氯之和。

产生来源不同的代谢物通常应被排除在用于执法目的残留定义之外，除非定义是一个涵盖不同来源的组合。例如，对硝基苯酚来自对硫磷和甲基对硫磷。它往往是一个早期残留的主要成分，但不包括在残留定义中。

在一种残留的代谢物被登记用作一种农药，如果两种化合物的分析物不同，通常会分别制定 MRLs。最好没有化合物，其代谢物或分析物出现在一个以上的残留定义中。例如：三唑醇是一种注册农药，同时是三唑酮的代谢物。三唑酮的 MRLs 仅针对三唑酮。三唑醇的 MRLs 仅针对三唑醇，但三唑醇残留来源于三唑醇或三唑酮的使用。

然而，有的农药其母体化合物的化学性质不稳定或受到分析方法的限制，不允许应用上述原则。在此情况下，残留定义必须基于具有稳定的共同部分。苯菌灵和甲基硫菌灵都降解为多菌灵。例如苯菌灵、甲基硫菌灵和多菌灵的残留定义分别为苯菌灵的残留定义：苯菌灵和多菌灵之和，表示为多菌灵；多菌灵的残留定义：多菌灵；甲基硫菌灵的残留定义：甲基硫菌灵和多菌灵之和，表示为多菌灵。

注：苯菌灵：残留物来自于苯菌灵的使用，被包含于多菌灵的 MRLs。多菌灵：MRLs 涵盖苯菌灵或甲基硫菌灵的代谢产物多菌灵的残留，或来自于直接使用多菌灵。甲基硫菌灵：残留来自于甲基硫菌灵的使用，包含于多菌灵的 MRLs。

一些农药残留的一个主要部分为结合或共轭残留，游离的残留消解很快。因此，结合或共轭残留是一个更好地监测是否遵循 GAP 的指标。如果残留定义为结合或共轭残留，那么必须有一个指导监管分析者如何测量的说明。例如，在特定的条件下用特定的溶剂提取样品，或者首先要进行水解步骤。这种方法应尽量避免，因为如果没有在不同样品基质中使用产生标记的残留物，此种方法将得不到验证，或者在所有监管实验室里既没有标记产生的残留物，也没有检测 ^{14}C 残留物的设施可用。例如恶虫威的残留定义为植物产品：非结合的恶虫威；动物产品：共轭的/非结合的恶虫威，2，2-二甲基-1，3-苯氧基-4-ol/N-羟甲基-恶虫威之和，表示为恶虫威。

6 JMPR 估算最大残留水平和计算膳食摄入残留水平的实例

内容

6.1 引言

JMPR 通过可获得的残留试验数据评估食品中农药残留对消费者产生的潜在风险，并使用这些资料来推算短期和长期农药残留膳食摄入量。本部分介绍残留试验数据评估，第 7 部分将论述膳食摄入量的估算。

下面提供的指南是在 JMPR 已经制定急性参考剂量（ARfD）的情况下，为估算合成样品可食部分的最大残留水平时，用来建立 MRLs、规范残留试验中值（STMR）和最高残留值（HR）选择试验数据。

最大残留水平是为估算适用法典 MRLs 的商品上/中的残留量。对膳食摄入来说，要估算产品可食部位的残留水平。然而，在一些情况下，无法获得可食部位上的充分数据。在此情况下，也要估算适用法典 MRLs 产品的 STMR 和 HR。

除整个商品中/上的农药残留外，JMPR 也关注作物可食部位中的残留量。内吸性农药的残留可能会存在于作物的所有部分中，而非内吸性农药的残留则不一定会，或者只有少许量出现在一种作物的可食部位。对于每一种农药，从规范试验或者专门试验中得到的可食部位和不可食部位间农药残留分布的相关信息应提交给 JMPR。这些信息对决定在食品商品中/上农药残留膳食摄入的毒理学可接受性是非常必要的。比如，MRLs 是针对整个香蕉制定的，包括不可食的皮。根据整个商品上的残留，一些 MRLs

似乎高的不可接受。但是却检测不到可食部位中的残留量，这通常会消除这种担心。另外一个例子是通常橙子中检测到的大部分残留是在皮里，特别是非内吸性农药。

除初级食品商品和一些加工食品商品外，如果获得的信息允许，JMPR 还会推荐动物饲料和加工食品副产品的 MRLs，例如，可以用作动物饲料并且进入国际贸易的苹果渣和葡萄渣。除新鲜草料商品外，动物饲料也是贸易商品，因此如果饲料中发现可检测的残留使用，也需要制定法典 MRLs。但是 JMPR 不再推荐鲜饲料商品的最大残留水平，这些饲料中的残留在推算家畜膳食摄入量时予以考虑。饲料中的残留也可能导致动物组织、奶和蛋中发现可检测到的残留，有必要对这些商品制定 MRLs。有些食品商品本身，如谷物，就可能被用作食用动物的饲料。

6.2 规范试验条件与 GAP 的比较

一般原则：

当推算最大残留水平时，FAO 专家组会对从支持或符合报告的 GAP 条件的规范试验获得的所有残留数据进行审查。对于最大残留水平的可靠评估而言，一个先决条件是要有足够数量的独立的残留试验，以反映国家最大的 GAP，且这些残留试验遵照设计良好的方案，考虑地域分布，且囊括不同种植和管理做法和生长季节。

首先，要考虑反映 GAPs 的残留数据群的一致性和连续性。当合成样品中一个较高的残留变异系数或其他合适的统计方法显示残留值存在巨大差异时，不同残留数据群的存在可能会受到怀疑。在这种情况下，在估算 MRL、STMR 或 HR 前，需要对残留数据和试验条件进行更多的严格分析。

可能会因天气、种植习惯和土壤条件等因素导致不同地域之间农药消解率的不同。在实际情况下，对一个产品进行的试验次数是有限的。尽管如此，可代表一种统计上并无不同的残留群的更大数据集会比从仅代表一种 cGAP 的试验中获得的小数据集能提供更加精确的百分位估算值。因此，在某一 GAP 条件下只能获得有限数量的试验数据，假定会产生的残留值最高，一种方法就是考虑可能会产生相同残留值的那些 GAPs，这种假设可以根据先前的经验和合理的统计方法予以确证。然而，在对统计学上残留值不同的残留数据群进行合并时，应当慎重，因为这会导致出现基于统计方法（见 6.3）和膳食摄入量的常识被认为是错误的最大残留量估值。

在选择残留数据群估算最大残留水平、STMR 和 HR 时，JMPR 考虑下列一般原则。

在估算最大残留水平时，只有“按照国家推荐、批准或登记的最大使用量进行的规范试验结果”，如最大施药剂量、最多使用次数、最短安全间隔期（PHI）等，才被视为国家的最大残留水平估算值，即国家最大 GAP。

如果有足够数量的可以反映一国或地理区域最大 GAP 的残留试验，应依据这些残留数据推荐 MRL 估值。

在先前的经验表明农业操作和气候条件会产生相似的残留的情况下，一个国家的 cGAP 可以用于评估按照此 cGAP 在另外一个国家进行的规范残留试验。

会议认为在缺乏足够证据的情况下合并在不同 GAP 条件下获得的残留试验数据是不合适的。这个方法可能包括含有不同残留试验中值（平均值）的残留数据，如果根据统计方法来计算，比如使用 NAFAT 统计计算器，这些数据会导致较低的日摄入量估算以及较低的 MRLs。

在考虑合并不同的残留试验数据时，要仔细核查残留试验数据的分布，只有那些基于类似 GAP，从相同母体数据集中产生的数据集才可以合并。在这种情况下，专家判断可辅以合理的统计检验，如 Mann-Whitney 的 U 检验或 Kruskal-Wallis 的 H 检验。

在确定残留试验数据的可比性时，如果多个参数，如施药剂量、施药次数或 PHI 偏离了最大登记用量，应该考虑合并对残留值的影响，可能会导致过低或过高估算 STMR。通常，有两个关键参数发生偏离的试验结果应不予采纳。例如，如果施药剂量低于登记的最大剂量（试验剂量 0.75kg/hm^2，GAP 剂量 1kg/hm^2）和 PHI 长于登记的最短 PHI（试验的采收间隔期是 18d，GAP 是 14d），通常不应采用此试验结果来估算 STMR，因为这些参数可能会合并，造成低估残留。不管合并影响如何，仍然使用这些结果来估算 STMR 和 HR 值时，应在评估报告中给予合理的解释。

如果一个残留值比 GAP 条件下相同试验获得的另一个残留值低，那么在识别 STMR 和 HR 值时应该选择较高的残留值。例如，GAP 规定的最低 PHI 为 21d，在 21d、28d 和 35d 时反映 GAP 的试验残留水平分别是 0.7mg/kg、0.6mg/kg 和 0.9mg/kg，那么应该选择 0.9mg/kg 的残留值。

施药剂量：

试验中实际施药剂量的偏离通常应不超过最大施药量的±25%。这样的偏离应该在总结报告中予以解释。

采收前间隔期：

在 PHI 周围可接受的间隔期长度取决于受评估农药的残留消解率。可允许的范围与±25%残留水平比变化有关，可以根据残留消解试验进行推算。因为消解率逐渐下降，+25%浓度对应的偏离短于−25%浓度的偏离。在临近标签规定的 PHI，接受一种残留消解速度慢的农药规范试验数据的区间范围要比一种残留消解速度快的农药大。一级消解情形见图 6.1[①]。

对一级消解，

$$C=C_0\times e^{-kt} \quad \cdots\cdots 1$$

$$t_1 \text{ 时，} C_1=C_0\times e^{-kt_1}$$

$$t_2 \text{ 时，} C_2=C_0\times e^{-kt_2}$$

$$\frac{C_1}{C_2}=e^{-k(t_1-t_2)}$$

$$-k\ (t_1-t_2)\ =\ln\ \left(\frac{C_1}{C_2}\right) \quad \cdots\cdots 2$$

降解速率 k 和半衰期 $t_{1/2}$ 的关系，

$$\frac{C}{C_0}=0.5=e^{-kt_{1/2}}$$

$$\text{i.e.,}\ -k=\frac{\ln\ (0.5)}{t_{1/2}} \quad \cdots\cdots 3$$

① Hamilton，D.，Personal communication，2009.

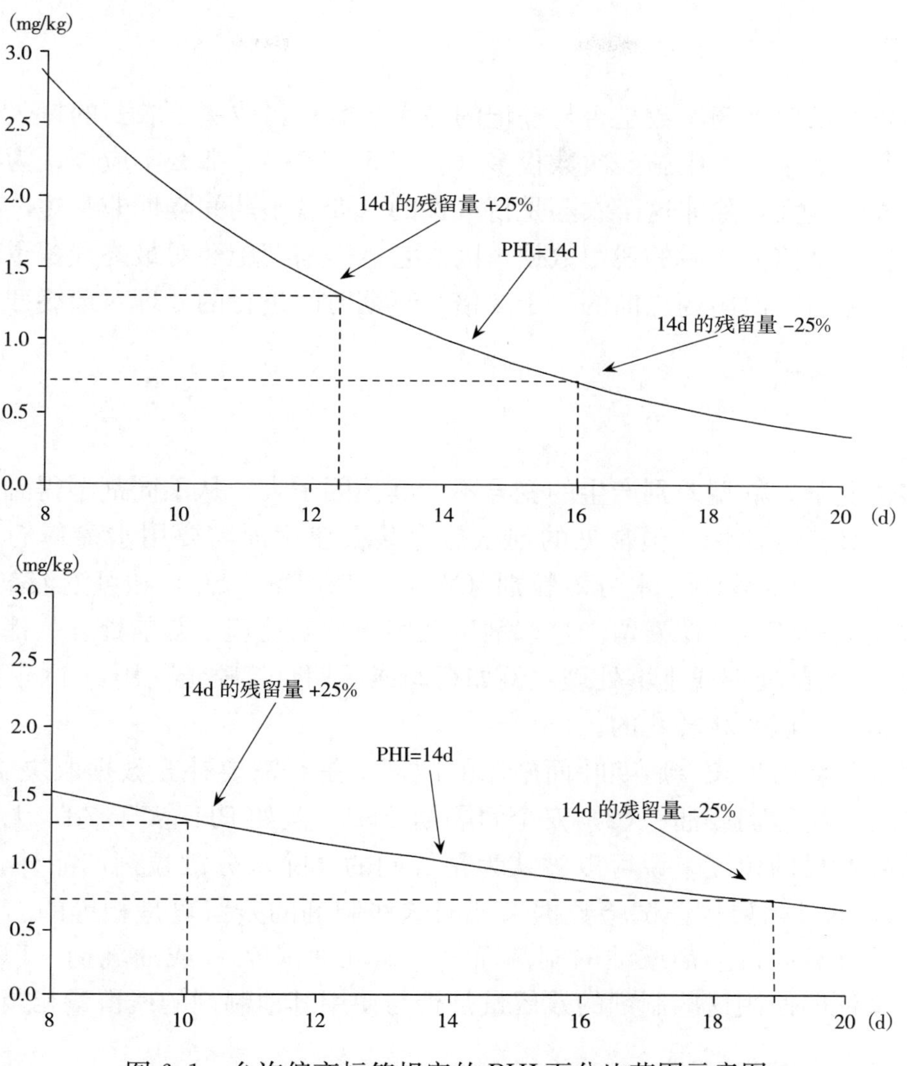

图 6.1 允许偏离标签规定的 PHI 百分比范围示意图

从式 2 和式 3，

$$\frac{\ln(0.5)}{t_{1/2}}\times(t_1-t_2)=\ln\left(\frac{C_1}{C_2}\right)$$

$$\text{i. e.}, \ t_1-t_2=\ln\left(\frac{C_1}{C_2}\right)\times\frac{t_{1/2}}{\ln(0.5)}\cdots\cdots\cdots\cdots\cdots\cdots\cdots\cdots\cdots \quad 4$$

如果 t_1 是 PHI，C_1 是 PHI 时的残留浓度，我们就可以计算残留浓度在给定百分比范围内的时间间隔。

$C_2=125\%\ \text{of}C_1$ $\qquad t_1-t_2=0.32\times t_{1/2}$

$C_2=75\%\ \text{of}C_1$ $\qquad t_2-t_1=0.42\times t_{1/2}$

如果 PHI 时间较长，计算半衰期时应该排除 0d 的数据，因为残留初始消解的速度要比后期快。由于一级消解为大数据量的 35%范围提供最佳的适配规律[①]，所以依据方程 1～4 计算结果有时候提供的估算并不可靠。然而，图 6.1 所示的图表法可以用于任何情况。

① Timme, G.; Frehse, H., Laska, V. Statistical interpretation and graphic representation of the degradation behaviour of pesticide residues II. Pflanzenschutz-Nachrichten Bayer 33. 47-, Pflanzenschutz-Nachrichten Bayer, 1986, 39, 187-203.

施药次数：

考虑报告的试验施药次数是否与登记的最大次数相当取决于农药的持久性和施药间隔。尽管如此，如果试验中施药次数很多（多于5～6次），那么不应该认为早期施药对最终残留的贡献很大，除非这个农药是持久性的，或者施药间隔期非常短。有时只需提供最后一次施药之前和之后的残留数据，因为它们是前期施药对最终残留贡献的直接证据。同样，在最后一次施药之前的早于3倍半衰期时间进行的处理对最终残留也是没有多大贡献的。

剂型：

在许多情况下，剂型差别产生的变异不如其他因子大，从不同剂型得到的试验数据是可以被认为具有可比性。最常见的剂型是那些在使用前需要用水稀释的，包括乳油（EC）、可湿性粉剂（WP）、水分散粒剂（WG）、悬浮剂（SC）和可溶液剂（SL）等。试验表明这些剂型产生类似残留。这些剂型在用于种子处理、苗前处理（播种前、播种时和出苗前）、幼苗处理或土壤处理（例如行间或后期直接喷土使用，不同于叶面处理）时，残留数据是可以互相转化的。

对于用水稀释后生长季后期叶面施用的制剂，是否需要补充数据取决于两个因素：（1）产品存在有机溶剂或油；（2）安全间隔期PHI。假如PHI大于7d，无有机溶剂或油的制剂从残留量的角度来说可以被认为是等同的。除水分散粒剂产品外，当PHI小于或等于7d，通常需要佐证试验数据来证明这些制剂的残留量是相等的。对于生长季中后期使用的含有有机溶剂或油的制剂而言，如乳油（EC）或油乳剂（EO），应该提供佐证试验来证明使用这些制剂的残留量是否与使用其他制剂的残留量相当。

6.2.1 规范试验数据解释表

当从几个国家获取残留试验数据时，结果可以用表格的形式来表示，以比照GAP说明试验条件并辅以解释。在附录表XI.1中举例中，比照GAP，比较从6个国家获得的番茄上的残留试验数据。要注意的是，有些国家指明施药剂量（kg・ai/hm^2），而其他国家则在其GAP中指明施药浓度（kg・ai/hL）。可以比照西班牙GAP的条件来评估意大利的试验。

这个概念也可以被用于以表格的方式提交用于评估替代GAP的试验数据。

解释表格提供的是一套是符合各国最大GAP的残留试验数据。下一步是决定这些残留是否构成一个单一的数据群或不同的数据群。

6.3 独立的规范残留试验的定义

估算最大残留水平、STMR和HR值取决于GAP条件下残留试验数据的选择，一个数据点（残留值）是从每个相关且又独立的试验中挑选出来的。必须有足够试验次数以代表田间和种植习惯的差异。

需要对试验是否应被认为充分独立而可以单独对其进行处理加以判断。

通常要记录下列试验条件，并予以考虑：

- 地理区域和地点——在不同地理区域进行的试验被认为是独立的
- （年生作物）的种植和施药时间——种植时间和施药日期不同的试验被认为是独立的
- 作物品种——某些品种对残留影响可能完全不同
- 制剂——用不同制剂进行试验的可比性和独立性应考虑6.2和6.5中规定的原则加以评估
- 施药剂量和喷药浓度——施药剂量和喷药浓度差异很大的试验视为不同的试验
- 施药方式，如叶面处理、种子处理和直接使用等——在同一地点不同小区上施药方式不同视为不同试验
- 施药操作——在同一地点的相同喷药操作的试验不能视为不同的试验
- 施药器械——在同一地点使用不同器械，其他情况相同的试验不能视为不同试验
- 助剂的使用——使用辅助助剂的试验可以产生很大差别，可以认为是独立的试验

通常天气（不是气候）是确定这种试验中产生残留的一个主要因素，如果多个小区/试验平行进行，通常每个田间试验只选择一个试验地点。对在同一区域的试验应足以提供有说服力的证据，额外试验会进一步提供有关耕作方式对残留水平的影响等其他独立信息。

当几种残留值被认为是“重复值”，例如当有下列情况时，会出现不同情况：

a. 来源于一个试验室样品的重复分析（重复分析）

b. 取自一个田间样品的试验室备份样品

c. 田间备份样品的分别分析（每一个样品是从一整个喷药小区随机抽取的）

d. 重复小区、备份小区或分割小区田间样品的分别分析（整个试验属于同一次施药操作，但是被划分成两块或多块区域，且单独采样）

e. 重复试验的样品分别分析（非独立的同一场所的试验可视为重复试验）

因此，评估人在准备专著时应说明重复试验的类型。

来自于试验室备份样品（b）或田间备份样品（c、d、e）的最高残留值应被视为该试验的单个残留值，而取自一个试验室相同检测部位的残留均值应被用来认定STMR、HR值或者推荐最大残留水平。

6.3.1 离群值的处理

对高于数据群中大多数数据的残留值必须要进行单个处理，且只有具有足够的信息和试验证据证明它们的排异性时，才可以不予考虑。在评估结果时，决定某一个结果无效时要格外慎重。排除一个明显的异常值必须要通过种植模式或者其他源于试验设计或分析条件的证据加以说明。

6.3.2 低于LOQ的残留值

作为一条一般原则，在所有的残留试验数据都小于LOQ的情况下，STMR值将被假定为LOQ，除非有科学证据表明残留量实质上是零。这些支持性证据包括源自较短的PHI、夸大的但是相关的施药剂量或者较多的施药次数的相关试验残留，相关商品的代谢试验预计或数据等。

在两个系列或者更多的具有不同LOQ的试验中，并且试验报告的残留量没有一个

超过 LOQ 的情况下，在选择 STMR 值时通常应该使用最低的 LOQ（除非像上面那样残留量假设实际为零）。在决定采用最低 LOQ 值时应考虑试验数据库的大小。

当有证据表明实际残留量为零的时候，HR 值也应该设定为零水平。

6.3.3 残留值的取整

在从残留试验里认定 STMR 和 HR 值时，膳食摄入估算值应该使用报告的没有经过四舍五入的实际残留值。在实际结果低于被认为适合监管目的的实际 LOQ 的情况下，更是如此。由于在计算膳食摄入时 STMR 和 HR 值被用于中期阶段，因此残留值取整是不恰当的。

6.4 数据群的合并

为保证残留水平推算的可靠性，一个先决条件是要有足够数量的独立的残留试验，以反映国家最大的 GAP，且这些残留试验遵照设计良好的方案，考虑地域分布，且囊括不同种植、管理做法和生长季节。

在实际情况下，对一个具体商品产品进行的试验次数是有限的。另一方面，可代表一种统计上并无不同的残留群的更大数据集会比从仅代表一种 cGAP 的试验中获得的小数据集能提供更加精确的百分位估算值。

在推算 STMR 时，JMPR 要评估是否某一给定商品或商品组的数据集应该合并，反映不同国家 GAP 的残留数据集是否应该合并（假如这些 GAP 相似）。

不可避免的采样偏差可能会导致不能准确评估根据最大 GAP 使用某种农药获得的真正残留群。在决定反映不同国家 GAP 试验结果是否导致不同残留数据群时，应该考虑反映不同国家 GAP 的试验数据库的大小。可以使用一些可获得的统计工具来确定源自于群的数据集是否具有相似的中间值/平均值和方差。

鉴于残留分布不均匀以及难以用参数法描述残留分布，在测试样品群的相似性时应使用分布非参数统计的方法。

在评估农药残留试验数据时，统计检验是一个非常有用的工具。然而，由于任务的复杂性，需要综合考虑诸如代谢、消失速率等一些因素，因此这些检验并不是决定性的，只能用来支持专家判断。

试验田之间残留变动向高值偏离不符合正常分布，即便通过基于小量数据集的统计检验也可能发现这点。因此，应使用分布非参数统计来比较两种或更多种数据集。

JMPR 在比较两套数据集以评估它们能否合并时惯常使用 Mann-Whitney 的 U 检验。在需要对 2 套以上数据进行比较的情况下，U 检验是不适用的，这时候可以使用 Kruskal-Wallis 的 H 检验。这两个检验的准则在 6.4.1 和 6.4.2 中解释。计算可以利用 EXCEl 表格自动进行，下载地址为 http：//udel.edu/～ mcdonald/statkruskal-wallis.html。通常如果计算的概率大于 0.05，无用假设是可以被接受的，这些数据集就可以合并。

6.4.1 Mann-Whitney U 检验

检验统计量（U_1 和 U_2）是使用两个残留群中获得的单独结果进行计算的，接着对较小的检验统计量与表格中的临界值（$\alpha_2=5\%$）进行比较。如果检验统计量小于或等于表格中的值，那么可以认为这两个中值相似。

JMPR 赞同在 GAP 相似的情况下，以及在 U 检验结果表明中值相似的情况下将残留群合并，并赞同使用合并后的群来推算最大残留水平和 STMR。在群不相同的情况下，两个评估中只有含有最高的有效残留值的群才可被使用。

例子：戊唑醇

使用 U 检验来比较从意大利和西班牙柑橘和橙子果肉中的残留群，以确定群的相似和不同。

柑橘果肉中的残留：0.069mg/kg、0.076mg/kg、0.082mg/kg、0.092mg/kg、0.14mg/kg 和 0.18mg/kg

橙子果肉中的残留：0.021mg/kg、0.03mg/kg、0.04mg/kg、0.04mg/kg、0.05mg/kg、0.053mg/kg、0.11mg/kg、0.13mg/kg、0.13mg/kg 和 0.15mg/kg

检验统计量，U_1 和 U_2 值，按下式计算：

$$U_1 = n_1 n_2 + [n_1(n_1+1)]/2 - \sum R_1$$

$$U_2 = n_1 n_2 + [n_2(n_2+1)]/2 - \sum R_2$$

式中：

- n_1 和 n_2 分别是群 1 和群 2 的试验点数的量（当样品大小不同时 n_1 和 $\sum R_1$ 是代表样品较小的群）
- $\sum R$ 是相关残留值的秩次和。

表格 6.1 为 Mann-WhitneyU 检验计算

表 6.1　U 检验示例

残留量（mg/kg）	柑橘的秩次	橙的秩次
0.021		1
0.03		2
0.04		3.5
0.04		3.5
0.05		5
0.053		6
0.069	7	
0.076	8	
0.082	9	
0.092	10	
0.11		11
0.13		12.5

（续）

残留量（mg/kg）	柑橘的秩次	橙的秩次
0.13		12.5
0.14	14	
0.15		15
0.18	16	
秩次和	64	72
U 值	$U_1=17$	$U_2=43$
临界值（$n_1=6$，$n_2=10$，$\alpha_2=5\%$）		11
$U_1>11$	群相似	

1. 表中，从低到高列出了所有的测量结果。用粗体或彩色来识别两套试验数据。
2. 在每一个群的列里，列出每一个测量值相应的位次。对相同残留值的位次用平均数表示，如：0.04 和 0.04，位次是 3.5 和 3.5，而不是 3 和 4。
3. 计算每一个群的位次之和。
4. 根据上面的公式计算 U 值（$U_1=17$；$U_2=43$）。
5. 检查计算结果（$U_1+U_2=n_1n_2$）的准确性。
6. 比较低 U 值与表中的临界值（附录Ⅻ）。临界值是 11 时，$n_1=6$，$n_2=10$。由于 U_1（17）大于 11，可以认定这些样品可能来自具有相同的残留中值的群。

由于统计量 U_1 和 U_2 的低值均大于临界值 11，可以认为这些群具有相似的残留分布，为推算 STMR 值可以合并。这个结论对于计算长期残留摄入有用，因为就单个群的残留中值而言，柑橘果肉为 0.087mg/kg，橙子果肉为 0.0515mg/kg，合并群的中值是 0.079mg/kg。

6.4.2 Kruskal-Wallis H 检验

H 检验假定样品是取自于相似形状的连续样品群，单个残留值误差是独立的。假如数据集不是太小（多余 4 个），k 个独立样本是可以使用的。对检验来说，如果规范试验是在不同地点进行的，样本就是独立的。

零假设 H_0 为取自相同母体群中的 k 个独立样品集。另一种假设是样品取自不同的群。然而，如果零假设被拒绝，我们不知道中值、测试群的形状或者方差是否不同。

表 6.2 举例说明了叶菜中溴氰菊酯残留量的计算（JMPR，2002）和试验操作。

由 N_i 个残留值组成的 k 个数据集的残留值用不同颜色和/或字母标记，以便于数据集的相互区别。

表 6.2 对多个独立样品进行 H 检验比较的计算演示

	独立残留数据集			所有残留	校正后的秩次	样品集校正后的秩次数量			Ties	T_j
	羽衣甘蓝	莴苣	菠菜			羽衣甘蓝	莴苣	菠菜		
数量个数	8	10	16	34	34	8	10	16		
秩次和					595	160	215.5	219.5	17	156
R_i^2/N_i						3 200	4 644.02	3 011.27		

（续）

独立残留数据集			所有残留	校正后的秩次	样品集校正后的秩次数量			Ties	T_j
羽衣甘蓝	莴苣	菠菜			羽衣甘蓝	莴苣	菠菜		
0.07	0.07	0.03	0.03	1.5			1.5	2	6
0.08	0.12	0.03	0.03	1.5			1.5		
0.1	0.13	0.04	0.04	3			3		
0.11	0.15	0.06	0.06	4			4		
0.32	0.18	0.08	0.07	5.5	5.5			2	6
0.32	0.18	0.09	0.07	5.5		5.5			
0.34	0.25	0.09	0.08	7.5	7.5			2	6
0.39	0.26	0.1	0.08	7.5			7.5		
	0.29	0.1	0.09	9.5			9.5	2	6
	0.41	0.1	0.09	9.5			9.5		
		0.1	0.1	13	13			5	120
		0.14	0.1	13			13		
		0.17	0.1	13			13		
		0.2	0.1	13			13		
		0.5	0.1	13			13		
		1	0.11	16	16				
			0.12	17		17			
			0.13	18		18			
			0.14	19			19		
			0.15	20		20			
			0.17	21			21		
			0.18	22.5		22.5		2	6
			0.18	22.5		22.5			
			0.2	24			24		
			0.25	25		25			
			0.26	26		26			
			0.29	27		27			
			0.32	28.5	28.5			2	6
			0.32	28.5	28.5				
			0.34	30	30				
			0.39	31	31				
			0.41	32		32			
			0.5	33			33		
			1.0	34			34		

将 k 个试验数据集的残留数据合并成由 $N=\sum N_i$ 组成的一个数据集，并按照递增的顺序排列残留。

确定单个残留的位次（r_i），相同残留值（重复数据）的位次相同，计算每一套数据的秩次和（R_i）。

计算 H 检验统计量和重复数据的校正因子（C_f）。

$$H=\frac{12}{N(N+1)}\sum_{i=1}^{f}\left(\frac{R_i^2}{N_i}\right)-3(N+1)$$

H 值是 4.465，

$$C_f=1-\frac{\sum_j T_j}{N^3-N}$$

式中 $T_j=t^3-t$，t 是一个残留值的重复次数。例如，残留值 0.03 出现了两次，所以 $t=2$，$T_j=2^3-2=6$。残留值 0.1 出现了 5 次，$t=5$，$T_j=5^3-5=120$。

计算修正后的 H_c

$$H_c=\frac{H}{C_f}$$

计算得到的 C_f 和 H_c 值分别是 0.9960 和 4.4829。

H_c 值服从卡方分布，自由度 $\nu=k-1$。如果 $H_c\leqslant\chi^2_{0.05,\nu}$，零假设就成立，这表明检验的残留群没有显著差异，可以合并后用于估算最大残留水平和 STMR。

临界 $\chi^2_{0.05}$ 值是：

ν	2	3	4	5	6
$\chi^2_{0.05}$	5.991 5	7.814 7	9.487 7	11.070 5	12.591 6

在上面的例子里，$\nu=3-1=2$，相应的临界值是 5.99，因此我们可以得出结论，这三个受检验的群没有显著差异，可以予以合并。

使用 Excel 表格可以简化 H 检验程序，在输入数据集的残留值，并将每一套数据中的重复数据调整位次后，可以进行 7 套试验数据的计算。

如果修正后的秩次和等于全部样品之和，则重复数据位次要准确调整。

6.5 估算最大残留水平

根据从提交的资料和试验数据中选择出来的残留值，JMPR 审查估算最大残留水平的可能性，随后推荐按照 GAP 在产品上使用的农药的 MRLs。

在估算最大残留水平时，FAO 专家组会考虑所有相关信息，特别是规范试验产生的残留（见 3.5）以及实验条件和已有的 GAP 的一致性（见 3.4 和 5.6）。估算和推荐法典 MRLs 的程序可能与那些适用于国家水平的程序多少有些不同，因为法典 MRLs 覆盖的残留来源于世界范围的使用授权，反映的是不同农业操作和环境条件，而国家水平的 MRLs 更多的与国家 GAP 相关。

尽管规范残留试验都是根据当时流行的 GAP 进行的，但是 GAP 经常会在施药剂量、剂型、施药方法、施药次数和安全间隔期等方面不断进行调整。为了确定实验条件是否仍然与有关的 GAP 密切相关，需要做出判断。

6.5.1　估算最大残留水平应考虑的信息

当试验中的名义施药剂量是在 GAP 剂量的±25%以内时，通常认为其与 GAP 一致，这包括商业操作中可能出现的偏差。如果只有极少量的或没有残留存在，较高施药剂量的数据是重要的。

剂型：

见 3.5.1.2、5.3 和 6.2。

使用方法和次数：

施药方法对残留水平的影响是相当大的。比如说，直接使用与覆盖式喷雾使用没有可比性，而飞机施药与地面施药也没有可比性。

对非持久性农药，施药次数不太可能影响残留水平。对于持久性农药，施药次数可能会影响到残留水平。作物的性质也应予以考虑。例如，西葫芦可能会在花期之后几天采摘，在开花之前使用的非内吸性农药残留量较低，施药次数对残留水平应没有多大影响。

安全间隔期：

安全间隔期通常并不总是对检测到的残留水平有影响（见 6.2）。

检测不到的残留：

一些农药使用方法，如种子处理剂、苗前除草处理，通常会导致在最后收获的产品中留下检测不到的残留，但是当提供了很多残留数据时，可能会在偶尔抽样中检测出残留。然而根据 GAP 使用的农药残留大多数情况下是无法检测到的，在估算最大残留水平时，这些偶尔检出的残留数据不应该被忽视。马铃薯中的甲拌磷和种植前使用草甘膦引起的残留就是两个很好的例子。

气候：

当在一国内按照已有 GAP 开展试验，且试验反映该国气候条件的范围和作物管理方式时，规范试验适当反映气候条件会增加试验的确定性。在气候条件相同和作物管理方式相似的其他国家进行的试验数据可以在逐一审查的基础上接受。评估这些条件会有难度，关键评估是必要的，因为一些条件的差异，如温度和光照强度，会对许多农药的持久性和残留水平有重要影响。

作物说明：

CCPR 制定商品上的 MRLs，因为这些商品会进入贸易自由流通，以便管控和执行 GAP 的情况。因此，最大残留水平是尽可能以整个商品为基础来进行估算的（见附录 VI）。

试验作物应该与国家 GAP 中指定的作物相同。对规范试验中使用作物的准确描述对决定 GAP 提及的作物是否与试验使用的作物一致至关重要。应使用法典作物分类来描述收获后的产品。一种作物描述，例如“豆”，就难以释义，因为种植的豆科作物种类繁多，所以需要一个更加具体的描述。对球状生菜和叶状生菜叶面用药可能产生不同的残留水平，所以不可能利用仅简单描述为“生菜”的作物进行试验。

国家批准标签上作物组与法典的商品组含义不尽相同，如叶菜类蔬菜、芸薹属蔬菜、豆类蔬菜等。这就需要仔细核查国家标签上作物分组中的作物。

残留的变异性：

意识到可能会发生变异性很有必要。如果数据能真实地反映条件范围、施药方法、季节和可能商业化的种植方式，那么产生的残留水平可能存在巨大差异。分析 1997—2007 年间 JMPR 评估过的规范试验发现，田间试验残留量的变异系数有时候会超过 110%。如果有大量的试验数据，考虑残留量的范围和变异性将有助于避免在估算最大水平时对较小的差异做出误导性的解释。在数据有限的情况下，大多数规范试验数据（最常见的是 8～9）的实际变异性被低估就是这种情况[①]，需要判断以确定某个评估是可行的、实际的和连贯的。如果说数据过于宽泛多变，这并没有批评之意。如果结果是从多个地方几年内获得的话，那么它们可能会更接近商业操作，将会被广泛使用。在一个有限区域内，考虑到气候、农业操作、虫害情况和使用建议，残留的变异性可能被视为一致的。除此情况外，在条件差异很大的区域，如温带、地中海和热带地区国家，地区之间可能会有更大的残留变异。使用条件的差异可能会很大，以至于它们会产生不同的残留群（见 6.4）。

即使可获得的数据和信息很多，也经常会面临复杂情况。可以找一种替换解释，并需要进行判断以获得可行的、实际的和连贯的评估。

6.5.2 估算 MRLs 的残留数据选择原则

在估算最大残留水平时，FAO 专家组检查支持和反映报告的 GAP 的所有来自于规范试验的残留数据。

在存在多个可疑的残留群的情况下，代表较高残留群的有限数据可能不足以估算反映这个群（和使用方式）的最大残留水平，FAO 专家组可以估算只反映可得残留数据充足使用的最大残留限量。而且不可能重新审议和降低之前基于新的少量试验数据集做出的估算，使显示残留量更低，除非做出旧有推荐的基础已经发生变化或者最初估算 MRL 的最初试验现在看来已经不充分。

根据法典定义和 JMPR 的通行做法，最大残留水平主要是依据能产生最高残留量的 GAP（一个 GAP，临界或最大 GAP）进行估算的，即当按照一个 GAP（标签指示，通常是最大允许施药剂量、最短 PHI）使用一种农药时，试验数据代表预期的最高残留。施药应该用可能产生最高残留的器械和喷雾体积。食品法典定义（JMPR 的做法）意味着只有“按照国家推荐、批准或登记使用的最高剂量进行的规范试验”的结果才可以被列入 MRL 估算值，即一国最大的一个 GAP 将被用来选择估算 MRL 的试验数据。为了确保估算最大残留水平所采用的残留值是独立的，如果多个小区/试验平行，通常

① 2008 年 JMPR 报告。

只从每个试验地点选取一个田间试验，详见6.2。

如果存在一个已经识别的膳食摄入问题，对最大GAP的关注允许对替代GAP进行评估。在这种情况下，如果残留数据允许，可以考虑一个替代的国家GAP，辅助的数据集是可以用于估算MRLs的，不会引起急性摄入关注。

最大残留水平估算可以在对已接受的/公认的试验数据进行外推的基础上，涵盖已显示相似残留方式的一组产品内的产品。用于评估一个农药—产品组合数据集的原则可以应用于评估一个产品组的残留。例如：用“一个GAP”的原则在从一个产品上获得的最高残留数据集的基础上推算一个组的MRL。

可能还有一些本节列举的基本原则没有涵盖的情况。这些情况需要对每种情况逐一考虑，在所有可获得信息和先前经验的基础上得出专家判断。

在只能得到少数残留数据的情况下，推算MRL时应该考虑：

- 规范残留试验中可获得数据集的最高残留值、中值和大约75%百分位值
- 来自非标签批准的施药剂量获得的残留数据（例如，经过加倍剂量处理过的样品中残留量低于LOQ的数据，这说明即使按照标签最大剂量施药也检测不到农药残留；自采收间隔期比PHI更长的采样上获得的最高残留值）。
- 规范残留试验数据的典型分布经验
- 从代谢试验中获得的关于残留行为的知识，例如它是不是表面残留、有没有发生从叶子到子实或根茎的转移
- 在同类作物上残留试验的知识

6.6 推算单个商品最大残留水平的特殊考虑

6.6.1 水果和蔬菜

前面陈述的所有总则适用于推算水果和蔬菜中的最大残留水平。农药可以在水果和蔬菜生长过程中的任何阶段以及播种前后的土壤中施用，残留水平高度依赖于处理方式。

安全间隔期通常是GAP的一个重要部分，对产生的残留有很强的影响。在接近收获时叶面施药对蔬菜和水果尤为重要，见6.2中接近安全间隔期（PHI）的可接受的间隔期范围。

如果可以获得果皮和果肉的重量，那么整个水果中的残留水平有时候也可以由单独从果皮和果肉中获得的残留数据计算出来。

6.6.2 谷物和种子

种子或谷物的最大残留限量适用于整个产品。对JMPR来说，能够区别商品的表现形式或者根据法典商品分类说明初级和加工产品至关重要，因为有些谷物和种子有壳，而其他的无壳。有时候报告的是精米中的残留量。通常上述产品的残留水平大不相同。在推算最大残留水平时应该以进入国际贸易的产品中的残留量为基础。

如果谷物和种子是碾压的，这个产品就属于加工产品。

6.6.3 鲜饲料和干饲料

需要在生产动物鲜饲料和干饲料的作物上使用农药，因此可能会在鲜饲料和干饲料

中产生残留。

茎叶肥厚或水分高的作物被称为鲜饲料，大多可以直接食用或者收割后及时喂养家畜。例如，玉米秸、苜蓿秸和豌豆秸。干的或者低水分阶段的作物被当成干草、麦草和干饲料，可以立即贮藏和作为贸易产品予以运输。

过去，JMPR曾推荐鲜饲料作物的MRLs，并用它们的残留状态信息推算家畜的摄入负荷量。2002年，JMPR决定鲜食饲料是不需要制定法典MRLs的国际贸易产品，将不再为鲜食饲料产品推荐MRLs。但是将会继续评估鲜食饲料的残留数据，用于家畜摄入负荷量的推算。

对作为国际贸易商品的干饲料，还是要推荐MRLs的。

6.6.4 动物源产品

当作物和动物饲料中出现残留时，就存在残留转移到动物体内的可能。家畜饲喂试验的结果和动物饲料及加工副产品中的残留量是推算动物产品最大残留水平的主要数据来源（见3.9和6.12）。此外，动物代谢试验也可以提供有用的信息。

动物对农药的吸收可能会导致动物产品中农药的残留，摄入的方式包括将农药直接施用于动物或其厮舍，以及摄入含有农药残留的饲料。

含有农药残留的动物饲料可能来源于：

- 主要用于动物饲料的作物，如牧草、麦秸、鲜草料
- 将主要用于人类食品的作物来饲喂动物，如谷物
- 主要用于人类食物的作物产生的废料，如外皮、果肉、植物茎、麦茬或肥料
- 没有使用过农药的动物饲料，但是动物饲料中含有环境污染物，如被DDT污染过的土壤里生长的作物或牧草等

当饲喂动物时，饲料中的残留被稀释的可能性很大。不可能所有初级农产品的生产者都同时使用同种农药，而且农药的使用也不总是按最高的允许施药剂量或者最接近的收获时间。然而，动物仍有可能在一定延长时间内接触到收获后施药、含有最高水平残留的某些产品，如干草料、谷物和饲料等①。例如，一个农场每年种植20hm² 的动物饲料（鲜草、干草或谷物），每公顷可生产10t干饲料，每个月足够333头牛食用。如果牛群还食用其他食物，生产的干草每月就可以喂养更多的牛，或者喂养的时间就可以更长。另一方面，由商业配料生产的混合饲料的每种配料中不可能都含有理论上的最大水平的残留。因此，估算动物产品中的最大残留水平使用的是单个饲料配料中的最高残留量，STMR或STMR-P应该被运用到混合产品的每种成分中。

2002年，JMPR② 承认在推荐动物组织、奶和蛋的最大残留水平时选择动物种类的方式并非一致。在对动物转化试验结果进行评估以及考虑多国当前做法后，那次会议决定当动物产品中的残留是由饲料中残留引起时，一般情况下牛的饲喂试验的结果可以外推适用于其他家畜（反刍动物、马、猪、兔及其他），蛋鸡的饲喂试验结果可以适用于其他种类的家禽（火鸡、鹅、鸭及其他）。推荐的几组最大残留水平包括：MM 0095肉（除海洋哺乳动物外的其他哺乳动物）③，MO 0098牛、山羊、猪、绵羊的肾，MO 0099

① 2004年JMPR报告。

② 2002年JMPR报告。

③ 除掉脂肪的肌肉组织。对脂溶性农药来说，黏附脂肪部分需要单独分析并制定脂肪MRLs。

牛、山羊、猪、绵羊的肝和 ML 0106 奶。当肝和肾中的残留相同或为零时，还建议选择为 MO 0105 可食杂碎（哺乳动物）确定的 MRL。为家禽推荐的最大残留水平应选择 PM 0110 家禽肉[①]，PO 0111 家禽杂碎[②]，PE 0112 蛋。

2002 年，JMPR 还注意到，基于对动物进行直接处理进行的外推通常是不合理的，因为不同种类动物在通过皮肤转移残留方面以及动物习性方面存在重大差异，例如牛的理毛而羊没有，这对组织中的残留可能有影响。因此，当残留是因对动物进行直接处理产生时，制定的 MRL 应该与登记标签上规定的动物种类和提供的动物试验有关，即如果标签明确指明适用于绵羊，MRL 只能适用于绵羊产品（肉、杂碎）。JMPR 同意在使用方法相似，而且过去经验表明物种之间存在足够的可比性的情况下，可以考虑外推至第二物种。

动物代谢和饲喂试验信息和可能的残留水平应该支持这些外推的决定。当预期残留不会超过牛的残留量时，鼓励将其外推适用于组。

有一些农药非常容易代谢，或者在动物组织、蛋和奶中会迅速分解。在此情况下，即便动物饲料中发现残留，但不管饲喂水平多高，母体化合物和它们的主要代谢物在动物组织中是检测不到的。因此，监测项目是不可能检测到这些农药在动物产品中的残留的。

当可以获得对这些农药合适的家畜代谢和饲喂试验和分析方法时，JMPR 建议这些动物产品的 MRLs 应等于或者接近于 LOQ。这些推荐的 MRL 表明这些商品进入贸易流通的情况已经过充分评估，产生的残留量不应该高于规定的 LOQ。在此情况下，应在推荐的 MLRs 上加个脚注，“经 JMPR 评估，饲喂了含有［____农药］残留的饲料产品不会产生残留”

肉

对于非脂溶性的农药来说，最大残留水平是为肌肉组织估算的，而推荐使用的 MRL 用于肉。

对于脂溶性农药来说，最大残留水平是根据以脂含量表示的可剔除脂肪中的残留来进行估算的。对诸如兔肉这类农产品来说，附着的脂肪量不足，不能满足样品采集，可对整块肉（去骨）进行分析，最大残留水平是以整个商品为基础估算的。

可食用杂碎

最大残留水平是以整个产品为基础估算的。

牛奶及奶制品

对于牛奶来说，不同品种的奶牛的脂肪含量差异较大。同时，脂肪含量不同的奶制品很多，为每一种奶产品推荐单独的 MRL 是不切实际的。因此，最初决定只以脂肪为基础估算奶及奶产品中脂溶性农药的 MRL，即假定残留全部包含在提取的脂肪中，以此来表示残留水平。

---

① 用于批发和零售家禽的肌肉组织包括脂肪和皮，对脂溶性农药来说，黏附脂肪部分需要单独分析并制定脂肪 MRLs。

② 家禽的可食用的组织和器官是指除了肉类和脂肪外的其他可食用部分。例如：肝脏、胃、心脏、皮肤。

直到2007年JMPR才按照CCPR大会决定[①]，以整个产品作为计算基础来表示牛奶中脂溶性农药的MRL，并假定所有牛奶中含有4%的脂肪（以脂肪中的残留量为基础来计算整个产品中的残留量）。对于非脂溶性农药来说，用于监测目的时的分析部分是全奶，MRLs是以全奶为基础表示的。但是，许多农药在脂肪中的溶解性是中间性的，即使把它们看成是脂溶性的，它们在牛奶脂肪和非脂肪中的分布也是平均的。

2007年JMPR决定如果数据允许，将为脂溶性农药估算两个最大残留水平。一个是全奶的最大残留水平，另一个是奶脂肪的最大残留水平。出于监管目的，可以将奶脂肪中的残留量与牛奶（脂肪）的最大残留水平进行比较，也可以比较全奶中的残留量与牛奶的最大残留水平。必要时，要考虑奶产品中脂肪的含量和非脂肪部分的贡献，从两个值计算得到奶产品中的最大残留水平。2008年CCPR[②]同意在已经制定全奶和奶脂肪的MRLs的情况下，为规定和监测牛奶中脂溶性农药残留量，应该对全奶进行分析，结果也应该与法典全奶的MRL进行比较。（CCPR）委员会要求JMPR加入一个脚注，说明在已经制定奶脂肪和全奶的MRLs的所有情况下全奶的MRLs。牛奶及奶制品中残留的表示情况见6.13。

蛋

对于蛋来说，估算的是去除蛋壳后整个产品上的最大残留水平。

6.7 植物源农产品组最大残留水平、STMR和HR值的估算

相对于单个农产品的MRLs，长期以来，一直在考虑为农产品组的MRLs制定一个被国家和国际接受的制定程序。使用方法证明在一组作物中的每个产品上都进行残留试验是不经济的。逻辑上，这也符合国家登记制度，可能是在一个作物组，如柑橘上进行登记使用。原则上一组作物中主要作物有足够的试验数据就足以估算整个组的最大残留水平。

一些农药在不同条件下的残留行为不同。因此，不可能准确界定总是可以提供试验数据的那些产品，以制定一个群的MRL。然而，如果“最高残留”情况可以被认作是等同的，就可以将相关数据外推到其他作物，但是这种方法可能会导致对一些产品中残留的过高估算。一个可接受的残留数据外推的例子是从腌制小黄瓜外推至黄瓜，然而，由于表面积/重量比值不同，腌制小黄瓜中的残留量可能更高，因此不能将两者反过来外推。

外推需要对当地的农业做法和种植模式有详细的了解。例如，小麦在全世界的种植方式可能都是相似的，但是葡萄的种植就会有非常大的不同。对于后者，就必须要仔细地鉴别相关GAP是否具有可比性。鉴于不同产品表面组织、形状、生长习性、增长速率、种植季节和有重要影响的表面积/重量比值，JMPR认为在做外推决定的时候，应该根据得到的足够的相关信息进行个案处理。

由于影响JMPR决定推荐组MRL的因素很多，JMPR处理制定组MRL或者单个

---

① FAO/WHO，2000年，《食品法典卷2B：食品中农药残留-最大残留限量》。

② 2008年第40届CCPR年会报告，http：//www.codexalimentarius.net/web/standard_list.do?lang=en。

MRL问题的方式就是逐一审查。当前合适标准缺乏国际共识说明了程序的潜在复杂性。这些因素使JMPR不能制定可以在国际层面上适用的估算组MRL具体指南。

尽管没有具体指南，下面的一般原则和建议反映了JMPR有关组MRLs估算的当前立场。

a. 农药的使用方法（施药剂量、施药方法、施药时间和安全间隔期）应该是相同的，并且适用于整个作物组。组内的作物应该具有相似的物理特性、生长模式、生产特征，相似的耕作模式和需要相同农药处理的相似害虫。

b. 残留特征：内吸或非内吸，降解/消失速率。

c. 至少有一种组内主要作物上相关的充分的残留数据（然而，应考虑组内农产品的所有相关数据，包括几个作物或者农产品类型的残留水平）。

d. JMPR继续使用《法典食品和饲料分类》作为推荐单个或组MRLs的主要依据，并注意作物组和农产品组的区别。这种区别并不总是很明显，因为在描述作物和农产品时使用的相同词语，例如“菠萝”在某种背景下指的是田间作物，在其他背景下可能代指水果本身。对田间使用，农药是在作物上使用，所以农药产品标签上应标注作物或作物组。MRLs和残留是出现在农产品上，因此MRL列表中出现的是农产品或农产品组。

e. 目前JMPR原则上不推算更大的法典食品或饲料“分类”，如水果、蔬菜、草、坚果、种子、香草、香料或哺乳动物产品的最大残留水平。残留数据和批准使用通常都是指那些较小法典“组”，如仁果类水果、柑橘类水果、根茎类蔬菜、豆类蔬菜、谷物、茄果类蔬菜、奶、牛肉、猪肉、羊肉等。这个方法被认为更符合当前的国家方法，能提供更准确的膳食摄入估算，以及更有可能得到可获得的残留数据和GAP信息的支持。

f. 在有些情况下，如果缺少某个农产品的充分数据，JMPR会使用一种GAP相似的作物，以支持最大残留水平的估算，例如梨和苹果或花椰菜和菜花。

g. 经过膳食摄入评估后，可以依据下列最小条件推荐产品组MRLs①：

- 登记和批准农药在作物组上使用；
- 至少可以获得组内一种主要作物的相关的、充分的残留数据（然而，组内农产品的所有相关数据应予以考虑）。如果后来发现推荐的组MRL对某些产品及其登记使用来说不够充分，将会立即提交更多的数据来修订组MRL或者推荐具体产品的MRLs；
- 根据GAP替代建议，如果IESTI推算表明短期摄入将超过组内一种或多种产品农药的ARfD，JMPR将会检查和推荐替代建议，包括替代GAP和单个产品的MRLs。

h. 如果其他条件允许，组内可能含有最大残留量的一个或几个主要农产品中的残留数据允许将最大残留水平估算外推至组内其他的小作物上。即便在组内主要作物上的残留数据可以获得的情况下，不允许这种外推的其他条件是残留水平的差异太大。在此情况下，不能制定组限量。

i. 在组内一些农产品的残留水平差异较大时，应该为每种农产品制定单独的推荐限量。一组农产品中有“一种或多种农产品偏离正常情况”，应为此组产品制定限量应当

① 2007年第39届CCPR年会报告。

说明理由，例如柑橘类水果，柑橘除外。在这种情况下，应该为例外产品单独制定MRLs。

j. 一种夏季生长较快作物的残留数据不能外推至在其他恶劣条件下生长较为缓慢的同种或相关作物，例如西葫芦和南瓜。

k. 在制定组 MRLs 时，应该考虑农药在一种或者多种作物中的代谢或消失机制等详细信息。

l. 表 6.3 中列举的是 JMPR 推荐的并被普遍认为可接受的组 MRLs。

m. 当其他条件相同时，对那些采摘时尚不成熟但很快就会成熟作物的残留数据有时可以外推至一个紧密相关的比表面积更小的品种。由于作物生长的稀释效应，估算的最大残留水平可以从小黄瓜外推至黄瓜，但是反之不成立。

n. 当预计不会产生最终残留，并且代谢试验结果支持时，单个 MRLs 可以更快地外推至组。例如，果园作物的早期处理、种子处理和除草剂等。

尽管 JMPR 通常是在逐一审查的基础上遵循这些原则，但是它承认在国际层面上接受群限量存在某些困难或者限制。一个主要缺陷是缺少正式标准或协商一致的机制，以便在制定组 MRL 前确定需要提交数据的组内成员数量。在国际层面上偶尔使用的一种方法是认定组内（经常是植物学上的）具有代表性的主要作物和可能含有最高残留的产品。用来确定一种作物是否是组内主要的或者具有代表性的因素，包括它作为食品和饲料的膳食重要性。

表 6.3　农产品组举例和最大残留水平估算的例子

农　药	有数据支持 MRL 的产品	可以推荐的产品组或者产品	代码
抗蚜威	柑橘和橙子	柑橘类水果	FC
塞菌灵	柑橘和橙子	柑橘类水果	FC
联苯肼酯	苹果和梨	仁果类水果	FP
咯菌腈	苹果和梨	仁果类水果	FP
抗蚜威	苹果	仁果类水果	FP
噻虫啉	苹果和梨	仁果类水果	FP
联苯肼酯	杏、樱桃和桃子	核果类水果	FS
抗蚜威	樱桃、油桃、桃子和李子	核果类水果	FS
吡唑醚菌酯	樱桃、桃子和李子	核果类水果	FS
噻虫啉	桃子和甜樱桃	核果类水果	FS
抗蚜威	无核葡萄、醋栗和树莓	浆果及小型水果（葡萄、草莓除外）	FB
噻虫啉	无核葡萄、树莓和草莓	浆果及小型水果（葡萄除外）	FB
硫丹	鳄梨、番石榴、芒果和番木瓜	鳄梨、番石榴、芒果和番木瓜（相互支持）	FI
硫丹	荔枝和柿子	荔枝和柿子（相互支持）	FI
抗蚜威	花椰菜、抱子甘蓝、菜花和结球甘蓝	芸薹属蔬菜	VB
联苯肼酯	香瓜、黄瓜、西葫芦	葫芦科蔬菜	VC
霜霉威	黄瓜、甜瓜、西葫芦	葫芦科蔬菜	VC
抗蚜威	黄瓜、西葫芦	葫芦科蔬菜（除甜瓜和西瓜）	VC
噻虫啉	甜瓜、西瓜	甜瓜、西瓜（相互支持）	VC

（续）

农　药	有数据支持 MRL 的产品	可以推荐的产品组或者产品	代码
抗蚜威	甜椒、西红柿	除葫芦科外的水果蔬菜（除蘑菇、菌和甜玉米）	VO
抗蚜威	大豆、豌豆	豆类蔬菜（除大豆）	VP
炔螨特	大豆（干），蚕豆（干）	大豆（干），蚕豆（干）（相互支持）	VD
抗蚜威	鹰嘴豆（干），豌豆（干）	豆类（除大豆）	VD
硫丹	土豆、甘薯	土豆、甘薯（相互支持）	VR
抗蚜威	胡萝卜、土豆和甜菜	根茎类蔬菜	VR
硫丹	榛子和欧洲坚果	榛子和欧洲坚果（相互支持）	TN
联苯肼酯	杏仁和山核桃仁	坚果	TN
噻虫啉	杏仁、山核桃仁和核桃	坚果	TN
氯胺吡啶酸	大麦、燕麦和小麦	大麦、燕麦和小麦	GC
抗蚜威	大麦、玉米和小麦	谷物（除大米）	GC
抗蚜威	大麦秆、玉米秸和小麦秆	谷物秸秆和干草（除大米）	AS
氯胺吡啶酸	大麦秆、燕麦秆和小麦秆	大麦秆、燕麦秆和小麦秆	AS

使用这种方法的前提是可以获得代表性作物的数据，成员之间的 GAP 和单个作物的耕作模式相似，残留水平不应差异太大，即便组内一些成员没有可以获得的数据，估算的最大残留水平也足以对其适用。这个方法是数据生成经济的要求，评估需要使用一些常识，还需要专家判断。

尽管 JMPR 承认此方法的好处，遗憾的是在国际层面上还没有形成估算群最大残留水平的代表性农产品的共识。同样，尽管 JMPR 推荐以食品法典食品和饲料分类为基础，但是该分类在国内层面并没有被一致采纳。

只有在国际层面上达成一致，JMPR 才会继续在逐一审查的基础上做出判断，使用的还是上面总结的一般原则或者之后进行的修订原则。

6.7.1 HR 和 STMR 值的估算

原则上，在试验数据充足的情况下应为单个农产品确定 STMR 值以及用于摄入评估的那些数值。然而，在已经为一组农产品推荐了 MRL 的情况下，如仁果类水果，应为农产品组估算单一的 STMR 值。

可获得的数据是单个农产品，而不是农产品组的高百分位摄入量和单位重量。因此，当确定了一个农产品组的 HR 值时，它只能用于单个产品的 IESTI 计算。组 HR 值的 IESTI 计算应适用于高百分位摄入量和单位重量数据可以获得的组内关键产品，特别是那些有数据支持 MRL 估算的产品。

6.8 残留数据外推至小作物

6.7 概括了有关估算组最大残留水平的程序，提供了一些例子，探讨了局限性。如果估算一组中某一主要作物的 MRL 的数据充分，则通常也会认为这些数据对估算整个组的最大残留水平也足够，包括该组内的小作物。

然而，即使有充足的信息，JMPR 决定将一个或多个主要作物外推至小作物也是基于逐一审查的。充足信息包括相关作物的 GAP 信息、用于支持最初 MRL 的残留数据参考信息、外推逻辑的解释等。

提交用以支持外推至小作物的数据应该包括以下信息：

- 关于将这个作物定义为小作物、农药使用在病虫害控制方面的重要性、在小作物上的使用范围、国际贸易中的问题或者潜在问题的性质等背景信息
- 说明主要作物生产的栽培模式和农药在需要进行外推的主要作物上的批准或登记的使用方法
- 说明小作物生产的栽培模式和农药在小作物上的批准或登记的使用方法，以及预计小作物上的农药残留水平和主要作物上的农药残留水平相似的理由等
- 支持 MRL 或 JMPR 评估参考意见的主要作物上的规范残留试验，如果试验数据先前已经过 JMPR 审查

数据提交应包括以下可以获得的支持性信息：

- 有关在小作物上的批准或登记使用的规范试验数据
- 说明登记或批准使用的标签的复印件以及使用说明书的英文翻译
- 在农药已经使用的情况下，对在典型商业条件下生产的小作物上的抽样调查数据进行检测

6.9 加工农产品

6.9.1 一般原则

关于使用加工或烹饪对初级农产品中残留影响的数据来估算加工因子参见 5.8。

加工因子的最佳估算应该用于加工农产品中最大残留水平、HR-P 和 STMR-P 的推算。

为估算一个加工农产品的最大残留水平，MRL 或者初级农产品最大残留水平需要乘以加工系数。对于计算 IEDI 来说，初级农产品的 STMR 乘以加工系数获得加工农产品中的残留中值。用这种方法估算的加工农产品的最高残留值和残留试验中值应该用 HR-P 和 STMR-P 表示。

只有当加工农产品中的残留值高于相应初级农产品的最大残留水平时，才会为加工农产品推荐最大残留水平。

不管是否有消费数据，都要估算人类消费农产品的 HR-Ps 和/或 STMR-Ps。

如果有可获得的农产品可食部位中的残留量数据，如香蕉果肉，应按照登记使用最大剂量进行的规范残留试验中获得的可食部位的残留来直接估算 HR 和 STMR。

如果没有可食部位的残留量数据，在膳食摄入估算中要使用整个产品的残留值，尽管这可能会导致消费农产品中实际残留粗略估算过高。

6.9.2 对干辣椒的特殊考虑

CCPR 同意将非常小的作物——干辣椒作为一个特殊情况，在将鲜辣椒的残留量转化为干辣椒的残留量时可以使用一个通用系数。JMPR 评估可获得的信息，使用的浓度系数是：

- 从甜椒上估算的 HR 值，推算干辣椒的农药残留水平为 10；
- 从鲜辣椒上的最大残留水平推算干辣椒的残留水平为 7。

2007 年 JMPR 推荐：

- 如果有关于辣椒中/上的残留量的代表性加工试验的话，应该根据实际试验估算干辣椒的残留水平。
- 应该用实际检测的鲜辣椒的残留值乘以相关的浓度系数来估算转换数据集的最大残留值和残留中值。

6.10 以规范残留试验数据为基础估算植物源农产品 MRL 的统计学方法

为便于最大残留限量的估算协调，一些管理机构使用以统计学为基础的计算方法，如目的是为了保证不同的评估者在对同一残留试验数据集进行评估时能获得相同的 MRL。适用合适的、经过验证的统计方法将会增大法典最大残留水平估算的透明度，增加它们在国际层面上的接受度。

目前 FAO 专家组在选择相似的残留群时使用统计方法，且在有合适的数据包的情况下，考虑统计因素，如土豆中涕灭威残留评估（1996）、肉中 DDT 残留的 EMRL 推荐（2000）和香料中 MRL 估算（2004）。

因此，FAO 专家组欢迎 NAFTA 统计计算方法的开发和推广，NAFTA 报告“利用田间试验数据计算农药最大残留限量的 NAFTA 方法的统计学基础”有详细说明①。NAFATA 电子数据表②是一个决策树逻辑（图 6.2），使用统计计算获得的最大残留水平应为考虑相同数据集的不同各方接受。该电子数据表只考虑数字，而不考虑这些数字的基础。它的设计应提供一致的决定，独立于评审者的意见。具体的使用指导可以从 http：//www.pmra-arla.gc.ca/english/pdf/pro/pro2005-04-e.pdf 网站下载。如果超过 10％的残留数据低于 LOQ，假定残留数据的对数正态分布，那么应使用最大似然估算电子数据表低于 LOQ 的值转换为真实数值。根据最大似然估算参数，使用与相关正态分布一致的填进数据来计算删失数据点。在计算正态分布概括统计和统计区间时，通常认为这些填充值比使用像 1/2LOQ 标准估算值更恰当，例如使用 NAFAT 最大残留限量电子数据表计算的数值。将残留数据转化为假定对数正态分布的效果见图 6.3。需要注意的是，最大似然估算假设大约 70％的数据集符合对数正态分布。如果残留数据不符合对数正态分布，使用 MLE 方法产生的估算值就会有偏差。

用于计算的电子数据表可以从 NAFAT 网站下载，也可以从 JMPRFAO 联合秘书处获得。计算结果见表 6.4。电子数据表会自动选择一个最佳的 MRL 估算值，并用高亮单元格方式显示出来。

在残留数据集含有 15 个以上的数据点的情况下，NFATA 电子数据表建议使用

① NAFTA 农药最大残留限量计算方法的统计学基础，2007 年，http：//www.regulations.gov/fdmspublic/component/main?main=DocketDetail&d=EPA-HQ-OPP-2007-0632。

② http：//www.pmra-arla.gc.ca/english/pdf/mrl/method_calc_v2.xls。

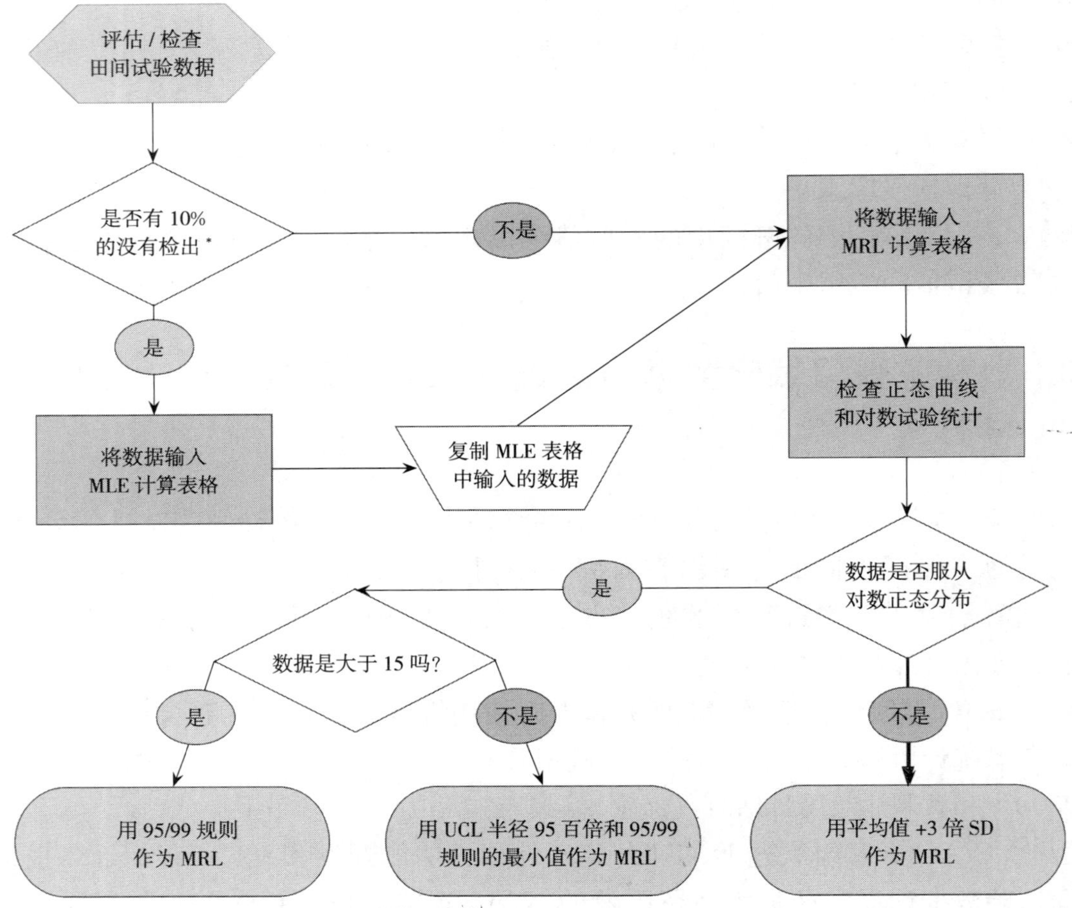

* 如 60%以上的数据都是未检出时，在使用 MLE 表格时应当非常小心。

图 6.2　使用 NAFTA 电子数据表估算最大残留水平的示意图

95/99 规则。《白皮书》[①] 指出。MRL 电子数据表为 10 个样品的合理估算提供的 MRLs 范围相对较小。如果数据集少于 10 个数据点，NFATA 电子数据表计算的真正 95 百分位值低估的可能性就会很大，结果就不太精确。

使用正态分布数据群，NFATA 模拟的结果显示，失误率与母群中残留数据的分散度实际上是没有关系的，还是能够从模拟数据中得到一个总体结论。然而，如果仅使用 NAFTA 程序来估算基于 6～10 个数据点的最大残留数据量，这在 JMPR 的报告中经常出现，那么推荐的 MRL 可能会偏低，即会低于 95％百分位残留数据群的 20％～27％。

自 2005 年起，FAO 专家组开始将 NAFAT 程序用于不同数据集来估算 MRLs，认为统计电子数据表可以用作协助评估者估算最大残留水平的一个工具，但是结果不能自动使用。需要强调的是，专家在残留数据集选择方面的判断是获得可靠 MRL 估算值的关键要素。

2008 年 JMPR 决定作为最大残留水平推算程序的一部分，统计计算应仅在数据适合提供有效结论的情况下使用。考虑因素应包括：

- 单一群或者相当于一个单一群的数据
- 随机抽样数据或一个群的分层随机抽样数据

① NAFTA 农药最大残留限量计算方法的统计学基础，http://www.regulations.gov/search/Regs/home.html#documentDetail? R=090000648026e8d0。

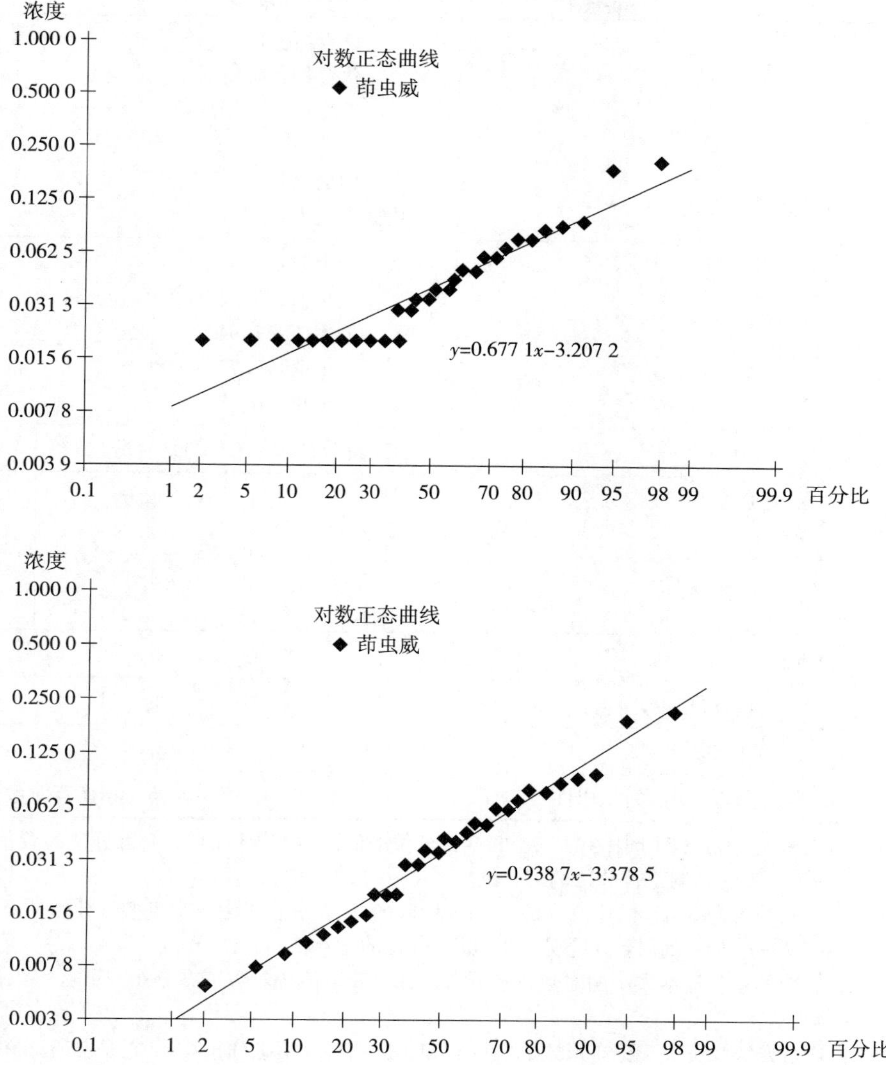

图 6.3　基于原始数据的对数正态曲线图（上图）和将报告低于 LOQ 的残留修饰到最可能的对数正态分布图（下图）

- 应有可获得的充足数据（不能少于 15 个），以最大限度地减少需要的高百分位值外推的误差
- 残留值数量低于 LOQ 和 LOQ 周围残留的分布
- 统计测验不应用于排除潜在的离群值，只有当试验证据证明数据无效，才可将残留数据予以排除

在只有少量残留数据可以获得的情况下，估算 MRL 应考虑：

- 规范残留试验可获得数据集的最高残留值、中值和接近 75%百分位的值
- 不是 GAP 施药剂量的试验的残留水平（例如，使用两倍剂量处理过的样品中残留量低于 LOQ，以支持使用最大施药剂量仍检测不到残留的情况，使用自比 PHI 更长的样品获得的最高残留值）
- 规范试验残留数据的典型分布经验
- 代谢试验残留行为知识，例如是否是表面残留，或者是否从叶面往种子或根部转移
- 同类作物残留试验知识

表 6.4 NAFTA 计算结果

	计算器：EPA 化合物：吡蚜酮 作物：叶用莴苣 PHI：0～1d 用药量： 数据提交人：		
	个数：14 最小值：0.14 最大值：1.94 中值：0.77 平举止：0.83		
	95th百分位	99th百分位	99.9th百分位
欧盟方法 I 正态分布	1.7 (2.5)[b]	2.0 (3.0)	2.5 (—)
95/99 规则	2.5 (4.5)[d]	3.5[c] (9.0)	6.0 (—)
欧盟方法 II 自由分布	2.5[e]		
平均值+3 倍标准偏差	2.5[f]		
UCL 中值 95th	5.0[g]		
Shapiro-Francia 正态统计测试的相似性	0.9503p-值>0.05：不违背对数假设		

[a] 括号内值指的是 95%置信区间上限在 95 或 99.9 百分位的值。没有提供的 99.9 百分位的置信上限，用（—）表示。不用括号列出的值代表的是制定百分位的值（例如 95、99 或 99.9）

[b] 这是根据欧盟方法获得的 MRL 估算值，是 95%置信限的 95 百分位上限，但是假设残留值分布正常。

[c] 这是假定平均值和标准偏差的对数正态分布的 99 百分位的估算值。

[d] 给定平均值、标准偏差和样本大小的对数正态分布。如果残留值按对数正态分布，那么可以假定母体分布中 95%的数值低于此估算值。

[e] 欧盟方法 II，这个方法没有关于分布形式的假设（如正态和对数正态分布等）。它是 75 百分位的值的两倍。

[f] 此估算值是 3 倍的标准偏差加上平均值。根据 Chebychev 定律，至少有 8/9 或者 89%的测量值会落在平均值的 3 倍标准偏差之内。不管分布频率的形状如何，这都是正确的。

[g] 这个值是由中值的置信上限（50 百分位）对 95 百分位进行估算得到的。它假定变异系数为 1 和一个对数正态分布。在一个对数正态分布中，95 百分位值是中值的 3.9 倍。表格中的这个值代表是中值置信上限的 3.9 倍。

使用统计电子数据表提供有关 95 和 99/99.5 百分位的残留分布信息。以前需要判断是否要对选择作为最大残留水平的值进行取整。在使用统计估算工具的情况下就不再需要了。为了更加全面地反映这个新工具的影响，JMPR 决定对 2001 年 JMPR 报告中步级进行优化替换（见 6.13）。

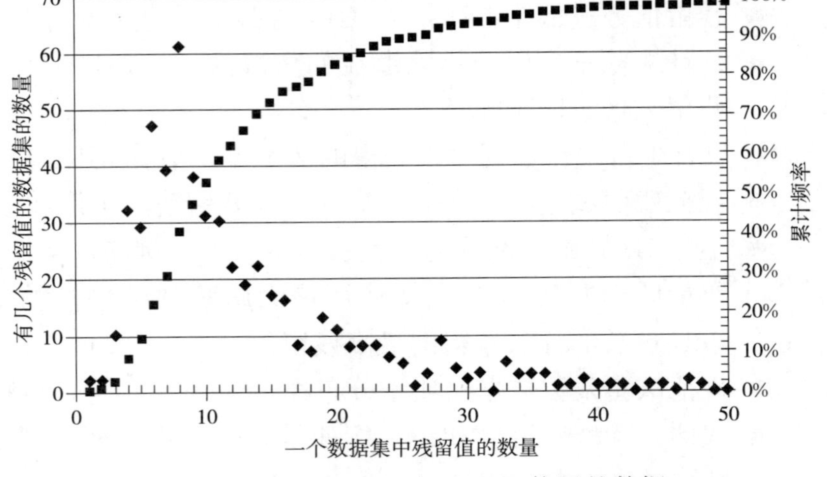

图 6.4 2002—2007 年 JMPR 使用的数据集中残留值数量的发生频率

JMPR 意识到估算 MRLs 方法协调的必要性，这将会便利工作共享，并期望估算 MRLs 的统计方法能进一步发展，例如OECD农药残留工作组正在开发的方法。FAO专家组将会结合本章以及前面章节中介绍的一般原则使用最可靠的方法。

6.11 基于监测数据的最大残留水平估算

6.11.1 香料中最大残留水平、HR和STMR值的估算

不管法典分类中它们是否会被归类为香料，2004年CCPR接受了香料的定义，并同意使用监测数据①来制定香料的MRLs。需要进一步澄清的是，香料定义中不包括辣椒、香草②和茶叶，估算这些产品的最大残留水平应利用GAP和相应的规范残留试验数据。

监测项目和规范田间试验残留数据的主要区别在于：

- 采样产品的来源和处理方式未知
- 采样产品可能是几个小产地产品混合而成
- 香料样品中的残留是用相对高的LOQs的多残留方法检测的
- 当报告的残留值低于LOQ时，不知道所取产品是否使用或接触过农药

因此，以监测结果为基础估算农药最大残留水平需要一种与用于评估规范残留试验结果不同的方法。

会议假定成员国只报告有效结果。因此，所有数据都会被考虑，因为没有科学依据可以排除任何离群值。

残留值的分布是分散的或者向上倾斜的，也没有合适的拟合分布。因此，应该使用自由分布统计来估算最大残留水平，在95%置信水平上覆盖95百分位的群。这样估算的最大残留水平就会有95%的可能包括了95%的残留值（在95%的情况下）。为了满足这个条件，至少需要58～59个样品。最小样品数58提供95%的保证来发现至少有一个残留值高于抽样调查样本残留群的95百分位的值。但是仍然不知道有多少测量值是高于95百分位的以及最高残留值代表的是什么百分位（95.1、99或99.9）。

用于估算最大残留水平的程序取决于含有可测残留的样品数量。

- 如果没有样本含有可检测残留，报告的最高LOQ将被用作最大残留水平和最高残留值。根据报告的LOQ值计算残留中值。
- 当有大量的残留数据时，最高残留值可能是高于95百分位置信上限的值，在估算最大残留水平时不应予以考虑。
- 如果含有可检测残留的样本数量不足以计算95百分位值的95%置信上限，当估算的最大残留水平高于得到的最高残留值时，应给予足够的富余量。需要注意的是，报告的残留值低于LOQ的样品不能被考虑，因为它们是未必经过处理或接触过农药的。

2004年，JMPR建议监测结果不应用于估算反映采收后使用农药的最大残留水平，采收后使用导致残留值比叶面使用或直接喷雾暴露高。

STMR和最高残留值只能由规范试验计算得到。监测数据的相应值标示为中值和

① 2004年第36届CCPR年会报告，www.codexalimentarius.net。

② 2005年第37届CCPR年会报告，www.codexalimentarius.net。

高残留值，在评估短期和长期膳食摄入时可用作 STMR 和最高残留值（见第 7 部分）。

6.11.2 再残留限量的推算

有可能需要制定再残留限量（EMRLs）的化学物质曾经广泛用作农药，禁用后较长时期内在环境中持续存在，并有可能会在食品或饲料中出现，需要监测以避免引发充分关注的残留水平。

对环境中残留持久性的预测（包括被食品或饲料作物吸收的可能）大都要结合先前被批准用作农药的化合物的数据源，这可能包括有关它们的物理和化学性质、代谢试验的信息，有关规范田间试验的数据、环境归趋数据、轮作作物数据、相似化学物质的持久性，特别是监测数据。

需要对所有相关的、地域代表性的监测数据（包括零残留结果）进行合理评估以涵盖国际贸易。当可获得的数据更加广泛时，可在考虑贸易关注的基础上对再残留限量进行评估。然而，通常最多只能获得 3～4 个国家（通常是发达国家）的数据。就国家监测的性质而言，收到的数据通常主要是那些在国家层面上发现的残留，且有可能会造成贸易困难的产品。

JMPR 在估算再残留限量时，要考虑一些因素，包括数据量、商品在国际贸易中的相对重要性、潜在的贸易困难、检出的频率、具体作物对残留吸收的习性的认识（如胡萝卜对 DDT 的吸收）、监测历史数据，如之前的专著、相似作物中的残留水平和出现的频率，特别是在相同作物中的产品。在某些情况下，估算证明是报告的最高值，特别是如果可以获得一个相对较好的数据库，而且结果的分布相对较窄。

近年来，有再残留限量低于监测到的最高值的情况，特别是高值出现很少的时候。例如，1993 年 JMPR 建议胡萝卜中 DDT 的 EMRL 为 0.2mg/kg，尽管从一个国家进口的 4 个样品中有 2 个的 EMRL 为 0.4mg/kg 和 0.5mg/kg。JMPR 认为进口的 800 个样品中只有 2 个的 EMRL 超过了 0.2mg/kg。这个限量涵盖了 99%的置信区间内 99%以上的残留群。1996 年，JMPR 采取相同的方法推荐肉中脂肪 DDT 的限量。此方法还认为残留是逐渐降解的，在监测数据提交给 JMPR 时可能会超过最佳检测时间。它更有可能用于较高残留值出现的频率少的情况下。

在考虑 EMRL 时，JMPR 并不从统计学角度认为离群值是极端值，因为高残留水平不是真正的统计离群，而是大统计量中的一个试验点。问题是确定何时适合剔除这些值，通常由 EMRL 推荐的农药残留水平预计逐步降解，同时不造成不必要的贸易壁垒。

通常，JMPR 考虑的适用于估算再残留限量的数据库应当是非常重要的，因为 EMRL 数据是基于对不知道来源的样品的分析，与正态分布相差甚远（需要说明的是难以比较 EMRL 和 MRL 使用的数据库，因为数据存在质的不同——MRL 来源于规范试验数据，EMRL 来源于监测数据）。例如，为确保估算的 EMRL 涵盖一个群的 99.5%，容许与 95%置信区间存在 0.5%的偏差率（《国际食品法典》第 2 卷，第 2 版，372 页）。另一方面，如果一个国家的随机样品只有 100 个，偏差率 10%。尽管样本数量很小，但是区别相当大。

由于 EMRL 数据是来自不同群的随机监测，JMPR 通常不考虑一个数据的“世界性”，而是在决定合并这些数据群之前，对不同的群进行独立审查，如不同地域或不同属性动物等。因此，不管分析样本数量多少，所有相关的监测数据都应该提交。

如果建议一个给定的EMRL，JMPR要从可能会发生的错误百分比角度来比较数据分布。对于可接受错误概率，没有一个国际上已达成一致的水平，JMPR建议EMRL应基于可获得数据。然而，0.5%～1%或者更高错误概率通常被视为不可接受。

2000年JMPR在评估肉中的DDT残留时，估算脂肪中残留水平的错误概率分别是0.1%、0.2%和0.5%。对可接受错误概率之间的折中、推荐的EMRL和干扰商业的可能性不是由JMPR决定的科学事项。它们属于风险管理决策的范畴。

可以预计那些推荐了EMRL的化学物质中的残留将会逐渐减少或消失。速率取决于几个因素，包括化学物质的特性、作物、地域和环境条件。

由于残留逐渐减少，JMPR建议每5年重新评估EMRL。最后，数据可能会有显示没有必要再对化学物质进行监测。由这种观点得出结论是残留发生水平和概率不会再对贸易造成重大干扰，也不再是一个重要的健康关切因素。

尽管JMPR在估算再最大残留水平时不使用目标监测数据，但它赞同当随机监测中发现高残留值时，进行后续试验是非常重要的，以便能更清楚地了解高残留值的重要性。如果执行方式恰当，这些试验可以显示高残留是否来自于有意的非授权使用，可以识别那些应限制生产或实施残留消减战略的地区。

6.12　动物源商品的最大残留水平和STMR值的推算

肉、蛋、奶等动物产品中的农药残留可能来自动物食用含有农药残留的饲料或者为控制诸如皮外寄生虫等害虫而对家畜直接使用的农药。近年来开发了评估动物源产品中最大农药残留水平的方法，具体解释见JMPR报告。

JMPR当前使用的程序如下。

6.12.1　因饲喂饲料引起的残留

动物可能会食用长期暴露于收获后含有最高水平残留的产品，如干草、谷物和饲料等。同时，根据JMPR专家的经验，动物饲料产品上含有的许多农药的残留水平在贮藏期间降解有限。同时，复合饲料中每种成分都含有理论上的最大水平的残留也是不可能的。

因此，估算动物产品中农药最大残留水平使用的是单个饲料产品中的最高残留值，混合饲料中每种配料应适用STMR和STMR-P。STMR-P也要用于加工产品中单个饲料产品，如苹果渣。动物产品中的残留估算是一个两步走程序，包括家畜饲喂试验和摄入负荷计算。对这两个独立信息集进行编辑（图6.5），合并后估算可能产生的动物产品残留。

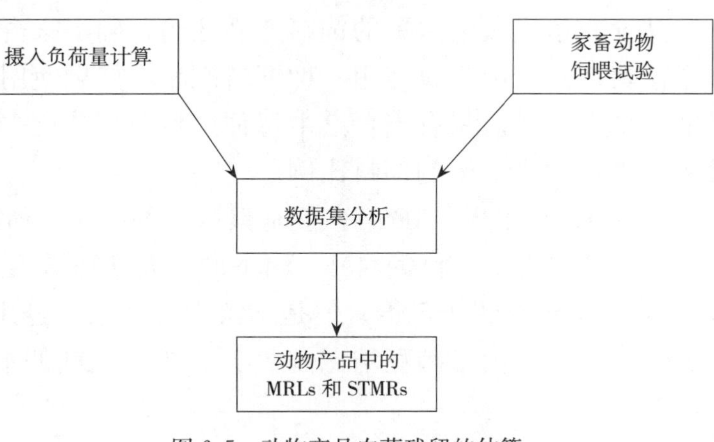

图6.5　动物产品农药残留的估算

在估算最大残留水平和STMR值时建议采用下列决策表。

最大残留水平	规范试验中值
选择 饲料产品，最高残留值或加工产品的规范残留试验中值（摄入负荷量） 最大残留水平[a]（自家畜饲喂试验）	选择 饲料产品规范残留试验中值或加工产品的试验中值（摄入负荷量） 残留水平平均值（来自家畜的饲喂试验）

[a] 饲喂试验相关动物组的组织和蛋中的残留水平。对奶而言，表示在所有情况下相关动物组奶中残留的平均水平。

STMR-P：加工产品的规范试验中值，是由初级产品的规范试验中值乘以相关的加工系数得到的。目前JMPR使用附录IX表格中所列的家畜食谱和可得到的残留试验数据来估算家畜摄入负荷量。家畜食谱表是由OECD农药工作组①制定的，它包括了肉牛、奶牛、绵羊、山羊、猪、肉鸡、蛋鸡和火鸡的数据。可获得的数据来自不同地区，美国、加拿大、欧盟和澳大利亚等。OECD表格中选取的饲料类别是为了保证能估算出最高残留水平，以及一份现实的但算不上最营养的家畜食谱。表格的主要目的是为了估算各地区家畜最高的摄入负荷量，便于用来为家畜饲喂试验设置一个合适的给药剂量。为了简化和方便使用，表格中包括了每一种饲料的干物质百分比，以及在计算最大摄入负荷量时应该选用STMR还是HR。

饲喂试验通常使用的是哺乳期的奶牛和蛋鸡。在此情况下，将计算肉牛和奶牛、肉鸡和蛋鸡的家畜摄入负荷量的计算。

动物产品中农药最大残留水平来源于饲料产品中的最高残留值，动物产品STMRs来源于饲料产品的STMRs。每一个MRL和STMR估算值均制定单独表格，表格列举了所有饲料产品、它们的法典商品分组和作物田间残留试验中发现的残留水平。提供了确定残留水平的基础，比如，初级农产品最高残留水平估算的基础是其残留最高水平，加工产品的估算基础则是STMR-P。

下面举例说明有关的计算步骤，见表6.5。

a. 最高残留量或者STMR/STMR-P值放入含有对应家畜食谱（附录IX）Excel表格中，残留量是以干物质为基础表示的。

b. 摄入负荷量是根据食谱中产品比例计算而来的。

c. 不含农药残留的饲料品种会从表格中删除，保留的条目是按照作物/产品组递增顺序和干物质残留量递减顺序。

d. 从每一组中选择产品。

从含有最高残留水平的饲料产品开始，确定家畜食谱中每一种饲料的比例。通常每一个法典产品分组中只使用一种饲料产品，如果使用不止一种产品，要看该组中饲料产品的全部百分比。只有当食谱中每种饲料的百分比之和不超过100%时，才能使用为每种动物确定的食谱中的饲料比例。

第一个产品组是AB组，但是只有一种产品，所以不用改变。

对于AL组（豆科饲料），美国-加拿大动物摄入成分首先是30%的鲜豆秸，保留不变，其次是60%的干苜蓿。但是本组中鲜豆秸已经用去了30%，所以干苜蓿变成30%（60%－30%）。由于豌豆秸比例20%，少于之前的本组的总量，所以就可以删去。

① http://www.oecd.org/document/52/0，2340，en_2649_34383_1897652_1_1_1_1，00.html。

表 6.5 肉牛最大摄入负荷量

农产品/作物	农产品组	残留量(mg/kg)	基质	干物质(%)	干物质的残留量(mg/kg)	摄入组成(%)			对残留的贡献(mg/kg)		
						US-CAN	EU	AU	US-CAN	EU	AU
葡萄渣，干品	AB	0.038	STMR-P	100	0.038			20			0.01
豆秸（青）	AL	2.1	最高值	35	6.000	30		60	1.80		3.60
苜蓿秸	AL	4	最高值	89	4.494	60		80	2.70		3.60
豌豆秸（青）	AL	0.86	最高值	25	3.440	20	20	60	0.69	0.69	2.06
玉米秸	AS AF	4.3	最高值	83	5.181	25	25	40	1.30	1.30	2.07
小麦秸，干品	AS AF	4.3	最高值	88	4.886	10	20	80	0.49	0.98	3.91
燕麦秸	AS AF	1.4	最高值	30	4.667	30	30	50	1.40	1.40	2.33
麦糠	CM	0.084	STMR-P	88	0.095	40	30	40	0.04	0.03	0.04
稻谷	GC	0.57	STMR	88	0.648	20		40	0.13		0.26
小麦	GC	0.035	STMR	89	0.039	20	40	80	0.01	0.02	0.03
总计						255	165	550	8.54	4.40	17.91

对欧盟的动物摄入成分，只有一种产品，20%豌豆秸，不用改变。

对于澳大利亚的动物摄入成分，首先是60%的鲜豆秸，不用改变。其次是80%的干苜蓿，但是由于该组中鲜豆秸已经用去了60%，所以干苜蓿只能占20%（80%－60%）。至于占60%的豌豆秸，因为要少于该组之前的总量，所以就删去60%。

在挑选每组中的产品后，应保留下列产品（表6.6）。

表 6.6 选择促成肉牛最大负荷量的商品

农产品/作物	农产品组	残留量(mg/kg)	基质	干物质(%)	干物质的残留量(mg/kg)	摄入组成(%)			对残留的贡献(mg/kg)		
						US-CAN	EU	AU	US-CAN	EU	AU
葡萄渣，干品	AB	0.038	STMR-P	100	0.038			20			0.01
豆秸（青）	AL	2.1	最高值	35	6.000	30		60	1.80		3.60
苜蓿秸	AL	4	最高值	89	4.494	30		20	1.35		0.90
豌豆秸（青）	AL	0.86	最高值	25	3.440	20			0.69		
玉米秸	AS AF	4.3	最高值	83	5.181	25	25	40	1.30	1.30	2.07
小麦秸，干品	AS AF	4.3	最高值	88	4.886			40			1.95
燕麦秸	AS AF	1.4	最高值	30	4.667	5	5		0.23	0.23	
麦糠	CM	0.084	STMR-P	88	0.095	40	30	40	0.04	0.03	0.04
稻谷	GC	0.57	STMR	88	0.648	20		40	0.13		0.26
小麦	GC	0.035	STMR	89	0.039		40	40		0.02	0.02
总计						150	120	300	4.84	2.26	8.85

a. 如果全部摄入量贡献超过100%，就需要将摄入贡献率减至100%，以此保留可能最高的摄入负荷量。删除（或降低）残留量最低的那些产品，直至贡献率达到100%。

对干物质残留量进行递减排列，首先删除较低行摄入成分的值，以达到100%。

对美国-加拿大列，删除40%麦麸，将水稻减至10%。对欧盟列，将小麦比例由40%减至20%。对澳大利亚列，只保留前两个条目就能达到100%（表6.7）。

b. 在选取的因农药使用而含有残留的饲料产品比例之和达不到100%的情况下，就假定该动物是用其他不含有农药的饲料产品进行喂养的。

表 6.7 选择产品以获得最大负荷量为 100%的摄入

农产品/作物	农产品组	残留量 (mg/kg)	基质	干物质 (%)	干物质的残留量 (mg/kg)	摄入组成 (%)			对残留的贡献 (mg/kg)		
						US-CAN	EU	AU	US-CAN	EU	AU
豆秸（青）	AL	2.1	最高值	35	6.000	30		60	1.80		3.60
玉米秸	AS AF	4.3	最高值	83	5.181	25	25	40	1.30	1.30	2.07
小麦秸，干品	AS AF	4.3	最高值	88	4.886			—			
燕麦秸	AS AF	1.4	最高值	30	4.667	5	5		0.23	0.23	0.00
苜蓿秸	AL	4	最高值	89	4.494	30		—	1.35		
豌豆秆	AL	0.86	最高值	25	3.440		20			0.69	
稻谷	GC	0.57	STMR	88	0.648	10		—	0.06		
麦糠	CM	0.084	STMR-P	88	0.095	40	30	—		0.03	
小麦	GC	0.035	STMR	89	0.039		20	—		0.01	
葡萄渣，干品	AB	0.038	STMR-P	100	0.038			—			
总计						100	100	100	4.741 6	2.252 9	5.672 4

摄入负荷量的试验中值是从为估算动物饲料中的中值或加工产品中值计算得到的，遵循的是和最大负荷量一样的程序。

奶牛和家禽的计算程序与肉牛相同。

肉牛摄入负荷量的最终结果见表 6.8，连同奶牛、肉鸡和蛋鸡的计算结果见 JMPR 报告的附录。

表 6.8 计算肉牛 100%摄入的最大残留负担计算表

农产品/作物	农产品组	残留量 (mg/kg)	基质	干物质 (%)	干物质的残留量 (mg/kg)	膳食组成 (%)			对残留的贡献 (mg/kg)		
						US-CAN	EU	AU	US-CAN	EU	AU
豆类青储饲料	AL	2.1	HR	35	6.000	30		60	1.80		3.60
玉米秸秆	AS AF	4.3	HR	83	5.181	25	25	40	1.30	1.30	2.07
大麦秸秆	AS AF	1.4	HR	30	4.667	5	5		0.23	0.23	
苜蓿饲料	AL	4	HR	89	4.494	30			1.35		
豌豆青藤	AL	0.86	HR	25	3.440		20			0.69	
大米	GC	0.57	STMR	88	0.648	10			0.06		
麦麸	CM	0.084	STMR-P	88	0.095		30			0.028	
小麦	GC	0.035	STMR	89	0.039		20			0.008	
总计						100	100	100	4.74	2.25	5.67

用于评估最大和 STMR 残留值的摄入负荷量的最大值和 STMR 见残留评估鉴定（表 6.9）。

表 6.9 家畜摄入负荷量最大值和中值实例

	家畜摄入负荷量［……农药］，mg/kg 干物质					
	美国-加拿大		欧　盟		澳大利亚	
	最大值	平均值	最大值	平均值	最大值	平均值
肉牛	4.74	2.83	2.25	2.03	5.67	4.05
奶牛	4.55	3.1	4.79	3.27	6.12[a]	4.07[b]

[a] 肉牛或奶牛的最高最大残留量或摄入负荷量适合估算哺乳动物组织中的 MRL。

[b] 肉牛或奶牛的最高摄入量均值适合估算哺乳动物组织和牛奶的 STMR。

6.12.1.1 使用摄入负荷量来推算动物源产品中最大残留水平和STMR

通过比较摄入负荷量的计算和家畜试验中饲喂水平，来推算最大残留水平和STMR值，要以下列原则为基础：

- 当饲喂试验中的饲喂剂量与摄入负荷量相当时，试验中报告的残留量可以直接用来推算动物组织、奶、蛋中的残留水平。
- 当饲喂试验中的饲喂剂量与摄入负荷量不同时，在动物组织、奶和蛋中产生的残留量可以通过在最近的饲喂水平间插入法计算，或者利用图6.6所示的线性回归方程计算。
- 当摄入负荷量低于试验的饲喂最低剂量时，动物组织、奶和蛋中产生的残留量可以使用最低饲喂水平时的转换因子（奶或组织中的残留水平除以饲料中的残留水平）乘以摄入负荷量。

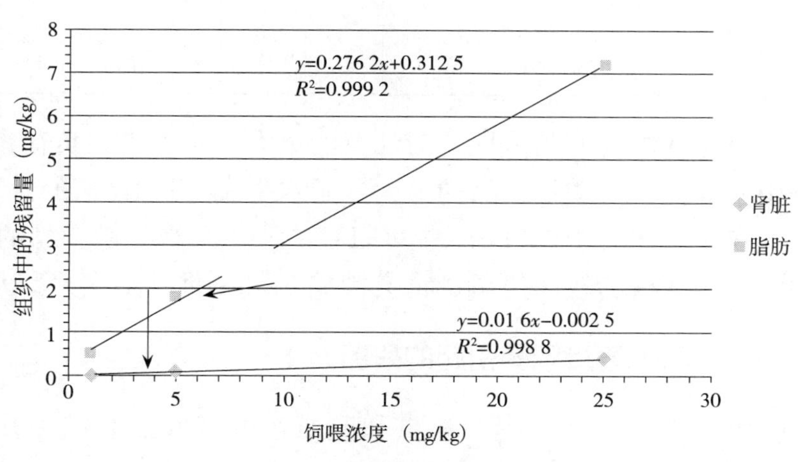

图6.6 最近的饲喂水平间插入法

- 当肉牛和奶牛的摄入负荷量不同时，应该使用较高的值来计算肌肉、脂肪、肝脏和肾中的残留，如表6.9所示的例子。
- 估算肉、脂肪、肝脏、肾和蛋中的最大和最高残留水平时，应该使用试验相关饲料组中动物的最高残留水平。
- 估算肉、脂肪、肝脏、肾和蛋中的STMR时，应该使用试验相关饲料组中动物的残留水平的平均值。
- 估算奶中的最大残留水平和STMRs时，应该使用试验相应饲料组中动物的平均残留水平。
- 用来外推的摄入负荷量不得超过最高饲喂水平的30%。

估算的最大和平均动物摄入负荷量（表6.9所列）应与自估算动物产品最大残留水平和STMR的动物转移试验中获得的残留量进行比较。

对于MRL的计算，组织中的高残留量是通过在奶牛饲喂试验中两个相关的饲喂剂量（5mg/kg和25mg/kg）之间插入最大摄入负荷量（6.12mg/kg）计算得到的，使用的是饲养组内单个动物的最高组织浓度。

组织中STMR值的计算是通过在相关饲喂剂量间（1mg/kg和5mg/kg）插入平均摄入负荷量（4.07mg/kg）计算得到的，使用的是每一个饲养组的平均组织浓度。

下表6.10中，圆括号“()”中为摄入负荷量，方括号“[]”中为饲喂剂量和饲喂试验残留浓度，无括号的则是有关摄入负荷量的浓度。

奶牛饲喂试验数据是用来支持哺乳动物肉和奶的MRL，因为奶牛的摄入负荷量要高于肉牛。

表 6.10 估算的摄入负荷量对应的残留量汇总表

摄入负荷量（mg/kg） 饲喂浓度［mg/kg］	牛奶	肌肉	肝	肾	脂肪
MRL	均值	最高值	最高值	最高值	最高值
MRL 肉牛或奶牛 （6.12） ［5，25］	（0.12） ［0.1，0.57］	（0.1） ［0.07，0.4］	（0.02） ［0.01，0.08］	（0.09） ［0.07，0.4］	（2.2） ［1.8，7.2］
STMR	均值	均值	均值	均值	均值
STMR 肉牛或奶牛 （4.07） ［1，5］	（0.08） ［0.03，0.1］	（0.04） ［0.01，0.05］	（0.008） ［0.03，0.01］	（0.03） ［0.01，0.04］	（1.0） ［0.25，1.3］

考虑到农药的脂溶性，与计算的最大和平均摄入负荷量相对应的平均和最高残留量是用来计算有关动物产品的最大残留水平和 STMR 值的。

在农药同时用作兽药，且 JEFCA 已经推荐动物产品的最大残留限量的情况下，自两种使用获得的较高残留量将会构成 Codex 推荐最大残留水平的基础。

6.12.2 家畜直接用药引起的残留

为防治虱子、苍蝇、螨虫和壁虱，可将农药直接使用于动物。使用方法包括蘸、喷、倒灌（pour-ons）和注射。如果动物产品中存在残留，需要按照使用方法、施药剂量和停药期进行残留试验。

动物上的规范试验的次数要远远少于作物上的试验（见 3.9）。

家畜规范试验条件应该符合标签上规定的最大条件。如果不止一种使用方法，例如药蘸或倒灌处理，应有每种方式的残留数据。评估报告应该记录根据获得批准的方法和剂量在单个动物组织中存在的最高残留量。最高残留量将支持 MRL 的推荐。评估报告应该记录处理组每天奶中的平均残留量。MRL 的推荐将依据在标签规定条件下一天中获得的奶平均残留量的最高值。

STMR 的概念是当按照最大 GAP 使用某种农药时，为获得典型残留值在作物上进行规范田间试验而设计的，STMR 方法不能直接应用于单个动物直接处理试验。但是，当一种农药（按标签规定的最大条件）直接在动物上使用时，典型残留值概念对于长期膳食摄入评估很有用。为此，会使用处理后最短间隔（或者稍长时间内，如果残留量更高）内屠宰的动物的组织中残留量的平均值来代表该典型残留值。

6.12.3 直接处理和动物饲料残留 MRL 建议值的协调

在两种来源的残留的最大残留水平推荐值不一致的情况下，将采用较高的推荐值。同样，按标签规定最大条件直接使用获得的典型残留估算值或由家畜摄入负荷量和动物饲喂试验获得的 STMR 值，将取两者中的较高值来评估长期膳食摄入。

6.13 MRLs 的表示

推算的最大残留水平和建议的残留限量用 mg（残留）/kg（产品）来表示。法典最大残留限量适用的产品部分见食品法典委员会文件第 2 卷（附件Ⅵ摘录）。

残留量是以鲜重为基础来表示的或者是除动物饲料之外的大多数产品中存在的进入国际贸易的残留状态。因为水分的含量差异很大，所以动物饲料的 MRLs 是以干重为基础推荐的。这就意味着当对收到的商品进行农药残留分析时，样品中的水分含量应该最好用一种建议用于该种商品的标准方法来测定，然后计算残留含量，假设它完全是在干物质中。

如果提交的动物饲料中的残留数据不能清楚的表明其代表的是否是干物质，或者没有报告水分含量，这时可以做最坏假设，认为残留量代表的是鲜物质，或者认为这些数据不适合估算最大残留水平。

对动物源产品而言，有一些特殊情况需要说明：

对肉和脂溶性农药来说（见 5.2 和 3.9.3.1），肉的残留限量是以脂肪上的含量（脂肪组织中的残留量）计的，在残留值后面用（脂肪）加以说明。对那些附着脂肪不足以提供合适样品的产品来说，可以将整个肉产品（去骨）进行分析，MRL 适用于整个产品。

对其他所有农药来言，MRL 适用于进入贸易环节的整个产品。

在过去的几年中，奶和奶制品中脂溶性农药残留的 MRL 和 EMRL 是以整个分析，产品为基础来表示的，前提是所有奶中的脂肪含量为 4%。脂肪含量大于或等于 2%的奶制品中的 MRL 是以脂肪计的，这个 MRL 应该是奶 MRL 的 25 倍，如果奶中的 MRL 也是以脂肪计的话，这个值是相同的。对脂肪含量低于 2%的奶制品中的 MRL，可以认为是奶的 MRL 的一半，且以整个产品为基础表示。

2004 年，JMPR 决定，如果数据许可，要估算两个最大残留水平，一个是全奶，一个是奶脂肪。出于监测的目的，可以对奶脂肪中 MRL 与全奶中的 MRL 进行比较，或者对全奶中的残留和奶中的 MRL 进行比较。如需要，奶制品中的最大残留水平也可以根据两个值来计算，需要考虑的是奶制品中的脂肪含量和非脂肪部分的贡献。

牛奶中脂溶性农药的 MRL 用字母 F 表示。

例如推荐二嗪磷的 MRL（mg/kg）

MO 0098	牛肾、猪肾、羊肾	0.03
MM 0097	牛肉、猪肉、羊肉	2（脂肪）
ML 0106	奶	0.02 F

根据 2008 年 CCPR 的决定，应该插入一个脚注来表明已经制定奶脂肪和全奶的 MRLs 的情形，“出于监测和监管目的，应对全奶及其对应的 MRL 结果进行分析”。

对于非脂溶性农药来说，MRLs 表示的是全奶。

基于动物直接处理的 MRLs，以脚注说明“MRL 涵盖动物体外处理”。

反映特殊用法或条件的 MRLs，在限量后用字母加以区别，目前通过字母区别的情况如下：

E	MRL 是再残留限量
Po	MRL 适用于收获后处理的产品
PoP	MRL 适用于收获后进行粗加工处理的产品

为更充分地反映统计学计算方法的影响，JMPR 认为，在统计工具可以成功运用的情况下，2001 年 JMPR 报告最后提出的缩放比例（0.01mg/kg，0.02mg/kg，0.03mg/kg，0.05mg/kg，0.07mg/kg，0.1mg/kg，0.2mg/kg，0.3mg/kg，0.5mg/kg，0.7mg/kg，1mg/kg，2mg/kg，3mg/kg，5mg/kg，7mg/kg，10mg/kg，15mg/kg，20mg/kg，25mg/kg，30mg/kg，40mg/kg，50mg/kg）将被一种更加一致的比例所代替。对残留值低于 10mg/kg 的，会议继续使用 1 个有效数字，对残留值低于 99mg/kg 的，使用 2 个有效数字。从 100 开始残留值将以 10 的倍数表示，例如 110、120 等。在 MRLs 的表示中使用更多的数字将会对推算程序的精确度（不确定度）产生错误的印象，包括取样、样品制备和分析检测的不确定性。尽管如此，使用其他必要数值的选择也应予以保留。

6.13.1 与定量限相当或相近 MRL 的表示

LOQ 是在可接受的确定度内，对某种产品中可确定的化合物的最低浓度。见附录Ⅱ。

JMPR 认识到监管实验室在分析来源不明的低残留含量的样品时会遇到一些困难，因此通常会推算一个在那些条件下可获得的 LOQ。该数值被推荐为相当于或约等于 LOQ 的最大残留限量。这些限量值会在数字后以 * 标注，例如 0.02 *。此限量通常会被作为“实际 LOQ”，以与规范试验报告的 LOQ 相区别。

这样确定的一个 MRL 并不是总是必然意味着那种产品中不会存在农药残留。一个更灵敏或者特殊的使用方法可以显示某些产品中可检测到的残留，例如 1995 年五氯硝基苯专著里的表 14 和表 26 中的产品[①]。

在许多情况下，根据 GAP 使用农药导致作物或产品中的残留水平太低，以至于利用可用的分析方法无法测量到。制定和执行相当于或约等于 LOQ 的 MRLs 的分析程序可能要求不同方法，这取决于残留的组成和定义。需要强调的是，应该对所有可得到的相关信息进行认真审查，以保证建立的 MRL 与单个残留成分的实际 LOQ 水平相当，且能够完全囊括根据 GAP 处理过的产品中所有这些成分的残留水平。

在可检测的残留情况下，与 LOQ 水平相当或相近的残留定义也可能包括单个残留成分，例如甜菜中的丁苯吗啉；或者几个残留成分，例如花生油中的涕灭威和以涕灭威表示的亚砜和砜，豆油中的苯达松和以苯达松表示的 6-羟基苯达松和 8-羟基苯达松，土豆中的倍硫磷和以倍硫磷表示的氧化同系物及其亚砜和砜。

在残留定义包括几个代谢物的情况下，要区别两种基本情况。

a. 残留成分是，或者按分析方法可以被转化为单一化合物或分析物，例如倍硫磷。总残留是作为单个化合物测定，并以母体化合物来表示的，也就是倍硫磷的氧化同系物砜是作为倍硫磷来测定和表示。MRL 是在测定残留总量的基础上制定和监测的。所有残留成分转化后，确定一个单一的化合物，MRL 就可以按与 LOQ 相当或相近的水平进行简单监测。这种情况与残留被定为单一化合物的其他情形相似。

b. 根据方法分别确定残留成分。可测量的残留浓度据分子重量进行调整和加和，它们的总量被用来推算最大残留水平。

用一个例子来更好地说明问题。苯达松在植物作物中的残留被定义为苯达松和以苯达松表示的 6-羟基苯达松和 8-羟基苯达松的总和。规范试验报告的三个成分的 LOQ 都

① 1995 年 JMPR 报告。

是 0.02mg/kg，但是用于监管的实际 LOQ 则视为 0.05mg/kg。如果将三个残留成分的实际 LOQ 之和设定为苯达松的一个 MRL，那应该是 0.2mg/kg（实际限量的 3 倍，以包括所有三个残留成分，并四舍五入到下一个位数）。在这种情况下，任何一个残留成分都可以定在 0.2mg/kg，或者三个的总和在 0.06mg/kg，没有超过 MRL。因此，单个残留成分可能分别是按成分的建议用量产生且在 MRL 范围内的残留量的 10 倍或 3 倍。同样，如果考虑规范试验 LOQ 之和，那么将需要一个值为 0.1mg/kg 的 MRL，且还需要有 5 倍的符合 GAP 用药情况下产生的残留量。

1995 年，JMPR 决定当一种产品中的农药残留无法检测时，以单个残留成分 LOQ 之和为基础的 MRL 可能不适合监测目的。最好的办法是在考虑代谢物的相对比例的基础上，逐一挑选。

从规范实验室的角度讲，最好的办法是选择一个简单的监测残留定义，也就是说，如果可能定义单个成分。单个成分的标准应该简单易得，且不是特别昂贵。

6.14 最大残留限量的推荐

如果风险评估程序证明有关食物的消费不会造成膳食摄入残留量超过 ADI 或 ARfD，JMPR 就会将估算的最大残留水平作为 MRL 推荐给 CCPR（见第 7 部分）。

在不能确定一个完整的 ADI 或者先前估算的 ADI 被撤销的情况下，JMPR 不会推荐 MRL 或者撤销事先的推荐。

6.14.1 推荐临时 MRLs

一个临时最大残留限量是在特定的有限时间内实施的最大残留限量，与必要信息明确相关。

JMPR 的一个一般政策是不为新农药、周期评估的农药或者没有建立 GAP 的农药确定 TMRL。

过去，JMPR 在逐一审查的基础上推荐某些特定情况下的 CCTR。例如：

- JMPR 被告知试验正在进行中，残留数据或者加工试验将会在未来某一具体会议上提供。
- 如果没有给予充分的机会进行评论或提交数据，立即撤销某个 MRL 可能会造成工作中断。
- 在水果和蔬菜的残留试验正在进行的情况下，可以推荐具体产品 TMRLs 来代替产品组 MRLs 或水果和蔬菜的 MRLs。

6.14.2 指导水平

指导水平是根据 GAP 使用某种农药后产生的最大农药残留浓度，但是并没有制定 ADI，或者制定的 ADI 已被 JMPR 撤销。当按照 GAP 使用农药时，可能还有必要向监管部门报告食品中预计产生的残留水平。

多年来，CCPR 制定了一份农药残留指导水平列表。这些指导水平一直没有提交给委员会批准，但是被委员会用作内部参考。1993年 CAC 决定将不再建立指导水平。现有的指导水平列表被提交予以审议以删除列表中的农药。当前，只有甲基溴和双胍盐的指导水平。

7　农药残留膳食摄入量的估算

内容

7.1　背景

为评估推荐给 CCPR 最大残留限量建议值能否保证消费者安全，将能够得到的残留数据与居民膳食消费结构相结合，估算各国膳食带给消费者的潜在农药残留摄入量。当估算的农药残留膳食摄入量不超过 ADI 或 ARfD 时，认为对消费者是安全的。

从一开始，JMPR 就设法通过利用能够得到的数据来估算潜在的农药摄入量，在用以 MRL 值表示残留水平和以食品消费量表示膳食方式计算总摄入量时，得到了理论最大日摄入量（TMDI）。但是 JMPR 意识到，这种计算 TMDI 的方式可能导致摄入量粗略的过高的估计。相反的，因为没有得到 JMPR 的关注，现有的农药使用方法也可能会导致过低估计农药的残留摄入量。

1997 年之前，对 TMDI 的计算是根据 WHO1989 年发布的《农药残留膳食摄入测算指南》[①]（以下简称《指南》）进行的，任何特定农药的膳食摄入量都是通过食品中的残留量乘以来自全球的 5 个居民膳食区域（地区膳食结构）的膳食消费量得到。每个膳食区域的总的农药摄入量都是通过计算所有含有目标农药残留总和得到的。摄入量的估算可以通过考虑可食部分的残留量、商品加工（例如制罐和研磨）中的残留量的减少或增加、食品制备或烹饪中残留量的减少或增加而得到优化。

根据 CCPR 的要求，1995 年，FAO/WHO 联合组织了《农药残留膳食摄入测算指南》专家咨询会[②]，对当时的《指南》进行了修订，推荐了可行的合理的方法，来改善农药残留膳食摄入测算方法的可靠度和准确度。目的是提出能被政府，特别是消费者接受的法典限量值。专家咨询会的报告里包含了改善膳食摄入量估算的建议，最明显的是在国际估算膳食摄入量（IEDI）和国家估算膳食摄入量（NEDI）的计算中用残留试验中值（STMR）代替了 MRLs。

国际估算膳食摄入量（IEDI）包含了国际层面以及可能在国家层面考虑的一系列

① WHO GEMS/FOOD《农药残留膳食摄入测算指南》。

② 《农药残留膳食摄入测算指南》修订建议，1995 年 FAO/WHO 专家磋商会报告。

因素，这些要考虑的因素包括：

- 残留试验中值（STMR）
- 残留定义，包括所有有毒理学意义的代谢和降解产物
- 对处在或低于定量限的残留量，残留试验中值使用定量限（LOQ），并用“*”表示，除非来自试验和支持性研究的证据表明残留量应该是零
- 可食部位
- 贮藏、加工和烹饪过程对残留量的影响
- 其他已知的农药使用方式

NEDI应该以与IEDI相同的因子为基础，但是下面基于国家农药使用方法和食品消费数据的附加因子应该予以考虑，这些可以使NEDI获得优化。

- 处理过的作物或食品的比例
- 国内生产和进口作物的比例
- 监测数据
- 总膳食研究（菜篮子）
- 食品消费数据，包括特定人群

修订版的《指南》还包括引起急性危害的农药残留风险评估和急性毒性农药残留膳食摄入量的预测。这个《指南》还在操作程序方面得到了进一步的优化，参见7.3。

修订版的《指南》[①] 发布于1997年。

7.2 长期膳食摄入量

长期膳食摄入量是以GEMS/FOOD膳食[②]为基础，将残留的浓度（STMR、STMR-Ps，如果二者都没有，建议用MRLs）乘以由每种商品估算得到的平均每人每日消费量，并对每种食品的摄入量求和计算得出的。

GEMS/FOOD的地区膳食（也叫居民膳食），是以来自于选定的国家和专家经验制定的FAO食品平衡表为基础的，食品平衡表的消费量反映的是国家种植量加上进口量减去出口量后除以居民总量值。建立在食品平衡表基础上的GEMS/FOOD地区膳食包括不可食或者没有吃的部分。而实际上应该用可食部分的消费量来估算摄入量，而不是整个商品。对食物废弃和家庭加工因子进行校正能够改善这个数据。因为食品平衡表被认为是高估了大部分食品的消费量，所以使用这个表计算得到的每人每日食品消费量通常被认为包括了高位消费群体（WHO，1997）。

2005年以前，JMPR使用5个膳食分区，1997年FAO/WHO联合召开的食品消费和化学物质暴露评估专家咨询会推荐了新的建立在使用主要食品组群组分析方法的膳食结构，2005年这个建议在美国马里兰安纳波利斯举行的FAO/WHO联合暴露评估专家咨询会上得到了确认。会议认为新的膳食结构应该比原来的5个GEMS/FOOD地区膳食[③]结构更加准确地反映了全球食品消费方式，因此根据FAO食品平衡表建立了13个

---

① 《农药残留膳食摄入测算指南》第二次修订版，http：//www.who.int/foodsafety/publications/chem/pesticides/en/。

② GEMS/FOOD全球区域膳食，http：//www.who.int/foodsafety/chem/gems/en/index1.html。

③ 2005年FAO/WHO化学品膳食暴露评估专家磋商会报告，http：//whqlibdoc.who.int/publications/2008/9789241597470_eng.pdf。

GEMS/FOOD膳食消费组。目前可用的13个含有国家数据的膳食组是：A：非洲(22)，B：非洲、欧洲和中东(9)，C：非洲和中东(10)，D：欧洲和中东(19)，E：欧洲(17)，F：欧洲(7)，G：远东(15)，H：南美洲(12)，I非洲(15)，J：非洲(11)，K：南美洲(20)，L：远东(10)，M：欧洲、南美洲(7)。通过与WHO/GEMS/FOOD的合作，这些膳食消费组被荷兰国家公共健康和环境研究院合并成一个自动化的电子表格①，以确保IEDI计算的一致性。

为了使用电子表格，JMPR是根据《手册》所附的模板输入ADI、STMR(-P)、HR(-P)进行估算的，有时候根据需要，还可以输入MRL值。计算结果和最终表格都是由表格计算自动得到的。为了确保食品条目与相应的残留完全匹配，数据输入的时候要非常小心，同时还要考虑其他加工因子，如可以得到的初级加工农产品残留数据(STMR-P)，或可食部分的残留数据。计算加工因子，应该遵循本《手册》5.8规定的程序。

有些时候对那些得不到STMR值的特定残留-商品组合，可以将MRL值作为中间值输入电子表格，估算TMDI和IEDI，这种情况需要在报告中给予完整的解释。

使用摄入量电子表格的注意事项：

- 膳食量用g/(人·d)表示
- 日摄入量表示为μg/人
- MRL不被输入，除非被用到时
- 输入肉和脂肪的数据时，牛和其他哺乳动物的脂肪和肌肉分别是20%和80%，家禽的脂肪和肌肉分别是10%和90%。

下面举例演示一下程序。

以溴氰菊酯为例，来自膳食暴露的牛肉脂肪组织的残留值HR是0.19 mg/kg，STMR是0.16 mg/kg，肌肉组织的残留值HR是0.027 mg/kg，STMR是0.01 mg/kg；家禽脂肪组织的残留值HR是0.09 mg/kg，STMR是0.038 mg/kg，肌肉组织的HR是0.02 mg/kg，STMR是0.02 mg/kg。下面的表格说明对肉的新的计算程序。

自动计算电子表格模板输入的哺乳动物脂肪和肌肉比例分别是20%和80%，家禽脂肪和肌肉比例分别是10%和90%，然后正确地进行计算。

溴氰菊酯(135)：国际膳食摄入量的计算(IEDI)

ADI=0.01 mg/(kg·bw)或600 μg/人；550 μg/人(适用于远东)

		MRL	STMR或STMR-P	膳食量:g/(人·d),摄入量=日摄入量:μg/人					
				A		E		M	
编码	商品	mg/kg	mg/kg	膳食	摄入	膳食	摄入	膳食	摄入
MM 95	肉类(哺乳动物，海洋动物除外)			27.7		90.2		158.3	
	肌肉(80%)		0.01	22.16	0.222	72.16	0.722	126.64	1.266
	脂肪(20%)		0.16	5.54	0.886	18.04	2.887	31.66	5.066
PM110	禽肉			7.1		61		115.1	
	肌肉(90%)		0.02	5.68	0.114	48.8	0.976	103.59	2.072
	脂肪(10%)		0.04	1.42	0.057	12.2	0.488	11.51	0.460
		合计			1.278		5.072		8.864
		% ADI=			0%		1%		2%

① http://www.who.int/foodsafety/chem/acute_data/en/index.html。

附录Ⅺ的表Ⅺ.4 和Ⅺ.5 提供了计算长期摄入的电子格式。表格中是用甲基对硫磷完成的 IEDI 的估算的，用腈菌唑完成 TMDI-IEDI 的估算。

只有当 STMR 或 STMR-P 用于计算时，才能得到 IEDI，计算 TMDI 使用的是 MRLs

$$IEDI = \sum (STMR_i \times F_i)$$

$$TMDI = \sum (MRL_i \times F_i)$$

式中：

$STMR_i$ 或 $STMR\text{-}P_i$——第 i 种食品的残留试验中值或加工校正后的残留试验中值；

MRL_i——第 i 种食品的 MRL；

F_i——GEMS/FOOD 发布的第 i 种食品的居民消费量。

JMPR 进行摄入估算考虑的是 JMPR 推荐值。他们有时候不同意使用目前所有法典限量进行的计算，因为 JMPR 推荐的后来撤销的法典限量没有被用于估算。

长期膳食摄入是以 60kg 体重为基础计算摄入量占 ADI 百分比的，在 G 和 L 组是以 55kg 体重为基础的[①]。百分比会被修约到一个整数，一直到 9，10 以上的取整到最近的 10 的倍数。当计算某一农药的 IEDI 时，百分比高于 100，说明依据提供给 JMPR 的信息进行的膳食摄入不会低于 ADI 的估算，这些影响应该被记录到报告里。但是，由于评估是在保守的假设基础上做出来的[②]，所以当百分比高于 100 时，也不一定就意味着会引起健康关注，在那些超过 ADI 的案例中，JMPR 会在它的报告中明确指出风险评估中可以优化的部分（本书 7.6）。

在国家水平上，综合考虑食品消费量、监测和监视数据、总膳食量、食品加工比例或作物进口比例的具体信息，膳食摄入量计算还可以得到进一步优化。

7.3 短期膳食摄入量

为了回应 CCPR 提出的为有急性毒性的农药推荐 MRL 的保留意见，1994 年 JMPR 对急性风险评估进行了审议。CCPR 认为传统的 ADI 可能并不适合反映短期农药残留暴露风险评估。1997 年，WHO 发布了修订版的估算农药残留的膳食摄入指南[③]，增加了急性危害和农药残留急性毒性膳食摄入估算的内容，相继制定了程序和操作指南，1999 年 JMPR 开始对食品中农药残留的急性风险进行例行评估。

当消费了含有高残留的食品，且消费量处于高端时，消费者的残留摄入量就会很高。高端消费量的大小是指 97.5%统计百分位人群的每日食物消费量。英国和其他国家的研究表明，在以水果或蔬菜为例，其实际残留量可能会高于具有典型代表性复合样品的残留总量，例如单个的苹果或单个的胡萝卜。这个问题的原因可以从引入的风险评估变异因子获得解释。这个概念提供了农药残留短期膳食摄入评估的基础。

通常认为，在最大 GAP 条件下的规范残留试验的最高残留值比 MRL 更适于短期膳食摄入量的计算。MRL 表示的是可食部分的残留，而不是贸易中农产品的残留，用

① 2003 年 JMPR 报告，第 3 章。

② 2008 年 JMPR 报告。

③ 《农药残留膳食摄入测算指南》第二次修订版，http：//www.who.int/foodsafety/publications/chem/pesticides/en/。

于制定 MRL 的残留定义也不一定必须与用于膳食摄入量估算的残留定义一致。一个 MRL 的估算通常需要取整到一个合适的值，计算中间阶段的凑整是没有用的。此外，如果计算摄入量时使用 MRL 值，这会给人产生调整 MRL 可以改变摄入量的印象，但实际上，如果 GAP 和其他因子没有改变，仅仅改变 MRL 值不会对膳食摄入量带来实际的改变。

从用于估算最大残留水平试验得到的复合样品可食部分的最高残留值被定义为 HR，单位是 mg/kg，在那些只能获得整体信息而不是可食部分信息的例子里面，表示整体部分的 HR 也可以用于膳食摄入量的计算，尽管这是一个比较勉强的选择。

装罐和混合不可能影响消费时农产品中的残留，例如干果或菠萝罐头，这时，计算摄入量需要使用“高残留值”，这种情况下，使用加工因子与最大 GAP 条件下的规范残留试验的 HR 相结合，而不是与 MRL。类似的取整和残留定义的做法也适用于 HR，加工商品的高残留值用 HR-P 表示。

HR-P 是由初级农产品的最高残留值和对应的加工因子计算得到的。

WHO GEMS/FOOD 项目提供的高端消费量用于计算 IESTI，高端消费量与儿童和一般人群的体重和国家有关。

可从 WHO 的网站[①]上得到农产品单位个体重量、高端消费量（97.5 百分位）和与食品消费数据相关的人口平均体重等数据。

摄入量的计算分为 4 种不同的案例（1、2a、2b 和 3），第一种案例是一种简单的情况，复合样品的残留反映的就是一餐食品的份额。第二种案例是指那种单个水果或蔬菜作为一餐食品份额时残留比混合样品高的情况，这里面又分 2a 和 2b 两种情况，分别是单位重量小于或大于高端消费量的情况。第三种案例考虑的是像面粉、植物油和果汁等可以进行装罐和混合的加工食品。

LP	高端消费量（97.5 百分位的消费者），单位 kg/d
HR	最高残留值
HR-P	加工食品的最高残留值
U	单位个体重量
Ue	可食部分单位个体重量
ν	变异因子
STMR	规范残留试验中值
STMR-P	加工食品的规范残留试验中值

参见目录Ⅱ、术语表、关于 ARFD、HR、HR-P、STMR、STMR-P 和加工因子

应该注意：

高端消费量应该与 HR 或 STMR 值关联的法典商品相匹配，在那些以吃生鲜水果或蔬菜占主导地位的例子里，高端消费量应该与初级农产品相关。但是，当加工食品占食品主要份额（例如谷物），并且加工食品的残留信息是可以获得的时候，高端消费量应该与加工食品相关，例如面粉或面包。

尽管在 1998 年的国际农药残留变异性和急性膳食风险评估研讨会[②]上决定估算

① http：//www. who. int/fsf/Chemicalcontaminants/Acute _ Haz _ Exp _ Ass. htm。

② 1999 年 PSD 农药残留变异性和急性膳食风险评估国际研讨会报告，http：//www. pesticides. gov. uk/uploadedfiles/web _ assets/prc/WPPR _ final _ report. pdf。

IESTI时应该使用可食部分单位个体重量的中间值，但是这个数值有时候是得不到的。所以成员国经常使用其他值代替，例如平均值或者一个概算值。JMPR使用法典成员国提供给WHO GEMS/FOOD项目的数据，并假设这个值代表可食部分单位个体重量的中间值。

案例1

复合样品（初级的或加工的）中的残留值反应的是一餐量的食品的残留水平（单位个体重量小于25g）。当估算是在以安全间隔期条件下使用农药为基础进行的时候，案例1也适用于肉、肝、肾、可食用内脏、鸡蛋、谷物、油籽和豆制品。

$$IESTI = \frac{LP \times (HR \text{ or } HR\text{-}P)}{bw}$$

案例2

是指一餐食物中的残留可能比复合样品高的情况，例如单个水果或蔬菜单位（单位个体重量大于25g）

案例2a

可食部分单位个体重量（U_e）小于高端消费量时：

$$IESTI = \frac{U_e \times (HR \text{ or } HR\text{-}P) \times \nu + (LP\text{-}U_e) \times (HR \text{ or } HR\text{-}P)}{bw}$$

案例2a公式适用的条件是假设第一个单位个体的残留量是$HR \times \nu$，第二个单位个体的残留量是HR，其代表的是与第一个单位个体同样量的复合样品中的残留量。

案例2b

可食部分单位个体重量（U_e）高于高端消费量。

$$IESTI = \frac{LP \times (HR \text{ or } HR\text{-}P) \times \nu}{bw}$$

案例2b的公式适用的条件是假设只有一个消费个体，并且它的残留量是$HR \times \nu$。

案例3

案例3是用于那些可以用STMR-P代表最高残留的灌装或混合的加工食品。为估算基于安全间隔期使用的农药，案例3也用于牛奶、谷物、油籽和豆制品。

$$IESTI = \frac{LP \times STMR\text{-}P}{bw}$$

7.4　急性参考剂量

农药的急性参考剂量（ARfD）是指在评估时所拥有的认知基础上，对短期内（通常是一餐或一天）通过食品或饮用水摄入的某种物质被人体吸收后，不会对消费者引起可观察到的健康风险的剂量，以体重单位表示。ARfD是由从实验室动物喂养试验得到的毒理学数据推导获得的。风险评估时农药残留短期膳食摄入估算是与ARfD进行比较的。

JMPR WHO核心评估组已经评估了很多农药，要么设定了ARfD，要么给出了设ARfD的不必要性。JMPR认为使用没有进行ARfD评估的农药的ADI是不合适的。

在农药的短期风险评估中，有三种情况需要考虑ARfD：

（1）一个可以得到的ARfD。

（2）不需要设定 ARfD。

（3）农药还没有进行过 ARfD 评估。

当有 ARfD 值时，IESTI 的计算值可以表示成 ARfD 的百分数。

当认为不必要设定 ARfD 时，也就不需进行 IESTI 计算。在这种情况下，就不需要估算 HR 和 HR-P，因为这是没有需求的。

当农药还没有进行过 ARfD 评估时，应该推算 HR 和 HR-P，并计算 IESTI，表头的 ARfD 部分应该注明："ARfD 可能是需要的，但是还没有制定。"，IESTI 表格的最后一列得不到 ARfD 的百分数，应该输入"—"。

7.5 国际短期摄入量估算表

对有高端膳食信息的商品和建立了 ARfD 的农药，通过估算 IESTI 占该农药的 ARfD 的比例完成急性风险评估。如果这个比例高于 100%，说明提供给 JMPR 的资料不支持急性膳食摄入食品中农药残留低于 ARfD 的要求，这时应该如实记录在 JMPR 的报告里。参照附录Ⅹ"膳食风险评估"部分对依据 IESTI 计算结果的标准描述。

荷兰国家公众卫生健康研究所在 WHO/GEM/FOODs 项目的配合下建立了一个类似在长期摄入计算里描述过的自动计算表格①。

表Ⅺ.6 和表Ⅺ.7（附录Ⅺ）提供了一个使用 IESTI 计算电子表格格式的例子，例子使用的是甲基对硫磷，两个表格使用的都是这个农药，一个是对一般人群的，一个是对 2～6 岁儿童的。

表头应该表示出农药名称、IESTI、一般人群或儿童

商品名称和 STMR、STMR-P、HR 和 HR-P 值是取自推荐表格。只有那些计算中需要的值才要求输入 IESTI 表。需要注意的是 IESTI 计算通常不需要 STMR，STMR 值不需要输入表格（例外：STMR 用于牛奶，麦类商品的 STMR 和麦类加工食品的 STMR-P）。

不高于 100%ARfD 的百分数会被保留一个有效数字；高于 100%的值会保留两个有效数字。

为了便于阅读，表格中的 IESTI 用 μg/（kg・bw）表示，不是传统的 mg/（kg・bw）；占 ARfD 的百分比是一个无单位量，没有改变。

体重

在选择合适的体重时，1999 年特设工作组会议推荐 6 岁儿童为 15kg，一般人群用 60kg。为了与 ARfD 比较，IESTI 需要用每千克体重表示，所以计算时 JMPR 推荐使用相关成员国政府提供的体重。如果没有成员国的推荐值，JMPR 同意使用 15kg 或 60kg 的默认值。

食品单位个体重量和可食部分比例

食品单位个体重量对案例中 IESTI 的计算影响非常大。提供给 WHO/GEMS/

① http：//www.who.int/foodsafety/publication/chem/regional_diets。

FOOD的特定食品的单位个体重量数据可能涵盖的是一个范围。

JMPR认为单位个体重量应与推荐MRL时所使用GAP的地区相关，在没有提供数据的情况下，可以不进行计算，除非能从地区间判定一个有代表性的相似的单位个体重量。

提供单位个体重量的成员国政府还要提供可食部分比例的信息。案例计算中的单位个体重量指的是可食部分的重量。例如：鳄梨单位个体重量是0.3kg，可食部分比例是60%，单位可食部分的重量是0.18kg。

变异因子

自1997年专家咨询会[①]引入变异因子以来，随着关于残留在植物个体中分布特性的数据资料和信息的增加，变异因子逐步得到优化。

2003年JMPR[②]对得到的与作物个体最大残留和复合样品[③]平均残留有关的信息进行了评估。会议认为，如果单位个体重量U超过25g，在计算IESTI估算高残留个体的残留水平时，变异系数的默认值应该用3。原来变异系数的默认值5、7和10统一被3代替（JMPR2003年报告）。变异系数默认值3是由变异系数2.8取整得到的，它的适用性在2005年JMPR会议[④]上通过评估大量的作物单元[⑤]上的残留数据资料得到了确认。如果能够得到有效的充分的数据支持，FAO专家小组同意继续优先使用现行的特定的单元变异因子，而不用默认值。

2007年，JMPR[⑥]注意到IESTI公式中使用的参数存在争议，特别是在欧盟内部。主要原因是对计算时应采用哪个级别的保守水平是恰当的存在不同的观点。CCPR支持JMPR当前采用的保守水平。

IESTI计算电子表格对数据的选择有以下几点建议。

1. 商品、STMR、STMR-P、HP和HR-P：使用推荐表格中的相关的值。

2. 高端消费量：使用WHO GEMS/FOOD提供的最高百分位消费量、体重、儿童和一般人群的国籍。

3. 单位个体重量：选择国家、单位个体和可食部分重量的值由WHO GEMS/FOOD提供。国家应该是与推荐MRL时使用的GAP地区相关联的。

4. 案例：由单位个体重量、可食部分单位个体重量和高端消费量决定。

7.5.1 动物源食品国际短期摄入评估的计算

参见本书6.12。

根据推荐的取样准则（参考-食品中的农药残留国际食品法典1993），“大部分应该与MRL值规定一致”，如果：

a. 除了肉和家禽产品等最终样品（包括复合的初级样品）残留不超过MRL的。或

---

① FAO/WHO. 1997年急性膳食摄入方法专家磋商会报告。

② 2004年JMPR报告。

③ Hamilton D J，Ambrus Á，Dieterle R M，Felsot A，Harris C，Petersen B，Racke K，Wong S-S，Gonzalez R，Tanaka K，Earl M，Roberts G and Bhula R. Pesticide residues in food-Acute dietary Intake. Pest Manag Sci 60：311-339（2004）。

④ 2005年JMPR报告。

⑤ Ambrus Á.，Variability of pesticide residues in crop units，Pest Manag Sci. 62：693-714，2006。

⑥ 2007年JMPR报告。

b. 被分析的肉和家禽初级样品中的残留不超过 MRL 的。

这表明计算动物源食品的 IESTI 时不需要变异因子。

估算来自动物源食品的急性膳食摄入时，除了牛奶应该执行由方法学确定的案例 1 外，牛和其他哺乳动物的脂肪与肌肉的混合比例应该是 20∶80，家禽的脂肪与肌肉的混合比例应该是 10∶90。

估算牛奶，应该应用案例 3（大部分是在 STMR 水平灌装和混合）。

7.6 JMPR 对膳食摄入评估超过 ADI 或 ARfD 案例的处理

本章描述的程序在用于对新农药和周期评估程序下的农药进行评估时，是根据得到的适用于国际水平的数据和方法对那些农药的膳食摄入量进行的最佳估算。JMPR 用脚注的方式引起对那些膳食摄入超过 ADI 或 ARfD 的估算的关注。

如果 JMPR 对一个新的或周期评估下的农药在一个或多个 GEMS/FOOD 膳食地区的长期膳食摄入进行估算超过 ADI 时，在推荐表里会对这个农药加上这样一个脚注：

“根据提供给 JMPR 的资料进行的膳食摄入估算不可能低于 ADI-JMPR［年份］。”

如果 JMPR 对一个新的或周期评估下的农药在一个或多个商品的短期膳食摄入估算超过 ARfD 时，在推荐表里会对那些产品加上这样一个脚注：

“根据提供给 JMPR 的资料进行的短期膳食摄入估算不可能低于 ARfD-JMPR［年份］。”

公众认为膳食摄入量估算中的细微差别对食品安全而言有着实质不同，例如 120% 的 ARfD 是不能被接受的，而 80%的却是可以接受的。但是在制定 ARfD 和摄入评估中存在保守主义，例如：制定 ARfD 时，已经考虑了个体之间差异的安全因子，即制定 ARfD 的原意是为了保护那些处于高端敏感的个别人群。对某一农药最敏感的人群和残留摄入量高于 ARfD 的人群之间交叉的可能性很小。因此，如果超过了 ARfD，应该考虑一些附加关注，例如超过 ARfD 的数量、ARfD 建立的基础、摄入量估算的不确定度[①]等等。在 ADI 和/或 ARfD 被超过时，JMPR 会在它的报告里指出在风险评估中还有更多优化余地的那些部分。如果没有优化余地的话，估算的最大残留水平不会被 CCPR 作为 MRL 接受。

① 2007 年 JMPR 报告。

8　登记机构对 JMPR 推荐的应用

内容

8.1　引言

在大多数情况下，向 JMPR 提供用来进行农药的评估与评价的基础数据多数是公司尚未发布或拥有专利的资料。在这样的情况下，JMPR 文件是唯一的信息来源。鼓励登记机构和其他感兴趣的团体应用 JMPR 所做的严格评估结果。

8.2　农药的安全评估

JMPR 专著和报告在农药安全评估和残留方面对 FAO 和 WHO 的成员国是很有帮助的。不过，当成员国在使用这些评估时候，通常会遇到两个主要问题：(1) JMPR 只评估有效成分的毒性，而不评估制剂毒性，制剂毒性是由国家层面进行控制；(2) JMPR 评估试验中的有效成分纯度和规格与原药产品之间的关系经常是未知的。

原药的纯度取决于合成的路线与条件、生产使用的原料纯度、包装和贮藏条件等。一些特定杂质的毒性可能会比有效成分高出几倍，因此，即使很低的浓度，它们的出现也会对农药产品的毒性产生很大的影响。

在大多数情况下，联合会议对测试物质的毒理学试验的评估与提供资料的公司所销售的产品是相符的。在国家登记机构获得批准的有效成分的纯度和规格可能与 JMPR 专著中概述的相符，也可能不相符。因此，国家登记机构应该仔细审查所有用于登记的有效成分和联合会议评估原药之间的相似程度。为了做出登记的决定，登记机构应该像《FAO 农药销售和使用行为国际准则》[①] 中强调的那样，要求提供农药产品加工中的杂质信息。当申请登记一个农药时，还应该对制剂中其他组成的安全性进行审查。因此，不推荐使用 JMPR 的评估作为国家登记安全性评估的唯一依据。

如果评估的目的是为了登记，登记机构应该使用厂商根据国家有关的法律提供的资料和未公布的专利资料，确保与 JMPR 的评估是根据相同路线生产的农药，其纯度和相似杂质与 JMPR 的评估相当。

---

① 《FAO 农药销售和使用行为国际准则》，http：//www. fao. org/agriculture/crops/core-themes/theme/pests/pm/code/en/。

8.2.1 农药规格与JMPR评估的相关性

2006年出版的《FAO农药标准制定和使用手册》[①] 概述了一个适用于资料评审的现行有效的程序。根据新的程序，资料要求得到了极大扩大。FAO和WHO合作，一起评估原药的物理化学性质、杂质、毒理学和环境毒理学资料。这样能确保评估包括了所有相关杂质，根据《FAO农药标准制定和使用手册》的定义，这些杂质是农药加工或贮藏的副产物，与有效成分相比，对健康或环境的毒理学影响很大，容易引起药害，造成食品污染，影响农药的稳定性或产生其他的负面影响。除了由WHO对毒理学、环境毒理学和杂质资料进行评估外，FAO还尝试通过从登记机构获得相关的登记资料来评估：

（i）通过对提交给FAO和登记机构的资料评估比较，来确定《手册》建议的原药标准是否与登记机构批准的相当；

（ii）主管部门登记的不同生产商的农药是否都与向FAO提供的数据一致。

目前FAO标准仅适用于那些原药被JMPS评估过的厂商的产品，这是一项基本的改变。因为根据以前的程序，FAO标准可能会被运用于一些假定的相似的产品上。考虑到这一改变，新程序制定了判定原药为相同产品的程序，这样FAO的标准就可以扩展到真正的相同产品上。

为强化产品质量、改进对农药使用者和消费者的保护以及减少对环境的非期望性影响，制定了包括相同产品定义的新程序。现在这个程序被开发公司和相同产品生产商广泛接受。

提交给JMPS的资料和JMPR的评估是协调一致的，但要说明的是，JMPS并不直接为食品法典服务。

8.3 残留试验和推荐MRLs

规范试验结果、代谢、动物转移、加工试验等涉及农药残留的信息会得到比安全评估更为广泛的应用。

第5部分和第6部分详细讨论的试验条件的可比性，可用于评估JMPR结论与在某一国家使用条件的适合度。

法典MRLs的制定是为了强化和控制农药在进入国际贸易的食品上使用时是否符合国家批准的使用方法。法典MRLs在某一国家的适用性依赖于与GAP的关系，这里的GAP是与估算最大残留量有关的，以国家GAP为基础的。在对国家使用条件和专著里描述的试验条件进行比较做出决定时，在这个国家的典型种植条件下进行的一些规范试验结果是非常有价值的。

依照《FAO农药使用和销售行为国际准则》，为了减少农药使用对消费者和环境的暴露，政府应该提倡安全的、高效的、节省成本的使用方法。当在某一国家使用条件下引起的残留远远低于法典MRLs的时候，应该考虑为国内使用，制定较低的国家MRLs，因为较高的MRLs可能会鼓励不按照国家批准的使用方法施药，这是违背

① 《FAO和WHO农药标准制定和使用手册》2006年第一版，www. fao. org/ag/AGP/AGPP/Pesticid/Default. htm。

GAP 原理的。但是，根据关贸总协定中的乌拉圭回合谈判《SPS 协定》的规定，对于进口商品，在一个能够满足保护消费者的可接受的水平内，国家当局有义务接受较高的 MRLs。

8.4 残留分析结果与 MRLs 比较的说明

在考虑为了监管目的进行样品分析时，人们经常会问一个问题，根据 JMPR 推荐制定的法典 MRLs 是应该被看成一个严格的标准呢，还是被当成一个比较边缘的允许量？

根据定义，MRL 是一个限量，不应该被超出。举证的责任在监管机构，应该用很高的确定度来证明正在监测的残留是否超过 MRL，以便采取执法行动。

源自于由取样（S_S）、样品制备（S_{Sp}）和分析检测（S_A）等关联程序随机变化的不确定度造成了的分析结果不确定度（S_R）由下式计算：

$$(S_R) = \sqrt{[(S_S)^2 + (S_{Sp})^2 + (S_A)^2]}$$

因为平均残留是相同的，方程式也可以写成：

$$(CV_R) = \sqrt{[(CV_S)^2 + (CV_{Sp})^2 + (CV_A)^2]}$$

最终分析结果的不确定度（CV_R）不能小于测量的任何一步。

基于大量的残留数据的评估，根据法典取样程序，平均取样不确定度[①]被估计成：

- 小型和中型尺寸的作物（单个重量小于等于 250g，最小样品尺寸＝10 个）为 25％；
- 大型作物（单个重量大于 250g，最小尺寸＝5 个）为 33％；
- 芸薹属叶菜（单个重量大于 250g，最小尺寸＝5 个）为 20％。

CCPR[②] 目前正在对《农药残留测定结果不确定度评估指南》（CAC/GL 59—2006）进行修订，并考虑能接受的残留数据的精密度和回收率的总体法典标准。

在对分析结果和 MRLs 的比较中，国际联合试验表明，回收率（主要反映的是系统误差）比精密度（随机误差）重要。

为了得到可靠的结果，鼓励承担法规强制监测的试验室：

- 建立内部质量控制措施，使他们能够评估试验室结果的变化；
- 参加国际样品检查项目，评估他们分析的准确度；
- 关注残留贮藏稳定性的信息和残留定义；
- 严格按照法典商品制样部位指南进行分析；
- 保证用于得到样品的取样程序合法有效，确保取样人员接受过正规的培训。

同样的预防措施也应该在规范试验或为估算最大残留量提供数据的选择性调查中应用。

---

① Ambrus，A. & Soboleva，E.（2004）JAOAC International. 87，1368-1379。

② 第 41 届国际食品法典农药残留委员会年会报告，http：//www. codexalimentarius. net/download/standards。

9 参考文献

修订《手册》第二版时参考的文献：

Codex Alimentarius Commission Procedural Manual-Eighteenth edition, 2008, http://www.codexalimentarius.net/web/procedural_manual.jsp.

Report of the 41st session of the Codex Committee on Pesticide Residues, para 187, Beijing, China, 20-25 April 2009.

OECD Guidelines for the Testing of Chemicals, Test No. 501: Metabolism in Crops, http://puck.sourceoecd.org/vl = 3615016/cl = 46/nw = 1/rpsv/cw/vhosts/oecdjournals/1607310x/v1n7/contp1-1.htm.

OECD Guidelines for the Testing of Chemicals, Test No. 502: Metabolism in Rotational Crops.

OECD Guidelines for the Testing of Chemicals Test No. 503: Metabolism in Livestock Codex Alimentarius Commission, Recommended method of sampling for the determination of pesticide residues for compliance with MRLs, ftp://ftp.fao.org/codex/standard/en/cxg_033e.pdf.

FAO, Portion of Commodities to which Codex Maximum Residue Limits Apply and which is Analysed. In Joint FAO/WHO Food Standards Programme Codex Alimentarius Vol. 2A, Part I. Section 2. Analysis of Pesticide Residues, FAO, Rome, 2000, 27-36. www.codexalimentarius.net/download/standards/43/CXG_041e.pdf.

OECD Guidance Document on Pesticide Residue Analytical Methods, Series on Pesticides Number 39, Series on Testing and Assessment Number 72.

Codex Secretariat (2003) Revised Guidelines on Good Laboratory Practice in Residue Analysis CAC/GL 40-1993, Rev. 1-2003, http://www.codexalimentarius.net/download/standards/378/cxg_040e.pdf.

Skidmore, M. W., Paulson, G. D., Kuiper, H. A., Ohlin, B. and Reynolds, S. 1998. Bound xenobiotic residues in food commodities of plant and animal origin. Pure & Applied Chemistry, 70, 1423-1447.

OECD Guidelines for the Testing of Chemicals, Test No 506: Stability of Pesticide Residues in Stored Commodities.

Fussell R. J., Jackson-Addie K., Reynolds S. L. and Wilson M. F., (2002): Assessment of the stability of pesticides during cryogenic sample processing, J. Agric. Food Chem., 50, 441.

Fussell, R. J., Hetmanski, M. T., Macarthur, R., Findlay, D. Smith, F., Ambrus Á. and Brodesser J. P. (2007): Measurement Uncertainty Associated with Sample Processing of Oranges and Tomatoes for Pesticide Residue Analysis. J. Agric. Food Chem., 55, 1062-1070.

FAO/WHO. 1993. Codex Classification of Foods and Animal Feeds in Codex Alimentarius, 2nd ed., Volume 2. Pesticide Residues, Section 2. Joint FAO/WHO Food Standard Programme. FAO, Rome.

FAO. 2006. Manual on the development and use of FAO specifications for pesticides. 1st Edition. http://www.fao.org/agriculture/crops/core-themes/theme/pests/pm/jmps/manual/en/.

OECD Draft New Test Guideline: Crop Field Trial 19-Feb-2009.

Draft Revised Guidance Document on Overview of Residue Chemistry Studies (Series on Testing and Assessment No. 64) 18-Feb-2009.

OECD Guidelines for the Testing of Chemicals, Test No. 504: Residues in Rotational Crops (Limited Field Studies).

OECD Guidelines for the Testing of Chemicals, Test No. 507: Nature of the Pesticide Residues in Processed Commodities-High Temperature Hydrolysis.

OECD Guidelines for the Testing of Chemicals, Test No. 508: Magnitude of the Pesticide Residues in Processed Commodities.

OECD Guidelines for the Testing of Chemicals, Test No. 505: Residues in Livestock.

Haddad S, Poulin P, Krishnan K. 2000. Relative lipid content as the sole mechanistic determinant of the adipose tissue: blood partition coefficients of highly lipophilic organic chemicals. Chemosphere 40: 839-843.

FAO. 2005. Pesticide Residues in Food 2005-Report. FAO Plant Production and Protection Paper No. 183 FAO, Rome.

Hamilton, D., Personal communication, 2009.

Timme, G.; Frehse, H., Laska, V. Statistical interpretation and graphic representation of the degradation behaviour of pesticide residues Ⅱ. Pflanzenschutz-Nachrichten Bayer 33. 47-, Pflanzenschutz-Nachrichten Bayer, 1986, 39, 187-203.

FAO. 2008. Pesticide Residues in Food 2008-Report. FAO Plant Production and Protection Paper No. 193 FAO, Rome.

FAO. 2004. Pesticide Residues in Food 2004-Report. FAO Plant Production and Protection Paper No. 178 FAO, Rome.

FAO. 2002. Pesticide Residues in Food 2002-Report. FAO Plant Production and Protection Paper No. 172 FAO, Rome.

技术性脚注:

FAO/WHO 2000: Codex Alimentarius Volume 2B, Pesticide Residues in Food-Maximum residue limits. Joint FAO/WHO Food Standards Programme, page 4. Rome, 2000.

Report of the 40th session of the Codex Committee on Pesticide Residues (2008), Alinorm 08/31/24, Beijing, China . para 125 and 161, http://www.codexalimentarius.net/web/standard_list.do?lang=en.

Report of the 39th Session of the Codex Committee on Pesticide Residues (2007), Alinorm 07/30/24 Beijing, China www.codexalimentarius.net.

FAO. 2006. Pesticide Residues in Food 2006-Report. FAO Plant Production and Protection Paper No. 187 FAO, Rome.

Statistical Basis of the NAFTA Method for Calculating Pesticide maximum Residue Limits from Field Trial Data US EPA and Canada PMRA, May, 2007: EPA-HQ-OPP-2007-0632-0002 http://www.regulations.gov/fdmspublic/component/main?main=DocketDetail&d=EPA-HQ-OPP-2007-0632 http://www.pmra-arla.gc.ca/english/pdf/mrl/method_calc_v2.xls.

Report of the 36th session of the Codex Committee on Pesticide Residues, Alinorm 04/27/24, (paras 235-247) 2004, www.codexalimentarius.net.

Report of the 37th session of the Codex Committee on Pesticide Residues, Alinorm 05/28/24, (para 182) 2005, www.codexalimentarius.net.

WHO. 1989. Guidelines for predicting dietary intake of pesticide residues. GEMS/FOOD WHO, Geneva.

WHO. 1995. Recommendations for the revision of the guidelines for predicting dietary intake of pesticide residues. Report of the FAO/WHO Consultation, （WHO/FNU/FOS/95. 11） Geneva.

WHO. 1997. Guidelines for predicting dietary intake of pesticide residues, 2nd revised edition Unpublished document （ WHO/FSF/FOS/97. 7 ） . http：//www. who. int/foodsafety/publications/chem/pesticides/en/.

WHO. 1998. GEMS/Food Regional Diets. Regional per capita consumption of raw and semi-processed agricultural commodities. Food Safety Unit. WHO/FSF/FOS/98. 3, Geneva. http：//www. who. int/foodsafety/chem/gems/en/index1. html.

WHO 2008a. DIETARY EXPOSURE ASSESSMENT OF CHEMICALS IN FOOD Report of a Joint FAO/WHO Consultation Annapolis, Maryland, USA 2-6 May 2005, http：//whqlibdoc. who. int/publications/2008/9789241597470 _ eng. pdf.

Excel template for IEDI calculation：http：//www. who. int/foodsafety/chem/acute _ data/en/index. html.

FAO. 2003. Pesticide Residues in Food 2003-Report. FAO Plant Production and Protection Paper No. 176, FAO, Rome.

FAO. 2008. Pesticide Residues in Food 2008-Report. FAO Plant Production and Protection Paper No. 193 FAO, Rome. P51.

单位重量和最大消费量的参考文献：

http：//www. who. int/fsf/Chemicalcontaminants/Acute _ Haz _ Exp _ Ass. htm.

Hamilton DJ, Ambrus Á, Dieterle RM, Felsot A, Harris C, Petersen B, Racke K, Wong S-S, Gonzalez R, Tanaka K, Earl M, Roberts G and Bhula R. Pesticide residues in food-Acute dietary Intake. Pest Manag Sci 60：311-339（2004）.

Ambrus Á. , Variability of pesticide residues in cro Punits, Pest Manag Sci. 62：693-714, 2006.

FAO. 2007. Pesticide Residues in Food 2007-Report. FAO Plant Production and Protection Paper No. 191 FAO, Rome.

FAO International Code of Conduct on the Distribution and Use of Pesticides http：//www. fao. org/agriculture/crops/core-themes/theme/pests/pm/code/en/.

Ambrus, A. & Soboleva, E.（2004）JAOAC International. 87, 1368-1379.

Report of the 41st Session of the Codex Committee on Pesticide Residues, Beijing, China, 20-25 April 2009, http：//www. codexalimentarius. net/download/standards.

Stephenson G. S. , Ferris, I. G. , Holland, P. T. , and Nordberg, M. , 2006, Glossary of terms related to pesticides（IUPAC Recommendations 2006）, Pure & Appl. Chem. 78. 2075-2154.

OECD. 2001. Dossier Guidance-OECD guidance for industry data submissions on plant protection products and their active substances. http：//www1. oecd. org/ehs/PestGD03. htm

编写《手册》第一版时参考的文献：

FAO. 1997. Pesticide Residues in Food 1997-Report. FAO Plant Production and Protection Paper No. 145 FAO, Rome.

FAO. 1998 Pesticide Residues in Food 1998-Report. FAO Plant Production and Protection Paper No. 148 FAO, Rome.

FAO. 1999. Manual on the development and use of FAO specifications for plant protection products. Fifth Edition. FAO Plant Production and Protection Paper. No. 149. FAO, Rome.

FAO. 1999. Pesticide Residues in Food 1999-Evaluations. Part I-Residues. FAO Plant Production and Protection Paper No. 157. FAO, Rome.

FAO. 1999. Pesticide Residues in Food 1999-Report. FAO Plant Production and Protection Paper No. 153. FAO, Rome.

FAO. 2000. Pesticide Residues in Food 2000-Evaluations. Part I-Residues. FAO Plant Production and Protection Paper No. 165. FAO, Rome.

FAO. 2000. Pesticide Residues in Food 2000-Report. FAO Plant Production and Protection Paper No. 163. FAO, Rome.

Holland, P. T. 1996. Glossary of terms relating to pesticides. Pure & Appl. Chem. , 68, 1167-1193.

Joint FAO/IAEA Expert Consultation on 'Practical Procedures to Validate Method Performance of Analysis of Pesticide and Veterinary Drug Residues, and Trace Organic Contaminants in Food' (Hungary, 8-11 Nov, 1999) . Annex 5, Glossary of Terms. www. iaea. org/trc/pest-qa _ val3. htm

Skidmore, M. W. , Paulson, G. D. , Kuiper, H. A. , Ohlin, B. and Reynolds, S. 1998. Bound xenobiotic residues in food commodities of plant and animal origin. Pure & Appl. Chem. , 70, 1423-1447.

Thompson, M. , Ellison, S. L. R. , Fajgelj, A. , Willetts, P. and Wood, R. 1999. Harmonised guidelines for the use of recovery information in analytical measurement. Pure & Appl. Chem. , 71, 337-348.

WHO. 1997a. Guidelines for predicting dietary intake of pesticide residues (revised) . Prepared by the Global Environment Monitoring System-Food Contamination Monitoring and Assessment Programme (GEMS/Food) in collaboration with Codex Committee on Pesticide Residues (WHO/FSF/FOS/97. 7) .

WHO. 1997b. Food consumption and exposure assessment of chemicals. Report of a FAO/WHO Consultation. Geneva, Switzerland, 10-14 February. World Health Organization, Geneva.

WHO. 1998. GEMS/Food Regional Diets. Regional per capita consumption of raw and semi-processed agricultural commodities. Food Safety Unit. WHO/FSF/FOS/98. 3, Geneva.

AmbrusÁ. 1996a. Estimation of Uncertainty of Sampling for Analysis of Pesticides Residues. *J. Environ. Sci. Health*. B31. 435-442.

Ambrus Á, Solymosné M. E. and Korsós I. 1996. Estimation of Uncertainty of Sample Preparation for the Analysis of Pesticide Residues. J. Environ. Sci. Health. B31. No. 3. 443-450.

EPA. 1996. EPA Residue Chemistry Test Guidelines OPPTS 860. 1300, Nature of the Residue-Plants, Livestock. EPA 712-C-96-172.

EPA. 1996. EPA Residue Chemistry Test Guidelines OPPTS 860. 1520, Processed Food/Feed. EPA 712-C-96-184.

FAO. 1989. Pesticide Residues in Food 1989-Report. FAO Plant Production and Protection Paper No. 99. FAO, Rome.

FAO. 1990. Pesticide Residues in Food 1990-Report. FAO Plant Production and Protection Paper No. 102. FAO, Rome.

FAO. 1990. International Code of Conduct on the Distribution and Use of Pesticides. FAO, Rome.

FAO. 1991. Pesticide Residues in Food 1991-Report. FAO Plant Production and Protection Paper No. 111. FAO, Rome.

FAO. 1992. Pesticide Residues in Food 1992-Report. FAO Plant Production and Protection Paper No. 116. FAO, Rome.

FAO. 1993. Pesticide Residues in Food 1993-Report. FAO Plant Production and Protection Paper No. 122. FAO, Rome.

FAO. 1994. Pesticide Residues in Food 1994-Report. FAO Plant Production and Protection Paper No. 127. FAO, Rome.

FAO. 1995. Pesticide Residues in Food 1995-Report. FAO Plant Production and Protection Paper No. 128. FAO, Rome.

FAO. 1995. Manual on the development and use of FAO specifications for plant protection products. 4th edition. FAO Plant Production and Protection Paper No. 128. FAO, Rome.

FAO. 1996. Pesticide Residues in Food 1996-Report. FAO Plant Production and Protection Paper No. 140. FAO, Rome.

FAO/WHO. 1993. Codex Classification of Foods and Animal Feeds in Codex Alimentarius, 2nd ed. , Volume 2. Pesticide Residues, Section 2. Joint FAO/WHO Food Standards Programme. FAO, Rome.

FAO/WHO. 1993. Portion of Commodities to which Codex MRLs apply in Codex Alimentarius, 2nd ed. , Volume 2. Pesticide Residues, Section 4. 1. Joint FAO/WHO Food Standards Programme. FAO Rome.

FAO/WHO. 1995. Codex Alimentarius Commission Procedural Manual, 9th ed. Joint FAO/WHO Food Standard Programme. FAO, Rome.

FAO/WHO. 1995. Recommendations for the revision of the guidelines for predicting dietary intake of pesticide residues. Report of the FAO/WHO Consultation, WHO/FNU/FOS/95. 11. WHO, Geneva.

FAO/WHO. 1997. Codex Alimentarius, 2nd ed. , Volume 2A. Pesticide Residues. Joint FAO/WHO Food Standard Programme, FAO, Rome.

Hamilton, D. J. , Holland, P. T. , Ohlin, B. , Murray, W. J. , Ambrus, A. , De Baptista, G. C. and Kovacicová, J. 1997. Optimum use of available residue data in the estimation of dietary intake of pesticides. *Pure & Appl. Chem.* 69, 1373-1410.

IPCS. 1996. Guidelines for the preparation of toxicological working papers for the Core Assessment Grou Pof the Joint Meeting on Pesticide Residues. IPCS/96. 32, Geneva.

IPCS. 1996. Procedural guidelines for the preparation and review of working papers for the Core Assessment Grou Pof the Joint Meeting on Pesticide Residues. IPCS/96. 33, Geneva.

ISO. 1993. Alphabetical List of Entities and Codes in English (ISO 3166: 1993) .

IUPAC Commission on Agrochemicals and the Environment. 1996. Pure & Appl. Chem. , Vol. 68, No. 5, pp. 1167-1193.

OECD GLP 导则的参考文献:

Number 1 The OECD Principles of Good Laboratory Practice. Environment monograph No. 45, Paris (1992) .

Number 4 GLP Consensus Document, Quality Assurance and GLP. Environment monograph No. 48, Paris (1992) .

Number 6 GLP Consensus Document. The Application of the GLP Principles to Field Studies, Environment monograph No. 50, Paris (1992) .

Number 8 GLP Consensus Document. The Role and Responsibilities of the Study Director in GLP Studies，Environment monograph No. 74，Paris（1993）.

WHO. 1989. Guidelines for predicting dietary intake of pesticide residues. GEMS/FOOD WHO，Geneva.

附　录　I

缩　略　语

ADI	每日允许摄入量
ai	有效成分
ARfD	急性参考剂量
bw	体重
CAS	化学文摘
CAC	国际食品法典委员会
CCN	食品法典分类编码
CCPR	国际食品法典农药残留委员会
CIPAC	国际农药分析协作委员会
CLI	国际植物保护协会
cv	变异系数
CXL	食品法典最大残留限量标准
EMDI	估算每日最大摄入量
EMRL	最大再残留限量
FAO	联合国粮食及农业组织
GAP	良好农业规范
GCPF	全球植物保护联盟（后被 CLI 代替）
GEMS/FOOD	全球环境监测系统-食品污染监测与评估项目
GIFAP	各国农药工业协会国际联盟（被 GCPF 代替）
GLP	良好实验室规范
HPLC-MS-MS	高效液相色谱串联质谱联用
HR	最高残留值
HR-P	加工食品的最高残留值
IEDI	国际估算每日摄入量
IESTI	国际估算短期摄入量
IUPAC	国际理论和应用化学联合会
ISO	国际标准化组织
ISO-E	国际标准化组织-英文通用名
JMPR	FAO/WHO 农药残留专家联席会议
LOQ	定量限
LP	IESTI 评估中的高百分位消费量［（kg・food）/d］
MRL	最大残留限量

NEDI	国家估算每日摄入量
NOAEL	无作用剂量
OECD	经济合作与发展组织
PHI	安全间隔期
RAC	初级农产品
SPS	WTO实施动植物卫生检疫措施的协议
STMR	规范残留试验中值
STMR-P	加工食品的规范残留试验中值
TAR	总放射剂量
TMDI	理论最大每日摄入量
TMRL	临时最大残留限量
TRR	残留总放射剂量
U	单位个体重量
U_e	可食部分单位个体重量
USEPA	美国环境保护署
UV	紫外
υ	变异因子
WHO	世界卫生组织
WTO	世界贸易组织

附　录　Ⅱ

词　汇　表

每日允许摄入量（ADI）

化学品的每日允许摄入量，指一生中每天可通过食物或饮用水摄入一定量的某物质，在所有已知因素基础上进行评价时对消费者健康不产生任何可察觉风险的估计值，以体重计，以每千克体重的毫克数表示（《食品法典》卷 2A）。

急性参考剂量（ARfD）

化学品的急性参考剂量，指在 24h 内或更短时间内通过食物或饮用水摄入一定量的某物质，在所有已知因素基础上进行评价时对消费者健康不产生任何可察觉风险的估计值，以体重计，以每千克体重的毫克数表示（JMPR，2002 年报告）。

准确度（测量）

测量值与真实值的接近度。

施药剂量

施用于一个特定面积或单位体积（针对空气、水、土壤等环境因素）[①] 中的农药有效成分的质量。

决定性的支持研究

决定性的支持研究包括代谢、家畜饲喂、加工、分析方法及低温贮藏稳定性研究。

残留定义（适用于 MRL 监测）

泛指农药及其代谢物和衍生物以及 MRL 适用的相关化学品（JMPR，1995 年报告）。

残留定义（适用于膳食摄入评估）

泛指农药及其代谢物、杂质以及 STMR 适用的降解产物。

衍生的可食产品

就《食品法典》而言，衍生的可食产品指的是食物，或者从初级食物商品或经过物

---

① Stephenson G. S.，Ferris，I. G.，Holland，P. T.，and Nordberg，M.，2006，Glossary of terms related to pesticides (IUPAC Recommendations 2006)，Pure & Appl. Chem. 78. 2075-2154.

理、生物或化学加工且不作为人类消费的初级农产品中分离出来的可食物质（JMPR，1979 年报告）。

理想的信息

指的是有益于化学品持续评估的适宜的资料。

再残留限量（EMRL）

指除直接或间接在商品上使用的农药或污染物之外，来自环境（包括在以前农作物中使用的）的农药残留或污染物。它由国际食品法典委员会推荐，在食品、农产品或动物饲料内部或表面法定允许存在或被认为可接受的最大残留浓度，以每千克商品所含农药残留或污染物的毫克数表示（《食品法典》卷 2A）。

良好农业规范（GAP）

指为有效地防控病虫害，在实际情况下出于必要并安全地使用经国家批准的农药。它包括不超过农药最高批准用量的施药量范围，以及尽可能达到最低残留量的施药方法。

由国家层面确定安全的批准用量，包括国家登记或推荐用量，要考虑到公共卫生、职业健康及环境安全。

实际情况包括食品和动物饲料的生产、储存、运输、销售和加工过程中的任一环节（国际食品法典委员会，2005）。

指导水平

指导水平是指在每日允许摄入量或临时每日允许摄入量没有评估的情况下，按照政府推荐或批准的农药使用方式可能产生的农药残留的最大浓度。按照良好操作使用农药，农药残留不能超过指导水平。以每千克商品所含农药残留的毫克数表示。（JMPR，1975 年报告）

最高残留量（HR）

指在 GAP 的最高设定条件下使用农药时，一种食物的可食部位混合样中的最高残留量（以 mg/kg 表示）。最高残留量是按照 GAP 最高设定条件进行的规范试验所得出的最高残留值（一个试验一个值）的估计数，包括 JMPR 规定用于估计膳食摄入量的残留成分。

最高残留量-加工产品（HR-P）

根据初级农产品的 HR 乘以相应的加工因子计算得到的加工产品的最高残留量。

国际每日摄入估计值（IEDI）

指假设商品可食部位含有残留的情况下，每人每日摄入食物的假定平均消费量和规范试验残留中值基础上的农药残留长期日摄入量的推测值，包括 JMPR 规定用以估计膳食摄入量的残留成分；因食物准备、烹饪或商业加工而引起的残留量的变化也包含在内；资料允许的情况下也应包括其他来源的残留的膳食摄入量。IEDI 以每人的残留毫克数表示（WHO，1997）。

国际短期摄入估计值（IESTI）

指假设商品可食部位含有残留的情况下，每人每日摄入食物的假定高消费量和规范试验最高残留基础上的农药残留短期摄入量的推测值，包括 JMPR 规定用于估计膳食摄入量的残留成分。IESTI 以每千克体重的残留毫克数表示。

检出限（LOD）

特定食品、农产品或动物饲料中可鉴别和定量的，且常规分析方法可接受的农药残留或污染物的最低浓度（《食品法典》卷 2A）。

定量限（LOQ）

分析物可被定量的最小浓度。在试验规定的条件下，试验样品可被检测到的，且精密度（重复性）和准确度可接受的分析物的最小浓度。

最大残留水平

指由 JMPR 估计的，按照良好农业规范施用后可能会出现在食品或饲料中的残留的最大浓度（以 mg/kg 表示）。JMPR 认为最大残留水平估计值适于制定法典最大残留限量。

最大残留限量（MRL）

指由国际食品法典委员会推荐、在食品和动物饲料内部或表面法定允许存在的最大农药残留浓度（以 mg/kg 表示）。最大残留限量根据良好农业规范数据确定；用符合有关最大残留限量的商品生产出来的食品，在毒理学上理应是可以接受的（《食品法典》卷 2A）。

多组分食品

就《食品法典》而言，多组分商品指的是含有一种以上主要成分的加工食品。

农药

指用于预防、消灭或控制在食品、农产品、木材和木制品及动物饲料的生产、加工、储存或销售过程中产生危害或妨碍的任何有害生物（包括人畜病媒、有害动植物物种等）的任一物质或几种物质的混合物，或可以用以防控动物体内、外昆虫纲、蛛形纲或其他有害生物的物质。本定义包括用作植物生长调节剂、落叶剂、干燥剂或疏果剂的物质和预防未熟落果的物质，以及产前或产后在作物上使用的避免产品在储运过程中发生腐坏的物质（CAC，1995）。

残留

指因使用农药而在食品、农产品或动物饲料中留存的任何规定物质。本定义包含农药的任何衍生物，如转化物、代谢物、反应物和被认为具有毒理学意义的杂质（《法典程序手册》，第18版）。“农药残留”一词包括来源不明或来源无法回避（如环境）的残留，以及已知的因使用化学品而产生的残留。

初级饲用产品

就《食品法典》而言，初级饲用产品指处于或接近于自然形态的产品，可以销售给畜牧业者，不需要加工或者仅需要简单加工即可作为饲料，也可以销售给动物饲料厂家作为复合饲料的初级材料（FAO/WHO，1993）。

初级食用产品

就《食品法典》而言，初级食用产品指处于或接近于自然形态、加工成食品出售给消费者或无需加工便可作为食物的产品，包括经过辐照的初级食用产品和去除植物某部位或某部分动物组织的产品（JMPR，1979年报告）。

加工因子

某种农药残留、商品和食品工艺的加工因子指加工品的残留量除以原材料（一般是初级农产品）的残留量。

加工食品（一般定义）

就《食品法典》而言，加工食品是指对“初级食品产品”进行物理、化学或生物加工后，直接销售给消费者或者直接用作工厂进一步深加工的产品。可以经过电离辐射、清洗或者相似处理的“初级食品产品”不算作加工食品（JMPR，1979年报告）。

临时每日允许摄入量

根据毒理学数据得到的数值。它指的是可能作为食品、饮用水或者环境污染物出现以前的农药产品的人类允许摄入量（JMPR，1994年报告）。

规范的分析方法

指与强制法规相结合的适当的农药残留确定方法（JMPR，1979年报告）。

要求信息

用来评估最大残留水平或确证临时估算值的必要信息（JMPR，1986年报告）。

次级食品产品

就《食品法典》而言，次级食品产品指的是经过简单加工、基本不改变产品组成或性质,例如去除某一部分、干燥、去壳和粉碎的初级食品产品。次级食品产品可以进一步深加工，或者用作工厂产品的主要成分，又或者直接销售给消费者（JMPR，1979年报告）。

单组分食品

就《食品法典》而言，单组分食品指的是仅含有一种主要食品成分的加工食品，它可能含有或不含有基质、也可能含有或不含有少量其他成分，例如调味香料、香辛料和作料，通常预包装、可以经过或不经过烹调食用（JMPR，1979 年报告）。

试验（用于评估最大残留水平）

用于评估最大残留水平的规范田间试验是科学的研究，农药根据规定的条件施用于作物或动物，能够反映商业标准。试验后收获的作物或者宰杀后的动物组织用于农药残留分析。通常规定条件指的是接近已有的或者建议的 GAP。

规范试验残留中值（STMR）

指按照 GAP 最高设定条件施药的情况下，某种食用产品的可食部位含有的预计残留量（以 mg/kg 表示），是根据 GAP 最高设定条件进行的规范试验中获得的残留值的中位数（1 次试验 1 个值）。

规范试验残留中值－加工品（STMR-P）

指加工品的预计残留量，以初级农产品的 STMR 乘以相应的加工因子所获得的结果，或直接从一系列加工试验中所获得的结果。

临时最大残留限量（TMRL）和临时最大再残留限量（TEMRL）

TMRL 和 TEMRL 指的是在特别、限定时期评估的 MRL 和 EMRL，按照下列其中一种条件推荐：

1. 由于对农药或者污染物的关注，JMPR 评估了临时每日允许摄入量。

2. 即便每日允许摄入量已经制定，但是 JMPR 用于评估 MRL 和 EMRL 的 GAP 信息不充分或者残留数据不够（《食品法典》卷 2A）。

附 录 Ⅲ

农药剂型国际通用代码

AB 谷粒毒饵
AE 气雾剂
AL 其他液体制剂
AP 其他粉剂
BB 饵块
BR 缓释剂
CB 浓饵剂
CF 种子处理微囊悬浮剂
CG 包囊颗粒剂
CL 触杀液剂或胶剂
CP 触杀粉剂
CS 微胶囊悬浮剂
DC 可分散液剂
DP 粉剂
DS 种子处理干粉剂
DT 片剂（直接使用）
EC 乳油
ED 静电喷雾液剂
EG 乳粒剂
EO 乳剂（油包水或油乳剂）
EP 乳粉剂
ES 种子处理乳剂
EW 乳剂（水包油或水乳剂）
FD 烟雾罐
FG 细粒剂
FK 烟雾烛
FP 烟雾筒
FR 烟雾棒
FS 种子处理浓悬浮剂
FT 烟雾片
FU 烟剂
FW 烟雾丸
GA 气体制剂
GB 饵粒
GE 气体发生剂
GF 种子处理胶状剂
GG 大粒剂
GL 乳胶剂
GP 漂浮粉剂
GR 颗粒剂
GS 脂膏
GW 水溶性胶剂
HN 热雾浓剂
KK 桶混剂（固/液）或固液合包剂
KL 桶混剂（液/液）或液液合包剂
KN 冷雾浓剂
KP 桶混剂（固/固）或固固合包剂
LA 涂膜剂
LN 长效蚊帐
LS 种子处理液剂
LV 液体蒸发剂
MC 盘蚊香
ME 微乳剂
MG 微粒剂
MV 蒸发垫片
OD 油分散剂
OF 可流动浓油剂（油悬浮剂）
OL 油剂
OP 油分散粉剂
PA 膏剂
PB 饵片
PC 浓胶剂
PO 喷洒剂
PR 棒剂

PS　种衣剂
RB　饵剂（待用）
SA　点撒剂
SB　饵渣
SC　浓悬浮剂（可流动浓剂）
SD　直接喷施浓悬浮剂
SE　悬乳剂
SG　水溶性粒剂
SL　可溶浓剂
SO　展膜油剂
SP　水溶性粉剂
SS　种子处理水溶性粉剂
ST　水溶性片剂
SU　超低容量（ULV）悬浮剂
TB　片剂
TC　原药
TK　母药
TP　追踪粉剂
UL　超低容量（ULV）液剂
VP　熏蒸剂
WG　水分散粒剂
WP　可湿性粉剂
WS　种子处理水分散性粉剂
WT　水分散性片剂
XX　其他剂型
ZC　CS 和 SC 的混合制剂或胶囊悬浮剂
ZE　CS 和 SE 的混合制剂或胶囊悬乳剂
ZW　CS 和 EW 的混合制剂或胶囊水乳剂

附　录　Ⅳ

食品法典农药残留委员会 MRL 周期评审程序

附　录

（ALINORM 97/24，附录Ⅲ）

周期评估也称为周期重新评估。这两个词是同义的。“周期评估方案”和“周期评估程序”，意义也相同。

周期评估程序，目的是确保支持法典 MRL 的数据符合现代标准。老化合物也需要提交完整的数据。建议确认、修改或删除现有的最高残留限量，或由新的数据引入新的 MRL。周期评估程序有两个不同的阶段，如下所述：

1. 第一阶段

确定周期审查的化学品，并征求提交资料的承诺

确定再评价候选化学品

CCPR 每年向 CAC 建议重新组建优先列表电子工作组，并延续其所进行的工作。电子工作组负责向 CCPR 提供供 JMPR 评价使用的食品法典优先列表，也就是说，供 JMPR 评价的建议将在 CCPR 会议上完成，并最终在同年的 CAC 大会委员会上通过。

当 JMPR 对优先的化学品进行周期再评价时，该委员会将考虑以下标准：

- 如果摄入和（或）毒性科学或技术资料显示存在对公共健康的关注；
- 15 年以上未审查毒理学数据和/或 15 年来对于最大残留限量没有再审查的化学品；
- 已被列入周期再评价的候选化学品但尚未安排进行评估的；
- 提交数据的日期；
- 是否有国家政府告知 CCPR 化学品对贸易产生了不良影响；
- 如果有一个与周期再评价密切相关的候选化学物质，可同时被评估；
- 有国家近期再评价的现行有效的标签；
- 提交的国家数据和提交理由；例如，出于 CCPR 的要求。

告知候选名单上的数据拥有者或其他相关方

在 CAC 两个月的内部会议中，电子工作组主席通过电子邮件将议题发给所有 CCPR 成员国和观察员，对以前编制的周期再评价时间表提出补充（注意到 15 年的规则）。

每届 CCPR 将确定下一年 JMPR 评估的农药优先列表。因此，法典农药优先列表的提名和评论，将适用于随后几年举行的 CCPR。

对优先级列表草案中化合物的提名和评论，截止日期是 11 月 30 日。然后，优先列表电子工作组主席按优先次序在当年的 12 月 21 日准备 CCPR 议程文件草案“建立法典农药优先列表”。

议程文件草案将被提交食品法典委员会秘书处，对从 1 月 1 日起至 3 月 1 日到期的意见，以通函的形式分发给所有成员国和观察员。

电子工作组主席按优先次序，将最后确定的 CCPR 议程文件，包括农药法典优先列表，提交给食品法典委员会秘书处。农药法典优先列表将包括四个附件：附件 1——农药法典优先列表，附件 2——周期再评估清单，附件 3——化学—商品组合对特定的 GAP 不再支持的清单，附件 4——与化学制品无关的和近期删除的最高残留限量清单。

继续支持（或新的）法典最大残留限量（CXLs）的承诺

提名周期性评估化合物的数据拥有者（或其他利益相关的当事人）后，政府和国际组织应问询数据拥有者提供数据进行该评估的意愿，并告知他们数据不予支持的影响。

应在接到通知的 6 个月内就提交数据的承诺提供一份书面答复，给：

- CCPR 主席
- 优先次序电子工作组主席
- JMPR 秘书处
- 数据要求者（政府或国际组织的代表）。应提供姓名、职务和地址。

在答复中应提供以下信息：

- 相关方希望支持的 CXLs 的所有商品清单；
- 他们愿意提供与残留数据相关的所有现行良好农业规范（GAP）的简要概述，例如，可以提供商品和国家的详细的 GAP 摘要和典型的标签；
- 他们愿意向 JMPR 提供（无论是否以前提供）的化学（残留、代谢，动物体内的转移、加工，分析样品的贮存稳定性和分析方法）、毒理学研究和其他数据的清单，以及完整的数据包。鼓励提供国家层面的化学品登记管理的意见。提交的数据应该可以通过研究或报告标题和编号，作者和日期可被识别。

注：数据应以纸质和电子两种形式提交。

重复通知和邀请

秘书处通过随同法典会议报告的通函重复通知和要求。收到通函后，各国政府和国际组织应立即重复他们的通知和邀请，以确保告之那些没有参加 CCPR 的利益相关方（他们可能没有收到会议报告或随附的通函）。有关方面只需要响应其中一项要求，但应该抄送“承诺继续支持（或新）法典最大残留限量”所列的所有收件人。

2. 第二阶段

数据承诺状态报告和 CCPR 的后续工作

数据承诺状况报告

优先列表电子工作组为 CCPR 提供了一个前期确定的化合物的数据提交状态的报告。这些信息被用来规划 JMPR 的评估或作出其他建议，例如撤销 CXLs。

对承诺数据的响应

如果没有承诺提供和确定或开发数据以支持当前的 CXLs，CCPR 将推荐在下届食品法典会议上撤销这些 CXLs。

如果承诺提供和确定或开发数据支持当前的 CXLs，MRL（s）将被列入 JMPR 再评审。JMPR 的再评审将导致下列情况之一：

（ⅰ）提交足够的数据确认并保留 CXL。

（ⅱ）提交足够的数据支持推荐新的 MRL，新 MRL 将进入步骤 3，同时现行 CXL 将在 4a 内自动删除。

如果没有足够的数据来支持新的 MRL 或确认现有的 CXL，FAO 联合秘书处将告之数据提交者，或者在发布的 JMPR 报告中进行说明。

如若被告知数据不足，数据提交者可在下一届 CCPR 上提交给 FAO 和 CCPR 秘书处书面声明，将生成并提交完整资料用于 4a 内数据再评价。对于不完整的数据（直接通知或体现在出版的 JMPR 报告中），CXL 可以保留不超过 4a。仅仅对于 JMPR 规划和完成已有新数据的评价确有必要，CCPR 才可以延长 4a 期限。

用于 JMPR 第二次再评价的新数据的程序和第二阶段的第一部分“如果承诺提供”程序是重复的：

（ⅰ）提交充分的数据以确认和保留 CXL。

（ⅱ）提交足够的数据支持推荐新的 MRL，新 MRL 将进入步骤 3，同时现行 CXL 将在 4a 内自动删除。

（ⅲ）如果没有足够的数据来支持新的 MRL 或确认现有的 CXL，CCPR 将建议删除 CXL。

（ⅳ）如果没有提交承诺的数据，或提交的数据对于周期性再评价是不够的，并且下一届 CCPR 没有承诺产生新数据，CCPR 将建议删除 CXL。

法典 MRLs 周期再评价程序概要

法典 MRL 由法典委员会批准。法典委员会可以基于 CCPR 的推荐决定删除某一法典限量。

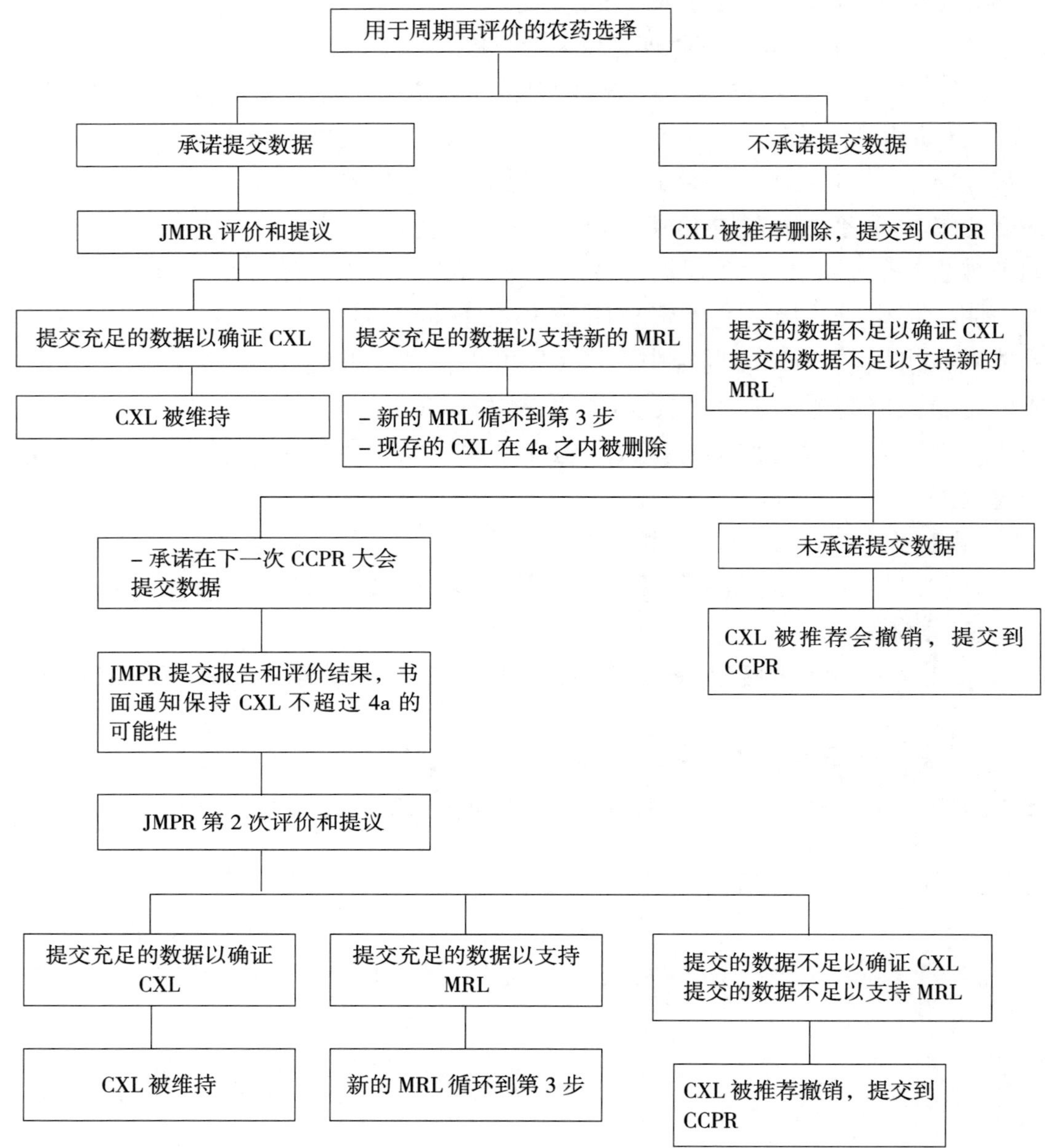

附　　录Ⅴ

规范田间试验的推荐采样方法

目录

1. 一般建议

对整个小区的全部产品进行分析，将获得所研究的农药残留行为的最准确信息。由于这是不可行的，必须选取代表性的样品。关注采样细节对获得有价值的样品是至关重要的。如果样品在分析前被正确的采集、运输和贮藏，则可得到有效的分析结果。

选择采样点和采样方法必须考虑整个试验小区影响残留分布的所有因素。对于任何给定小区，最好的方法是使用受过充分培训、能识别出重要和有效的残留数据并能够解释结果的人。

样品必须具有代表性，才能使得分析结果适用于整个试验。田间小区的植物样品数量较大时，样品更具代表性。然而，在经济和实际问题会影响大样品采样方案中样品的采集规模。经验表明，需要给予具有代表性的和有效性的最小的样品量建议。分析方法往往能检测小样本量中的微量农药，但是样品量通常不取决于分析方法。

采样方法

一般来说，应根据具体情况选择田间样本的采样部位：

- 随机的。例如：通过使用随机数
- 有计划的，例如：大田作物的对角线法（“X”或一个“S”路线）。
- 根据预定的采样位置，分层随机采样。例如：在果树树冠内部和外层，每一层都有充足的水果，即无论水果直接接触到喷雾或被枝叶遮盖，在每一层内的水果都有相等的被采样机会。

需考虑的要点是：

- 避免采集小区边沿的样品（喷雾开始和结束的部分）。
- 采样和装入袋中的样品有重量和数量的要求，在到达野外洁净的实验室或分析实验室前，不进行二次抽样。

- 作物样品的所有部分可被人类或牲畜食用。
- 作物的样品部分，通常构成商业商品，如附录V中所述的。
- 在适当的情况下，考虑商业化的收获习惯，反映了正常的“良好农业规范”（见本附录，“污染”）。

复样

正常情况下，每小区一个样本就足够了。额外样品是出于安全考虑以确保试验投资不被浪费，也就是防止样品可能在运输过程中的丢失或毁坏。

整个采样过程中应保持样品的完整性。

样品处理

- 注意在样品的处理、包装或准备期间，不要去掉表面的残留。
- 避免任何损坏或变坏的样品，它可能会影响样品的残留水平。
- 提供初级商品的代表性样本，可能必须将黏附在作物上的土壤去掉，如块根作物。这可以用刷子刷净，如有必要，用轻柔流动的冷水冲洗（见本附录，“鳞茎类蔬菜、块根类蔬菜、块茎类蔬菜”）。
- 处理前的小区为样品对照小区（见本附录，“污染”和“对照样品”部分）。

2. 污染

在采样、运输或后续操作期间，避免包括正在研究的农药或其他化学品的任何污染是至关重要的。因此，应特别注意如下事项：

- 确保采样工具和包装袋是干净的。为了避免污染，应使用尺寸合适且有足够强度的新包装袋和容器。包装袋或容器的材料应不会对分析造成干扰。
- 避免接触过农药的手和衣物对样品的污染。
- 不允许样品接触到运输或贮藏过农药的容器或设备（包括车辆）。
- 避免采集小区边缘的样品，因为残留的沉积可能不具有代表性。
- 当商业机械被用于收获时，应特别注意避免污染（见本附录，“谷类植物”、“种子”和“香草、香料、茶叶、啤酒花和啤酒”）。
- 避免作物和土壤样品的交叉污染。
- 采样应从对照到最低的处理和到最高的处理等等。

3. 对照样品

试验小区的对照样品与样品同等重要。对照样品的品质应该与试验样品类似，例如，成熟的水果，代表性的植物等。

必须采集对照样品。消解研究周期为14d，应从研究开始至结束采集充足的对照样品（见本附录，“消解研究的采样 ”）。

4. 消解试验和正常采收期的采样

样品的代表性和有效的采样方案对于消解试验和正常采收期采样可能是不同的。

消解研究的采样

第一次采样，可能发生在施药的当天。这些样本在施药后必须立即采集，或在喷雾施药的情况下，雾滴干燥后立即采样（约 2h）。

- 应特别小心，以避免污染。
- 采样是为得到平均大小或重量的有代表性的小区作物。

正常采收期采样

- 采样是为获得典型收获习惯下的代表性样品。
- 避免抽取已患病或矮小的作物部分或在此状态的商品，因为它们通常不会被收获。

具体采样程序

以下建议是指采样收获时正常成熟的作物，除非另有说明。作物分类包含在《食品法典》卷 2A 第 2 节中[①]。

水果和坚果

环绕每棵树或灌木，从树或植物的所有部分，高和低、树叶外部和内部选择水果。同排生长的小水果，应从两侧选择，但不能在每行末端 1m 内选择水果。

- 选择水果的数量取决于果树或植物上水果的密度，即取更浓密部分。
- 一般情况下，大的和小的果实都要采，但不采集很小的或损坏的水果，因为它们通常不能被出售（只有残留消解研究需要采集不成熟的样品）。
- 果汁、苹果酒和葡萄酒的采样要反映普遍的采集习惯。

表Ⅴ.1 水果采样

<table>
<tr><th>商 品</th><th>法典编号</th><th>数量及采样方法</th></tr>
<tr><td>柑橘类水果，如橙、柠檬、柑橘、柚子、葡萄柚、克莱门氏小柑橘、橘柚、橘子</td><td>组 001</td><td rowspan="4">12 个果实，来自 4 棵树上的不同部位（如果样品的重量不到 2kg，应采集更多的果实直到 2kg 的样品）</td></tr>
<tr><td>仁果类水果，例如苹果、梨、榅桲、欧渣果</td><td>组 002</td></tr>
<tr><td>大核果类水果，如杏、油桃、桃子、李子</td><td>组 003</td></tr>
<tr><td>其他类水果，例如鳄梨、番石榴、芒果、番木瓜、石榴、柿子、猕猴桃、荔枝</td><td>组 006</td></tr>
<tr><td>小核果类水果，例如樱桃</td><td>组 003</td><td>1kg 来自 4 棵树上的不同部位</td></tr>
<tr><td>葡萄</td><td>FB 0269</td><td>12 串，或 12 串的部分，从不同的葡萄藤蔓采集至少 1kg</td></tr>
<tr><td>黑醋栗、覆盆子和其他小浆果</td><td>组 004</td><td>1kg，从 12 个分开的区域或灌木丛采集</td></tr>
<tr><td>草莓、醋栗</td><td>FB 0275
FB 0276
FB 0268</td><td>1kg 从 12 个不同的区域或灌木丛采集</td></tr>
<tr><td>其他类小水果，如橄榄、枣、无花果</td><td>组 005</td><td>1kg，来自 4 棵树的不同部位</td></tr>
</table>

① FAO/WHO，1993 年，《法典食品和动物饲料分类》第 2 版，第 2 卷。

（续）

商　品	法典编号	数量及采样方法
菠萝	FI　0353	12 个果实
香蕉	FI　0327	24 个果实。每个顶部采集 2 个，中部和最低部摘成熟的 4 串
坚果，例如核桃、栗子、杏仁	组　022	1kg
椰子	TN　0655	12 个坚果
果汁，葡萄酒、苹果汁	组　070	1kg

蔬菜

鳞茎类蔬菜、块根类蔬菜、块茎类蔬菜：

● 从整个小区采集样品，不包括小区边缘 1m 内和行结束处。采样点的数量取决于作物的样本大小（见下文）。

● 提供初级商品的代表性样本，去除黏附的土壤。可以用刷子，如有必要用温和、流动的冷水冲洗。

● 根据当地生产习惯剪掉顶部。任何修剪的细节应该被记录下来。凡不作为动物饲料使用的顶部（胡萝卜、土豆）应丢弃；否则，如萝卜、甜菜，应将它们分开包装。

表Ⅴ.2　鳞茎、块根和块茎类蔬菜采样

商　品	法典编号	数量及采样方法
饲料甜菜 甜菜	AM 1051 VR 0596	12 个植物体
马铃薯	VR 0589	12 个块茎［样品应至少有 2kg 重（必要时），采集较大的数量产生 2kg 的样品］
其他块根作物，如胡萝卜、红甜菜、菊芋、甘薯、芹菜、芜菁、芜菁甘蓝、欧洲防风、山葵、婆罗门参、菊苣、萝卜、鸦葱	组 016	12 个块根［样品应至少有 2kg 重（必要时），采集较大的数量产生 2kg 的样品］
韭菜 鳞茎洋葱	VA 0384 VA 0385	12 个植物体
葱	VA 0389	24 个植物体［样品应至少有 2kg 重（必要时），采集较大的数量产生 2kg 的样品］
大蒜 青葱	VA 0381 VA 0388	12 个鳞茎植物体［样品应至少有 2kg 重（必要时），采集较大的数量产生 2kg 的样品］

芸薹属类蔬菜、叶菜类蔬菜、茎和秆类蔬菜、豆类蔬菜和果类蔬菜：

- 从整个小区采样，距边缘 1m 和行结束处除外。采样点的数量取决于作物样本的大小（见下文）。
- 被叶片遮挡未接触或部分暴露于叶面喷雾的作物样本，如豌豆或豆类。
- 提供初级商品的代表性样本，去除黏附的土壤。可用刷子，如有必要使用温和的、流动的冷水冲洗。
- 对于除了去除明显腐烂或枯萎的叶子外不需修剪。任何修剪的细节应该被记录下来。

采样的数量见表Ⅴ.3 。

谷类植物：

- 如果小区面积小，采集整个小区样品。
- 如果小区的面积大，但不使用机械收获，在整个小区中应选择不小于12行，剪（割）取地面以上15cm并将谷物和茎秆分开。
- 注意避免用机械方法剪切作物时所带来的污染。操作最好在实验室中进行。
- 如果采用机械收获，应在整个小区等间隔采收不少于12个样品。
- 不要取小区边缘1m内的样品。

采样的数量见表Ⅴ.4。

牧草，饲料和动物饲料：

- 在整个小区用大剪刀剪取正常收获高度（通常为地面以上5cm）、均匀分布且不少于12点，应距小区边缘1m。
- 纪录切割的高度和避免土壤污染。
- 机械收获的，可从被收获的作物中进行采样。

采样的数量见表Ⅴ.5。

甘蔗（食品法典编号GS 0659）：

选择整个小区的12个点取整株甘蔗并截短，例如20cm，由于农药可能在甘蔗汁中发生快速变化，小心是必要的，如有必要，应榨取1L样品的果汁并立即冻结，然后用金属容器运输。

表Ⅴ.3 其他蔬菜的采样

商　　品	法典编号	数量及采样方法
大芸薹属作物，如甘蓝、花椰菜、大头菜	组 010	12个植物体
花椰菜	VB 0400	1kg，来自12个植物体
球芽甘蓝	VB 0402	1kg，来自12个植物体。每个植物体至少取不相邻的两份进行混合
黄瓜	VC 0424	12个果实，来自12个不同的植物体的果实
腌食用小黄瓜、西葫芦、南瓜	组 011	12个果实，来自12个植物体［样品应至少有2kg重（必要时），采集较大的数量产生出2kg的样品］
甜瓜、葫芦、南瓜、西瓜	组 011	12个果实，来自12个不同的植物体
茄子	VO 0440	12个果实，来自12个不同的植物体
甜玉米	VO 0447	12穗［样品应至少有2kg重（必要时），采集较大的数量产生出2kg的样品］
蘑菇	VO 0450	12件［样品应至少0.5kg重（必要时），采集较大的数量生产出0.5kg的样品］
番茄 辣椒	VO 0448 VO 0051	小果品种24个，大果品种12个。样品应来自12株不同的植物体［样品应至少2kg重（必要时），采集较大的数量生产出2kg的样品］

（续）

商　　品	法典编号	数量及采样方法
菊苣	VL 0476	12 个植物体
莴苣	VL 0482，VL 0483	12 个植物体
菠菜 菊苣叶	VL 0502 VL 0469	1kg，来自 12 个植物体
羽衣甘蓝	VL 0480	2kg，来自 12 个 植物样品，每个样品来自植物体不相邻的两份混合体
小叶沙拉作物，如水芹、蒲公英、玉米沙拉	组 013	0.5kg，来自 12 个植物体（或小区中的区域）
豌豆、菜豆豆类，如法国豆、豌豆、菜豆	组 014	1kg（新鲜绿色或干种子）
豆类植物，如干蚕豆、蚕豆、小扁豆、大豆	组 015	1kg
芹菜	VS 0624	12 个植物体
芦笋 大黄	VS 0621 VS 0627	12 个，来自 12 个不同的植物体［样品应至少为 2kg 重（必要时），采集较大的数量产生 2kg 的样品］
朝鲜蓟	VS 0620	12 头
饲料作物	组 050，051，052	2kg，来自小区中 12 个不同的区域（作物使用机械收获时，可通过收获的作物进行采样）
油籽，例如油菜籽、芥菜籽、罂粟籽	组 023	

注：(a) 消解研究期间，样品处于不成熟的阶段。

表Ⅴ.4　谷物采样

商　　品	法典编号	数量及采样方法
粮谷，如小麦、大麦、燕麦、黑麦、黑小麦和其他小粮谷、玉米（带轴）、稻米、高粱	组 020	1kg
上述作物的秆	组 051	0.5kg
玉米秸秆，饲料和草料（成熟的植物，但不包括穗轴）	AF 0645 （草料、饲料）	12 株植物［各切分成三个相等的长度（带叶），从 1 至 4 取茎秆顶部部分，从 5 至 8 取中间部分，从样品 9 至 12 取底部部分，从而保证样品中包含所有的 12 个部分的茎秆］
青贮玉米	组 051	12 个植物体（按上述方法剪切，采样，适当保留茎秆部分上现有的玉米轴）。
玉米穗轴	组 051	12 穗［样品应至少有 2kg 重（必要时），采集较大的数量确保得到 2kg 的样品］

表Ⅴ.5　饲料作物和动物饲料采样

商　　品	法典编号	数量及采样方法
青饲料或青贮饲料作物，苜蓿、三叶草、豌豆及豆类饲料，野豌豆、红豆草、莲花、大豆饲料和草料，黑麦牧草，饲料谷物，高粱饲料	组 050、051	1kg
上述作物的干草	组 050、051	0.5kg

种子

采样方法与谷物一致，同一小区采集至少 12 个点的成熟种子样品。手动采集样品时，通常种子应带壳送到实验室。使用机械采收时，只提供种子。

棉籽（法典编号 SO 0691）：

- 选择棉花正常的收获阶段采集。取 1kg，带或不带纤维。

花生（法典编号 SO 0697）：

- 在正常的收获阶段采集。取 1kg。

芝麻籽、油菜籽（法典编号 SO 0700、0495 ）：

- 在成熟及通常的收获期，采集带荚的样品 1kg。

葵花籽、红花籽（法典编号 SO 0702、0699 ）：

- 采样通常选择成熟的头靠手工完成。通过机械脱粒后提交籽粒到实验室。取 12 头或 1kg 籽。

咖啡和可可豆（法典编号 SB 0716、0715）：

- 采样在某种程度上反映了习惯的做法，数量 1kg。
- 一般不需要刚收获的农产品。

香草和香料、茶叶、啤酒花、啤酒：

- 采样在某种程度上反映了习惯的做法。
- 通常不需要刚收获的新鲜茶叶，然而，香草如欧芹和细香葱，采样应该是新鲜的。啤酒花在这种情况下，应同时提供新鲜和干燥的样品。

表Ⅴ.6 香草、香料、茶叶、啤酒花和啤酒采样

商 品	法典编号	数量及采样方法
观赏和药用植物，如欧芹、百里香	组 027 组 028 组 057	0.5kg，新鲜的 0.2kg，干的
茶（干叶）	组 066	0.2kg
啤酒花（干果）	DH 1100	0.5kg
啤酒		1L

5. 动物组织、牛奶和鸡蛋采样

对于农场饲养动物开展的研究，是为了量化肉、奶、蛋及食用肉的副产品中的农药残留水平，如脂肪、肝、肾。

设计采样方案时应考虑到特定目标的研究。最小样品质量的采集见表Ⅴ.7（来自《OECD 化学品测试指南》，505：家畜中的残留物）。

表Ⅴ.7　反刍动物采样

样品材料	采样方法	分析样品准备	重量/单位（均质）实验室样品
肉	收集约等份的腰部、肋或后肢腿（圆形片）肌肉	先粗切碎后，放入绞肉机，然后小心混合	0.5kg
脂肪	收集约等量的皮下隔膜和肾周脂肪	先粗切碎后，放入绞肉机，然后小心混合	0.5kg
肝	收集整个器官或具代表性的部位，例如器官的横截面	先粗切碎后，放入绞肉机，然后小心混合	0.4kg
肾	二次取的样品来自两个肾	将软组织放入绞肉机，然后小心混合	0.2kg
原牛奶	分别从每个动物的奶收集		0.5L

a. 对于脂溶性化合物，应单独分析反刍动物的肾周，隔膜和皮下脂肪，而不是作为一个复合样。

b. 对于脂溶性化合物，乳脂肪中的残留物在给药结束后需要测定，高剂量的除外。脂肪应通过物理手段从奶中分离出来，而不是通过化学溶剂萃取，因为用溶剂萃取时，残留物将来自水相和脂相。以这种方式，获得的奶油（包含 40%～60 %的脂肪）不是 100%的牛奶脂肪；也应报告奶油的脂肪含量。给药结束，经过一个平衡阶段后，建议在距最后一次给药 4 个时间间隔上采样。

动物的不同组织不应该被合并或合并采样。

表Ⅴ.8　家禽采样

样品材料	采样方法	分析样品准备	重量/单位（均质）实验室样品
肉	采集约等份件腿和胸脯	从 3 只母鸡获取嫩的肉片，放入绞肉机，小心地混合	0.5kg
皮与脂肪	至少采集 3 只母鸡的所有腹部的脂肪	切碎 3 只母鸡的脂肪	0.05kg
肝	采集整个器官	切碎 3 只母鸡的肝脏	0.05kg
鸡蛋		清理干净蛋壳，打破来自 3 只母鸡的鸡蛋，合并蛋白和蛋黄，丢弃蛋壳，少数化学品需将蛋黄和蛋清分开进行分析	3 个单位

a. 家禽皮肤上使用的，对皮肤也应该进行分析。

b. 结合的样品材料的先决条件是，每个剂量组至少 3 个样本可用（即，涉及至少 9 个动物个体）。

c. 可以在样品运送到分析实验室之前或之后进行制备。鸡蛋加入溶剂均质化后进行分析。

d. 对于鸡蛋的分析应将蛋黄和蛋清合并成一个样品，对于脂溶性残留物，残留物沉积到蛋黄和蛋白的部分可以进行一些分析，以确定残留物在鸡蛋不同部分之间的分配。蛋黄和蛋白中的残留水平可被分开分析，提供的每一个权重是已知的，因此，基于建立 MRL 整个鸡蛋的残留物能够被计算出来。蛋黄和蛋白在贮藏之前需要分开。

表Ⅴ.9　猪

样品材料	采样方法	分析样品准备	重量/单位（均质）实验室样品
肉	采集约等份的腰部、肋或后肢腿（圆块）肌肉	先粗切碎后，放入绞肉机，然后小心地混合	0.5kg
脂肪	采集约等量的，皮下、隔膜和肾周脂肪	先粗切碎后，放入绞肉机，然后小心地混合	0.5kg

（续）

样品材料	采样方法	分析样品准备	重量/单位（均质）实验室样品
肝	采集整个器官或具代表性部分	先粗切碎后，放入绞肉机，然后小心地混合	0.4kg
肾	二次采样的样本来自两个肾脏	将浸软组织放入绞肉机，然后小心地混合	0.2kg
皮肤	采集约等份的背部、肋和腹部	先粗切碎后，放入绞肉机，然后小心地混合	0.5kg

a. 在猪的皮肤上使用，皮肤也应该进行分析。

b. 对于脂溶性化合物，应单独分析反刍动物的肾周、隔膜和皮下脂肪，而不是作为一个复合样品。

6. 加工商品采样

商品在收获后和销售前通常要进行处理，例如磨粉、压榨、发酵、干燥或提取，需要提供加工作物或其产品的数据。应提供详细的加工方法，及样品贮藏和处理的历史信息。在这种情况下，试验设计应能够提供相称的残留水平，便于研究加工过程中残留物的归趋。样品分别清洗，外壳和副产品或可用于动物饲料。食品法典委员会推荐的采样方法中所描述的样品的最小量应尽可能符合实际需要。

7. 贮藏商品采样

收获后处理的贮藏产品的监测试验需要覆盖很宽范围的仓贮设施，同时如要获得有效的样品需要慎重选择采样技术。在贮藏单元多数商品的有效样品采集程序已被确立。这种采样程序对于农药残留分析是可接受的，并且有足够的参考数据可以使用。

采样程序通常按照以下 3 种贮藏条件设计。

批量采样

从一个（大）体积容器取得有代表性的样本如谷物，是很困难的。如有可能，应在样品转移过程中取样。

一个抽采样品不具有代表性，但可能是可以接受的，如果：

- 它是有可能达到存贮容器的每一个部分。
- 较大数量的个体样品在采样前被混合和缩分来产生最终的样本。

农药残留物通常在粉状部位较高，这点应在采样程序中确认。

袋装商品采样

袋装商品采样必须是随机的。从一大堆袋子获得有代表性的样品需要在每一个袋子中取样，但这在实际操作中通常不可能做到。另一种方法是随机选择袋子。由于农药的处理往往是直接用到袋的表面，选择性采样需要能够显示堆的不同位置和农药渗透入袋的关系。

包装厂中水果和蔬菜采样

收获后的水果和蔬菜在包装厂中进行处理，必须采集足够数量的样本，以检测加工处理后残留水平结果的变化范围。影响农残水平的因素可能包括：温度、持续处理时间、干燥（浸渍处理后）和后续处理。

根据通常的商业惯例，收获后处理的水果和蔬菜被存放或包装在商业容器中，在环境温度下或冷藏室中保存，然后进行分析得出处理和市场销售的适当时间间隔。

商品中一些残留物的消解或消解速率，依赖于盛装商品的容器是密封的还是部分密封的，或是敞开在空气中的。

表Ⅴ.1～表Ⅴ.3 给出了采样大小的建议。

8. 样品缩分

大样品的处理不是很经济，尤其是冻结和参与长途运输的样品。采样研究计划中样品最小量要求在表 5.1～5.9 中。

除传送带上的粮谷，从一个大的容器中流动转移到另一个容器之外，样品的混合和样品量的缩分不推荐在现场进行且应加以避免。

9. 样品包装和贮藏

样品一旦被包装和标记，根据其性质可能被贮藏或立即发送到残留实验室。应考虑到残留物的稳定性和进行研究的类型选择运送模式（例如深度冷冻或在室温下）。

重要的是样品取样后要尽快送达实验室（通常在 24～36h 内），避免样品任何形式的变化，例如变质、物理损伤、污染、残留物损失或含水量的变化。

贮藏和运输应始终在深度冷冻的条件下。

包装

容器

个体样品应放置在合适的容器中，如厚实的聚乙烯袋，然后再放入厚实的纸袋里，必要时，采样后根据化学品的性质尽快冷冻或冷藏。聚乙烯袋接触干冰或会变脆，因此，有破损和样品丢失风险。

避免其他塑料容器或塑料衬里盖，除非用特氟隆或其他惰性塑料制成的，它们不会造成对分析方法的干扰（实验室经常遇到这样的干扰），并应避免使用 PVC 袋。如果使用金属容器，应首先检查，看是否存在来自接头焊接的油膜、漆或树脂等能对分析造成干扰的物质。

玻璃容器适用于液体样品，使用前应使用一种或多种不含农药的溶剂如丙酮、异丙醇或己烷进行彻底清洗并干燥。农药可能黏附到容器壁上，因此，盛过样品的玻璃容器，如果不同时是提取容器的话，应该用溶剂冲洗。

总之，任何类型的容器或包装材料，在使用之前应检查是否对分析方法和方法的定量限造成干扰。

用结实的绳子或带子将箱子安全地固定。

送样

含有残留物且不易腐烂的商品，非冷冻状态下送达实验室是稳定的，但应防止消解和污染对样品造成的任何影响。

凡需要冷冻的样品，如果可能，应使用聚苯乙烯泡沫容器装运。如果没有，可使用两个尺寸大小略有不同且互相可绝缘的纸箱。正确的绝缘是必要的，以确保样品到达残留实验室时仍然处于冻结状态。残留实验室接收样品后，部分样品的保存需要足够的干冰。通常要求 1kg 样品至少需 1kg 干冰。而样品运输行程要持续 2d 以上的，1kg 样品需用 2kg 以上干冰。绝缘不良的容器需要更多的干冰。请小心处理干冰（戴手套和工作区通风）。包装必须符合运输法规。

在运输前或运输过程中，绝不允许解冻冷冻样品。它们必须在冷冻的条件下运输，在样品到达残留实验室时，应仍处于冻结的状态。

应当通过传真或电子邮件将样品运输的详细信息告知收货人，包括运输证明文件号码和航班号，因此，应避免延迟交付样品给实验室。

当样品必须跨越国界运输时，必须遵守检疫法规并取得相应的许可证，提前做好样品的速递准备工作。

标签和记录

每个样品的标签可以对相对应的样品标识。在标签变湿时，标签及签字应该不会变得难以辨认。将标签贴牢，确保不会在运输过程中丢失，贴标签位置应考虑不会被滴液弄湿。

清晰、准确、完整的采样报告（残留数据表）要求所有的试验细节。否则数据可能不被接受。完整的工作表应小心保护，将其装入聚乙烯袋与样品一起发送。工作表的副本应在发件人处保留。

运输容器外面所贴标签上的说明如下：“易腐货物：立即投递即时到达”和“这种物质不适合人类食用”。

样品接收和处理

样品突然抵达，实验室工作人员应做到：

- 验证采样报告副本包括样品。
- 检查并记录样本的状况。
- 查看与样品对应的采样报告的细节。
- 检查采样报告的准确性（特别是速度和时间间隔数据），并验证这些信息是完整的。
- 检查采样报告，确定是否需要特殊处理或试验。

如果某项结果有偏差，或没有提供采样报告，又或采样报告是不完整的（在这种情况下，不能进行适当的比较），样品应当以能够保护残留物和作物的最简单的形式贮藏。并应立即联系试验组织者确定下一步工作。

注：把装有干冰的包装箱放入深度冷冻箱中是危险的。

存贮器

样品采集后，应在其物理和化学性质发生变化之前尽快分析。如果必须长期贮藏，最好将样品贮藏在低于－20℃的温度下。这样避免残留物可能与酶接触而产生消解，也进一步避免了残留物与基质组织的进一步结合。如果经过充分检查确定残留物稳定性，那么分析样品（全部或均质化的）可以不冷藏。需要特别注意，如果是熏蒸剂残留样品，最好在实验室收到样品后立即进行分析。因为−20℃的贮藏条件对于防止熏蒸剂残留的丢失可能是不够的。

应选择有代表性的农药和基质，在一定温度和时间范围内进行残留稳定性研究。当对残留物的贮藏稳定性有疑问时，添加了农药标准品的控制样品应与样品或提取物保持同等的条件。

一些农药遇光分解，因此建议避免样品和溶液或提取液暴露在光线下。除了液体样品以外，通常应被保存在冷冻库中，最好在−20℃以下。即使是这样，样品的物理和化学性质或残留物仍可能会发生变化。在冷冻箱中的长时间贮藏可以使水分迁移到样品的表面，而样品冷冻卷曲，并慢慢的干燥。如果水的含量会影响随后的分析，并影响计算出的残留物的浓度，那么这种效应是很重要的。液体样本应贮藏于略高于结冰点的条件下，以避免因冷冻造成容器破裂。

附　录　Ⅵ

法典农药最大残留限量适用和分析的产品部位

介绍

在法典中，大多数情况下，最大残留限量针对的是一个特定的在国际贸易中流通的整个初级农产品。个别情况，最大残留限量是针对初级农产品中的一部分，需特殊说明，例如无壳的杏仁、不带荚的豆。其他情况不提供这样的说明。除非另有说明，下表描述了初级农产品的MRL适用的部位和准备用于农药残留分析检测的样品。

商品分类	法典最大残留限量所指商品的部位（分析部位）
第1组　根和块茎类蔬菜 （法典分类[①]组016：根和块茎类蔬菜）	
根和块茎类蔬菜是淀粉类食物，源自膨大的实根、块茎、球茎或根茎，大多是不同种类植物的地下部分。整个蔬菜能被消费	
根和块茎类蔬菜： 甜菜、胡萝卜、芹菜、欧洲防风、马铃薯、萝卜、芜菁甘蓝、甜菜、甘薯、芜菁、山药	去除顶部后的整个商品。用流动的冷水冲洗，用软刷轻轻地清除松散土和杂物，如果有必要，用干净的纸巾轻轻地将水吸干。如胡萝卜，干燥后用刀小心地将最低部附属的叶柄切割掉。如果根部被削去很多，应该将削去的部分再取回与剩余的块根一起分析
第2组　鳞茎类蔬菜 （法典分类　组009：鳞茎类蔬菜）	
鳞茎类蔬菜是刺鼻的、有香味的食物。得自肉质规模的鳞茎或嫩芽的百合科葱属植物。除去最外层的薄皮后产品的全部都可以食用	除去黏附的土壤（例如，通过自来水冲洗或用软刷轻刷干燥商品）
鳞茎类蔬菜： 大蒜、韭菜、洋葱、葱	球茎，干葱和蒜： 整个商品，去除根和容易脱离的薄皮 韭菜和葱： 去除根和黏附的土壤后的整个蔬菜
第3组　叶菜类蔬菜（不包括芸薹类蔬菜） [不符合法典分类组013：叶菜类蔬菜（包括甘蓝型油菜）]	
叶菜类蔬菜（第4组中的蔬菜除外）是来自品种繁多的可食用的植物，包括第1组叶菜类蔬菜。整个叶能被食用。叶类芸薹属蔬菜单独分在一组	
叶菜类蔬菜： 甜菜叶、玉米沙拉、莴苣、生菜、萝卜叶、菠菜、瑞士甜菜	去除明显腐烂或枯萎叶子后的整个商品
第4组　芸薹属（油菜）叶菜类蔬菜 （不符合法典分类　组010：芸薹属蔬菜）	

① 部分农产品的数量和种类并不总能与当前使用的《法典食品和动物饲料分类》相一致。括号中提供相应的组。

（续）

商品分类	法典最大残留限量所指商品的部位（分析部位）
芸薹属（油菜）叶菜类蔬菜是来源植物的叶、茎及嫩芽。整个蔬菜能被食用。	
芸薹属叶类蔬菜： 花椰菜、球茎甘蓝、甘蓝、大白菜、嫩叶甘蓝、花椰菜、羽衣甘蓝、大头菜、芥菜	去除黏附的土壤和明显腐烂或枯萎的叶子后的整个商品。花椰菜和青花菜分析头花和茎，丢弃叶；球芽甘蓝分析结球部分
第 5 组　茎类蔬菜 （法典分类 017：茎和柄类蔬菜）	
茎类蔬菜是可食的来源于多种植物的茎和嫩枝	
茎类蔬菜： 朝鲜蓟、芹菜、菊苣、大黄	除去明显腐烂或枯萎的叶子后的整个商品 大黄和芦笋：仅分析茎 芹菜、芦笋：去除黏附的土壤（例如，用流动的水冲洗或轻轻刷干的商品）
第 6 组　豆类蔬菜 （法典分类　组 014：豆类蔬菜　组 015 ：豆类植物）	
豆类蔬菜来自干燥或多汁的种子和未成熟的豆荚或豆类植物，俗称豆和豌豆。多汁的形式，例如豆荚或去壳的产品可食用。豆类饲料分在 18 组	
豆类蔬菜： 豆、蚕豆、豇豆、四季豆、青豆、菜豆、利马豆、罐头菜豆、红花菜豆、豆角、大豆、豌豆、糖豌豆	整个商品
第 7 组　果菜类蔬菜——皮可食 （法典分类　组 011：果菜类蔬菜，葫芦科类；组 012：除葫芦科之外的果菜类蔬菜）	
茄果菜类蔬菜——皮可食　是来自不成熟或成熟果实的各种植物，通常为一年生藤蔓或灌木。整个果类蔬菜可食	
果菜类蔬菜——食用果皮： 黄瓜、茄子、腌食用小黄瓜、秋葵、辣椒、西葫芦、番茄、蘑菇①	去除茎后的整个商品
第 8 组　茄果类蔬菜——皮不可食 （法典分类组 011：果菜类蔬菜，葫芦科类）	
茄果类蔬菜——皮不可食　来自不成熟或成熟果实的各种植物，通常为一年生藤蔓或灌木。整个果类蔬菜可食，食用前去掉皮或外壳	
茄果类蔬菜——皮不可食： 香瓜、甜瓜、南瓜、西葫芦、西瓜、冬瓜	去除茎后的整个商品
第 9 组　柑橘类水果 （法典分类　组 001：柑橘类水果）	
柑橘类水果产自于芸香科类树木，且具有皮可分离出芳香油的特点，球状和内部充满果汁泡。在生长季节的水果完全接触农药。果肉多汁可食，像饮料一样。整个水果可做果酱	

① 原始文献的商品列表里没有蘑菇。

（续）

商品分类	法典最大残留限量所指商品的部位（分析部位）
柑橘类水果： 甜橙、柠檬、中国柑橘	整个商品
第 10 组　仁果类水果 （法典分类　组 002：仁果类水果）	
仁果类水果产自于梨属的蔷薇科树木。它们的特点是肉质周围组织组成的核心中的羊皮纸类似物心皮包围种子。整个水果，除了核心，具多汁的肉质或加工后可食用	
仁果类水果： 苹果、梨、木瓜、温柏	去除茎后的整个商品
第 11 组　核果类水果 （法典分类　组 003：核果类水果）	
核果类水果产自于蔷薇科梨属树木，其特点是肉质组织包裹着一个硬壳种子。整个水果除种子外，其多汁的果肉或加工后可食用。	
核果类水果： 杏、樱桃、酸樱桃、甜樱桃、油桃、桃子、李	去除茎和核后的整个商品，计算整个商品的残留量时不包含茎
第 12 组　小粒水果和浆果 （法典分类　组 004：浆果及其他小粒水果）	
来自各种植物小粒水果和浆果，其特征在于果实表皮重量比高。整个水果通常包括种子，其肉质体或加工品可食。	
小粒水果和浆果： 黑莓、蓝莓、波森莓、蔓越莓、黑醋栗、悬钩子果实、醋栗、葡萄、杨梅、树莓、草莓	去除柄叶和茎后的整个商品。黑醋栗包括茎
第 13 组　热带水果——皮可食 （法典分类　组 005：热带和亚热带水果——皮可食）	
热带水果——皮可食　是来自不成熟或成熟的各种植物的果实，这些植物通常是热带或亚热带地区的灌木或乔木。整个果实的肉质体或加工品可食。	
热带水果——皮可食： 枣、无花果、橄榄	枣和橄榄：去除茎和核后的整个商品，但计算残留量代表整个商品 无花果：整个商品
第 14 组　热带水果——皮不可食 （法典分类　组 006 ：热带和亚热带水果——皮不可食）	
热带水果——皮不可食　来自不成熟或成熟果实的不同种类的植物，这些植物通常是热带或亚热带地区的灌木或乔木。可食部分在果皮或果壳的里面。新鲜水果或加工品可食。	
热带水果——皮不可食： 鳄梨、香蕉、番石榴、猕猴桃、芒果、番木瓜、百香果、菠萝	整个商品除非有说明 菠萝：去除叶冠 鳄梨和芒果：去除核，但计算结果表示整商品 香蕉：去除冠和茎后的整个商品

（续）

商品分类	法典最大残留限量所指商品的部位（分析部位）
第 15 组　谷物 （法典分类　组 020：谷物）	
种子富含淀粉的谷物，主要是禾本科的各种植物（禾本科）。食用前去除外壳。	
谷物： 大麦、玉米、燕麦、稻米、黑麦、高粱、甜玉米、小麦	整个商品 新鲜的玉米和甜玉：玉米粒及玉米穗轴，不包括外皮
第 16 组　茎秆作物 （法典分类　组 051：稻草、饲料和饲料用谷物及禾本科植物）	
茎秆作物包含各类植物，大部分为禾本科植物，广泛用于动物饲料和生产糖。茎和秆用于多汁的动物饲料、青贮饲料，或干饲料、干草。被加工的糖料作物。	
茎秆作物： 大麦饲料和稻草、草饲料、饲料玉米、饲料高粱	整个商品
第 17 组　豆科植物油籽 （法典分类　群组部分 023 ：坚果和籽）	
豆科植物油籽是用于加工可食用菜油或直接用作人类的食物	
豆科植物油籽： 花生	去除壳后的整个核心
第 18 组　豆科动物饲料 （法典分类　组 050：豆科动物饲料）	
豆科动物饲料是用于动物饲料的牧草、饲料、干草或青贮带或不带种子的豆科植物的不同品种。豆科动物饲料是指可食的多汁饲料或干饲料或干草	
豆科动物饲料： 紫花苜蓿饲料、豆类饲料、苜蓿饲料、饲料花生、豌豆饲料、大豆饲料	整个商品
第 19 组　坚果 （法典分类　组 022：坚果）	
坚果是各种树木和灌木的坚硬的种子，油籽的外壳不能食用。坚果的可食部分是多汁、或干的或加工品	
坚果： 杏仁、栗子、榛子、澳洲坚果、胡桃、核桃	去除壳后的整个商品 栗子：包含肉外的薄皮
第 20 组　油籽 （法典分类　组 23：坚果和种子）	
油籽来自于用于生产可食用菜油的各种植物。一些重要的蔬菜油籽是纤维或果树的副产物	
油籽： 棉籽、亚麻籽、油菜籽、红花籽、葵花籽	整个商品
第 21 组　热带种子 （法典分类　组 024：种子饮料和糖果）	
热带种子是由热带和亚热带乔木和灌木主要用于生产饮料和糖果的种子组成。热带种子加工后可食用	

（续）

商品分类	法典最大残留限量所指商品的部位（分析部位）
热带种子： 可可豆、咖啡豆	整个商品
第22组　香料 （法典分类　组027：香料）	
香料由各种草本植物的叶、茎和根组成，是用量相对较小的调味品。它们以多汁或干燥的形式作为其他食物的组成部分可食用	
例如：香料	整个商品
第23组　调味品 （法典分类　组028：调味品）	
调味品来自产生芳香种子、根、果实和浆果等的各种植物。用量相对较小的调味品，主要以干燥的形式作为其他食物的组成部分可食用	
调味品	整个商品
第24组　茶 （法典分类　组066：茶）	
茶是来自几种植物的叶子，但主要是茶树。它们被用作食用刺激性饮料。它们作为干的提取物或加工产品被食用	
茶	整个商品
第25组　肉类 （法典分类　组030：肉类）	
肉类是准备的批发分销的动物肌肉组织，包括黏着的脂肪组织，整个产品可能被食用	
肉类： 白条肉（胴体脂肪）、牛肉、山羊肉、马肉、猪肉、羊肉	整个商品（对于脂溶性农药，分析胴体脂肪部分，最大残留限量适用于胴体脂肪）
第26组　动物脂肪 （法典分类　组031：哺乳动物脂肪）	
动物脂肪是从动物的脂肪组织转化或萃取出的。整个产品可食用	
动物脂肪： 牛脂、猪脂、羊脂	整个商品
第27组　肉类副产品 ［法典分类　组0032：食用内脏（哺乳动物）］	
肉类副产品是准备批发分销的动物可食用组织和器官，除肉类和动物脂肪外，例如肝、肾、舌、心脏。整个产品可食用	
肉类副产品（如肝、肾等）： 牛肉副产品、山羊肉副产品、猪肉副产品、绵羊肉副产品	整个商品
第28组　奶类 （法典分类　组033：奶类）	

（续）

商品分类	法典最大残留限量所指商品的部位（分析部位）
奶类是不同种类经驯化的哺乳期草食性反刍动物的乳腺分泌物。整个产品可食用	
奶类	整个商品①
第 29 组　乳脂肪 （法典分类　组 086：乳脂肪）	
乳脂肪是从奶类中提取的脂肪	
乳脂肪	整个商品
第 30 组　禽肉 （法典分类　组 036：禽肉类）	
禽肉类是准备批发分销的禽类肌肉组织，包括黏附的脂肪和皮，整个产品可食用	
禽肉	整个商品（对于脂溶性农药，分析胴体脂肪部分，最大残留限量适用于胴体脂肪）
第 31 组　禽类脂肪 （法典分类　组 037：禽类脂肪）	
禽类脂肪是从禽类脂肪组织中提取出的脂肪。整个产品可食用	
禽类脂肪	全部产品
第 32 组　禽类副产品 （法典分类　组 038：家禽食用杂碎）	
禽类副产品是可食用的禽类组织和器官，除禽肉类及禽类脂肪外，来自于屠宰的禽类	
禽类副产品	全部产品
第 33 组　蛋类 （法典分类　组 039：蛋类）	
蛋类是新鲜的几种鸟类物种繁殖体的可食部分。可食用部分包括去除壳的蛋清和蛋黄	
鸡蛋	整个蛋清和蛋黄在去壳之后混合体

① 基于 CCPR 决定的法典偏离表指南。

附　录　Ⅶ

提交评估资料目录的标准格式

评估资料目录是为了帮助读者（评论者）找到与残留评估相关的内容，或者能够确定资料是否完整。最初的目录也协助联合国粮农组织秘书处来决定再评价的规模和对工作量的要求。另请参阅第 4 部分。

下面的例子提供了数据目录要求的有关章节部分以及副标题。OECD 农药登记的指导性文件明确了数据点数要求[①]。

每一部分的参考文献应按照系统的顺序。年代指的是残留评估的研究、项目或试验发布的年份。研究、项目或试验的编号应与公司名称相符，也就是说，如果研究编号引用的是签约实验室，那么签约实验室的名称应在参考文献中给出。参考文献中应包括两套信息：实验室名称与研究编号和公司名称与研究编号。参考文献中应包括单点试验的编号和整个试验的编号。请参见下面的例子。

1998 年，Boner，P. L. 利用［14C］进行生菜中甲基对硫磷的代谢研究。Xenobiotic 公司实验室，项目 XBL97072，PSI 97.438 。未出版。

1997 年，van Zyl，P. 柑橘中吡丙醚残留量的测定。南非，1996 年的试验。研究 96/194。报告 311/88176/N194 。南非标准局。报告 NNR-0048 。住友商事，日本。未出版。

1989 年，Cañez，V. M.，向日葵中甲基对硫磷残留量。Huntingdon 分析服务，项目 PAL-MP-SS，包括 MP-SS-7128，MP-SS-7129 。未出版。

如果某章节没有相关研究资料，应保留标题并说明“没有研究资料被提交”。

卷宗中的数据目录应包括卷编号，以显示每个研究卷的位置。对于非常大的卷宗（5 盒以上），也应提供每盒资料的摘要。对于首次提交的目录，不知道卷编号时，修订后的目录应该明确最终提交的数据（包括卷号）。

提供 Word 格式的数据目录电子副本。

数据目录格式

1. 背景信息

特性

（OECD 数据点数 IIA 2.1，2.2 ，2.3 ，2.4 ，2.6 ，2.7 ，2.7 ，2.9 ）

物理及化学性质

蒸气压

相关研究参考文件。数据档案卷宗号。

---

① 2001 年《OECD 准则-生产商提交植物保护产品和有效成分数据的要求》，http：//www1.oecd.org/ehs/PestGD03.htm。

辛醇——水分配系数

相关研究参考文件。数据档案卷宗号。

等等。

2. 代谢和环境归趋

建议在标题中设下标题，通常要提交针对广泛商品的报告的编号。后茬作物的研究应放在土壤环境归趋中。

动物代谢

（OECD 数据点数 IIA 6.2.2，6.2.3）

根据试验动物，家畜、家禽细分

相关研究参考文件。数据档案卷宗号。

植物代谢

（OECD 数据点数 IIA 6.2.1）

在必要的情况下，根据作物细分。

相关研究参考文件。数据档案卷宗号。

土壤中的环境归趋

（OECD 数据点数 IIA 6.6，7.1，7.2.1，7.2.4，7.3.1，7.4.1，7.4.2，7.4.3，7.4.4，7.4.5）

相关研究参考文件。数据档案卷宗号。

在水—沉积物系统中的环境归趋

（OECD 数据点数 IIA 7.5，7.6，7.8.3）

相关研究参考文件。数据档案卷宗号。

3. 残留分析

分析方法

- 规范试验和加工的研究中所用的方法
- 强制方法（OECD 数据点数 IIA 4.3）
- 特殊方法
- 下层的副标题，例如，商品或土壤，可能会被使用

相关研究参考文件。数据档案卷宗号。

分析存储样品的残留稳定性

（OECD 数据点数 IIA 6.1）

在必要的情况下，根据商品细分。

相关研究参考文件。数据档案卷宗号。

4. 使用模式

提供用于良好农业规范（GAP）信息的作物列表，相关国家（按字母顺序排列），以及是否有标签。

标签列表。

5. 来自于规范试验作物的残留结果

（OECD 数据点数 IIA 6.3）
商品副标题的组织按照法典分类。

柑橘类水果

柠檬

橘子

橘柚

相关研究参考文件。数据档案卷宗号。

仁果类水果

苹果

梨

相关研究参考文件。数据档案卷宗号。

核果类水果

相关研究参考文件。数据档案卷宗号。

6. 贮藏及加工中残留物的归趋

贮藏

在必要的情况下，根据商品细分。
相关研究参考文件。数据档案卷宗号。

加工

（OECD 数据点数 IIA 6.5）
在必要的情况下，根据商品细分。
相关研究参考文件。数据档案卷宗号。

7. 动物商品中的残留物

动物饲喂研究

（OECD 数据点数 IIA 6.4）
相关研究参考文件。数据档案卷宗号。

直接性的动物处理

相关研究参考文件。数据档案卷宗号。

8. 在商品或消费食品中的残留物

相关研究参考文件。数据档案卷宗号。

9. 国家残留定义

应包含提交资料的国家名单
应注明信息的出处及其日期。

附　录　Ⅷ

CCPR 优先列表工作组需要的农药信息[①]

评估__________________
再评估__________________

1. 名称
2. 分子式
3. 化学名称
4. 商品名称
5. 生产者姓名和地址
6. 用途说明
7. 用途：主要的/次要的
8. 进入国际贸易的商品中的残留水平
9. 农药的登记情况
10. 国家最大残留限量
11. 确认商品需要建立法典 MRLs
12. 国际上主要的使用模式
13. 有效数据（毒理学、代谢物、残留）列表
14. 向 JMPR 提交数据的日期
15. 提案提交的国家

① 法典成员国提供的信息被列入农药优先列表中。

附　录　Ⅸ

各种植物性产品在动物饲料中所占的最大比值

家畜饲料表由OECD农药残留化学专家组制订，刊登在2009年2月18日公布的残留化学研究概述指导文件修订稿（监测评估第64节）中。

该表格的使用是基于6.12.1的基础上。为了帮助使用，表Ⅺ.1中提供了包括Codex饲料成分表以及相应的Codex商品代码。

表Ⅸ.2～Ⅸ.4中包含了Codex商品组代码，以方便计算适当的动物负荷时选择相应的商品。

如果残留量是基于干重的基础上所表达的，则表格中干物质量一栏用100%代替。

表Ⅸ.1　饲料种类和相应的Codex商品种类

Codex		OECD		组名称
代码	商品种类	作物种类	饲料营养成分	
AL1020	紫苜蓿草料(绿色)	紫苜蓿	草料	豆科植物，饲料和草料
AL1021	紫苜蓿饲料	紫苜蓿	干草	豆科植物，饲料和草料
AF		紫苜蓿	粗粉	豆科植物，饲料和草料
AF		紫苜蓿	青贮饲料	豆科植物，饲料和草料
AF		大麦	草料	豆科植物，饲料和草料
AS0640	麦秆和饲料，干品	大麦	干草	浆，处理
VB0041	甘蓝，头状	甘蓝	头部，叶子	谷类植物，处理
AS0641	大麦，麦秆和饲料，干品	大麦	麦秆	牧草，草料
VR0596	糖甜菜	甜菜，糖用	地上部分	谷物
AF		大麦	青贮饲料	牧草，饲料
AV0569	糖甜菜叶	甜菜，饲料甜菜	饲料	牧草，草料
AL1030	豆类草料（绿色）	豆类	藤蔓	牧草，饲料
AL1031	三叶草干草和饲料	三叶草	干草	豆类
AL1023	三叶草	三叶草	草料	豆科植物，饲料和草料
AF		三叶草	青贮饲料	各种作物混合饲料和草料
AS0645	玉米饲料	玉米，田间	干草	浆，处理
AF		玉米，裂花	干草	浆，处理
AF		玉米，甜	草料	来自植物可食部分混合饲料
AF0645	玉米草料	玉米，田间	草料/青贮饲料	各种作物混合饲料和草料
AF		玉米，甜	干草	浆，处理

（续）

Codex		OECD		组名称
代码	商品种类	作物种类	饲料营养成分	
AF		豇豆	草料	芸薹叶菜
AF		豇豆	干草	各种作物混合，处理
AF		王冠野豌豆	草料	根菜
AF		王冠野豌豆	干草	根菜
AF		牧草	草料（新鲜）	
AF		牧草	干草	浆，处理
AF		牧草	青贮饲料	豆科植物，饲料和草料
AV480	羽衣甘蓝草料	羽衣甘蓝	叶子	豆科植物，饲料和草料
AL1025	胡枝子	胡枝子	草料	豆科植物，饲料和草料
AF	胡枝子	胡枝子	干草	各种作物混合，处理
AF		稷	草料	谷物，处理
AF		稷	干草	谷物，处理
AF		燕麦	麦秆	谷物，处理
AS0646	稷饲料，干燥	稷	秸秆	牧草，草料
AS0647	燕麦、麦秆和饲料，干品	燕麦	干草	谷类
AL0528	豌豆藤蔓（绿色）	豌豆	藤蔓	谷物，处理
AF		燕麦	青贮饲料	谷物，处理
AF0647	燕麦草料	燕麦	草料	牧草，饲料
AF		豌豆	青贮饲料	谷类
AL0072	豌豆干草或饲料	豌豆	干草	牧草，饲料
AS0649	大米稻草和饲料	大米	稻草	浆，处理
AL0697	花生饲料	花生	干草	牧草，草料
VL0495	绿油菜	油菜	草料	牧草，饲料
AF		黑麦	青贮饲料	各种作物混合，处理
AS0650	黑麦稻草和饲料，干品	黑麦	麦秆	各种作物混合，处理
AF		大米	完整植株青贮饲料	各种作物混合，处理
AF0650	黑麦草料（绿色）	黑麦	草料	油籽类
AF0651	高粱草料（绿色）	高粱，草料	见牧草	豆科植物，饲料和草料
		高粱，谷粒	草料	豆科植物，饲料和草料
AS	高粱秆和饲料，干品	高粱，谷粒	秣草	结荚植物种子
AF		高粱，谷粒	青贮饲料	豆科植物，饲料和草料
AL1265	大豆草料（绿色）	大豆	草料	豆科植物，饲料和草料
AL0541	大豆饲料	大豆	干草	浆，处理
AF		大豆	青贮饲料	各种作物混合，处理

（续）

Codex		OECD		组名称
代码	商品种类	作物种类	饲料营养成分	
AF		甘蔗	顶部	浆，处理
AL		车轴草	草料	牧草，草料
AF		车轴草	干草	牧草，饲料
AF		黑小麦	草料	牧草，草料
AF		黑小麦	干草	各种作物混合,饲料和草料
AF		黑小麦	麦秆	豆科植物，饲料和草料
AF		黑小麦	青贮饲料	豆科植物，饲料和草料
AV0506	芜菁叶	芜菁	顶端（叶子）	结荚植物种子
AF		野豌豆	草料	各种作物混合，处理
AF		野豌豆	干草	牧草，草料
AS0654	小麦、麦秆和饲料，干品	小麦	干草	谷类
AF		野豌豆	青贮饲料	牧草，饲料
AF		小麦	草料	牧草，饲料
AS0654	小麦、麦秆和饲料，干品	小麦	麦秆	牧草，草料
VR0463	木薯叶菜	木薯	根	谷类
AF		小麦	青贮饲料	牧草，饲料
VR0577	胡萝卜	胡萝卜	下脚料	牧草，草料
VR0589	马铃薯下脚料	马铃薯	下脚料	各种作物混合，处理
VR506	芜菁，花园	芜菁	根	豆科植物，饲料和草料
GC0640	大麦	大麦	谷粒	结荚植物种子
VR0497	瑞典芜菁	瑞典芜菁	根	豆科植物，饲料和草料
VD0071	大豆，干品	大豆	种子	豆科植物，饲料和草料
GC0645	玉米	玉米，田间	玉米粒	各种作物混合，处理
GC0656	玉米花	玉米，裂花	玉米粒	浆，处理
VG0527	豇豆	豇豆	种子	根菜类
GC0646	稷	稷	谷粒	浆，处理
VD0545	羽扇豆	羽扇豆	种子	浆，处理
GC0647	燕麦	燕麦	麦粒	各种作物混合饲料和草料
VD0561	田间豌豆（干品）	豌豆	种子	各种作物混合，处理
GC0653	黑小麦	黑小麦	谷粒	谷物，处理
GC0651	高粱	高粱，谷粒	谷粒	谷类
SO4724 VD4521	大豆，干品	大豆	种子	谷物，处理
GC0649	大米	大米	米粒	牧草，饲料
GC0650	黑麦	黑麦	麦粒	牧草，草料
AL1029	野豌豆	野豌豆	种子	

（续）

Codex		OECD		组名称
代码	商品种类	作物种类	饲料营养成分	
GC0654	小麦	小麦	麦粒	牧草，草料
AB		大麦	部分麸皮	谷类
AB9226	苹果渣，干品	苹果	果渣，湿	牧草，草料
AB		杏仁	壳	牧草，饲料
AB0596	甜菜渣，干品	甜菜，糖	干燥的渣	各种作物混合，处理
AB		甜菜，糖	青贮糖浆	各种作物混合，处理
SM		椰子	粕	谷物，处理
DM0596	糖甜菜糖浆	甜菜，糖	糖浆	牧草，草料
AB001	柑橘渣，干品	柑橘	干燥的果渣	谷类
AB	油菜种子粗粉	加拿大油菜	饼	牧草，草料
AB		酒糟	干燥的	牧草，饲料
AB	玉米麸皮粗粉	玉米麸质	粗粉	各种作物混合，处理
AB	玉米磨粉副产品	玉米，田间	磨粉副产品	豆科植物，饲料和草料
AB		玉米，田间	玉米糊	豆科植物，饲料和草料
AB		棉花	未剥绒棉籽	各种作物混合，处理
AB		棉花	饼	各种作物混合，处理
AB		棉花	壳	各种作物混合，处理
AB		棉花	轧棉副产品	各种作物混合，处理
AB		玉米麸质	粗饲料	结荚植物种子
AB		玉米，甜	罐头副产品	豆科植物，饲料和草料
AB0269	葡萄渣，干品	葡萄	果渣，湿的	各种作物混合，处理
SO0693	亚麻籽	亚麻仁/亚麻籽	饼	
AB		酒糟	干燥的	各种作物混合饲料和草料
AB		羽扇豆种子	饼	各种作物混合，处理
VS0626	棕榈茎	棕榈	棕榈仁饼	根菜类
SO0697	花生	花生	饼	浆，处理
AB		菠萝	加工废料	豆科植物，饲料和草料
		马铃薯	加工废料	牧草，饲料
AB		马铃薯	干燥的渣	牧草，饲料
AB		大米	壳	牧草，草料
AB		油菜	饼	牧草，饲料
CM		大米	麸皮/糠	牧草，草料
		芝麻种子	饼	谷类
AB		高粱，谷粒	asp gr. fn.	根菜类
		红花	粕	各种作物混合草料和饲料
AB		大豆	asp gr. fn.	牧草，饲料

（续）

Codex		OECD		组名称
代码	商品种类	作物种类	饲料营养成分	
AB		大豆	饼	牧草，草料
AB		大豆	豆腐渣	
AB		大豆	壳	牧草，饲料
AB		小麦	asp gr. fn.	谷物，处理
AB		大豆	糠	牧草，饲料
AB		番茄	果渣，湿的	谷类
AB		甘蔗	糖浆	牧草，草料
AB		小麦麸质	粗粉	谷物，处理
AB		向日葵	饼	牧草，草料
AB		甘蔗	甘蔗渣	牧草，饲料
AB		小麦	磨粉后副产品	谷物，处理

表Ⅸ.2 肉牛和奶牛

Codex代码	作物	饲料中营养成分	IFN代码	残留量	干燥量(%)	肉牛				奶牛			
						US CAN	EU	AU	JP	US CAN	EU	AU	JP
	体重（kg）					500	500	500	730	600	650	500	600
	每日采食量（DM in kg）					9.1	12	20	14	24	25	20	17
	饲料												
AL1020	苜蓿	草料	2-00-196	HR	35	*	70	100	*	20	40	60	*
AL1021	苜蓿	干草	1-00-054	HR	89	15	*	80	10	20	40	60	25
AF	苜蓿	粗粉	1-00-023	HR	89	*	*	40	10	10	40	40	25
AF	苜蓿	青贮饲料	3-08-150	HR	40	*	25	100	*	20	40	40	20
AF	大麦	草料	2-00-511	HR	30	*	30	50	*	*	30	50	*
AS0640	大麦	干草	1-00-495	HR	88	15	*	100	*	20	*	50	*
AS0641	大麦	麦秆	1-00-498	HR	89	10	30	100	*	10	30	20	*
AF	大麦	青贮饲料	NA	HR	40	*	30	100	*	*	30	50	*
AL1030	大豆	藤蔓	2-14-388	HR	35	*	*	60	*	*	20	70	*
AV0569	甜菜，糖用	饲料	2-00-632	HR	15	*	30	*	*	*	25	*	*
VR0596	甜菜，糖用	叶	2-00-649	HR	23	*	20	*	*	*	30	*	*
VB0041	甘蓝	头，叶子	2-01-046	HR	15	*	20	*	*	*	20	*	*
AL1023	三叶草	草料	2-01-434	HR	30	*	30	100	*	20	40	60	*
AL1031	三叶草	干草	1-01-415	HR	89	15	30	100	*	20	40	60	*
AF	三叶草	青贮饲料	3-01-441	HR	30	*	25	100	*	20	40	60	*
AF0645	玉米，田间	饲料 /青贮饲料	3-28-345	HR	40	15	80	80	*	45	60	80	20/50
AS0645	玉米，田间	秣草	3-28-251	HR	83	15	25	40	*	15	20	40	*

（续）

Codex代码	作物	饲料中营养成分	IFN代码	残留量	干燥量（%）	肉牛				奶牛			
						US CAN	EU	AU	JP	US CAN	EU	AU	JP
	体重（kg）					500	500	500	730	600	650	500	600
	每日采食量（DM in kg）					9.1	12	20	14	24	25	20	17
AF	玉米，裂花	秣草	2-02-963	HR	85	15	25	20	*	*	20	20	*
AF	玉米，甜	草料	1-08-407	HR	48	*	*	80	*	45	*	40	*
AF	玉米，甜	秣草	NA	HR	83	*	*	40	*	15	*	20	*
AF	豇豆	草料	2-01-655	HR	30	*	35	100	*	20	35	60	*
AF	豇豆	干草	1-01-645	HR	86	*	35	100	*	20	35	60	*
AF		草料	2-19-834	HR	30	*	*	100	*	10	*	100	*
AF		干草	1-20-803	HR	90	*	*	100	*	*	*	100	*
AF	牧草	饲料	2-02-260	HR	25	*	50	100	5	45	60	100	10
AF	牧草	干草	1-02-250	HR	88	15	50	100	40	45	60	60	70
AF	牧草	青贮饲料	3-02-222	HR	40	*	50	100	5	45	60	60	80
AV480	羽衣甘蓝	叶	2-02-446	HR	15	*	20	*	*	*	20	40	*
AL1025	胡枝子	草料	2-07-058	HR	22	*	*	20	*	40	*	60	*
AF	胡枝子	干草	1-02-522	HR	88	15	*	20	*	40	*	60	*
AF	稷	草料	2-03-801	HR	30	*	*	100	*	20	30	50	*
AF	稷	干草	1-03-119	HR	85	10	*	100	*	20	*	50	*
AS0646	稷	秸秆	1-23-802	HR	90	10	10	80	*	10	*	50	*
AF0647	燕麦	草料	2-03-292	HR	30	*	20	100	*	30	20	90	5
AS0647	燕麦	干草	1-03-280	HR	90	15	20	100	*	30	20	90	5
AF	燕麦	麦秆	1-03-283	HR	90	10	20	80	*	10	20	60	5
AF	燕麦	青贮饲料	3-03-298	HR	35	*	*	100	*	*	*	40	5
AL0528	豌豆		3-03-596	HR	25	*	20	60	*	10	20	40	*
AL0072	豌豆	干草	1-03-572	HR	88	*	25	100	*	10	30	70	*
AF	豌豆	青贮饲料	3-03-590	HR	40	*	25	100	*	10	30	40	*
AL0697	花生	干草	1-03-619	HR	85	*	*	60	*	15	*	60	*
VL0495	油菜	草料	2-03-867	HR	30	*	10	100	*	10	10	40	*
AS0649	水稻	稻秆	1-03-925	HR	90	*	10	60	55	*	5	20	25
AF	水稻	青贮饲料		HR	40				5				55
AF0650	黑麦	草料	2-04-018	HR	30	*	20	100	*	20	20	20	*
AS0650	黑麦	麦秆	1-04-007	HR	88	10	20	20	*	10	20	20	5
AF	黑麦	青贮饲料		HR	28				*				5
AF0651	高粱，草料	见牧草											
	高粱，谷粒	草料	2-04-317	HR	35	15	20	70	*	40	20	70	40

（续）

Codex 代码	作物	饲料中营养成分	IFN 代码	残留量	干燥量（%）	肉牛				奶牛			
						US CAN	EU	AU	JP	US CAN	EU	AU	JP
	体重（kg）					500	500	500	730	600	650	500	600
	每日采食量（DM in kg）					9.1	12	20	14	24	25	20	17
AS	高粱，谷粒	秣草	1-07-960	HR	88	15	15	70	*	15	15	70	5
AF	高粱，谷粒	青贮饲料		HR	21				*				10
AL1265	大豆	草料	2-04-574	HR	56	*	*	100	*	20	*	40	*
AL0541	大豆	干草	1-04-558	HR	85	*	*	80	*	20	*	40	*
AF	大豆	青贮饲料	3-04-581	HR	30	*	*	80	*	20	*	40	*
AF	甘蔗，糖用	地上部分	2-04-692	HR	25	*	*	50	*	*	*	25	*
AL	车轴草	草料	2-20-786	HR	30	*	20	100	*	40	40	40	*
AF	车轴草	干草	1-05-044	HR	85	15	20	90	*	40	40	40	*
AF	黑小麦	草料	2-02-647	HR	30	*	20	100	*	20	20	70	*
AF	黑小麦	干草	NA	HR	88	15	20	100	*	20	20	70	*
AF	黑小麦	麦秆	NA	HR	90	10	20	50	*	10	20	70	*
AF	黑小麦	青贮饲料	3-26-208	HR	35	*	*	90	*	*	*	50	*
AV0506	芜菁	地上部分（叶子）	2-05-063	HR	30	*	40	80	*	30	20	*	*
AF	野豌豆	草料	2-05-112	HR	30	*	25	90	*	20	25	35	*
AF	野豌豆	干草	1-05-122	HR	85	15	25	90	65	20	25	35	25
AF	野豌豆	青贮饲料	3-26-357	HR	30	*	*	90	*	*	*	50	60
AF	小麦	草料	2-08-078	HR	25	*	20	100	*	20	20	60	*
AS0654	小麦	干草	1-05-172	HR	88	15	20	100	*	20	20	20	*
AS0654	小麦	麦秆	1-05-175	HR	88	10	20	80	*	10	20	20	*
AF	小麦	青贮饲料	3-05-186	HR	30	*	*	90	*	*	*	50	*
	根部 & 块茎												
VR0577	胡萝卜	下脚料	2-01-146	HR	12	*	15	5	*	10	15	5	*
VR0463	木薯/木薯粉	根部	2-01-156	HR	37	*	20	*	*	*	15	*	*
VR0589	马铃薯	下脚料	4-03-787	HR	20	30	30	10	*	10	30	10	*
VR0497	瑞典甘蓝	根部	4-04-001	HR	10	*	40	10	*	*	20	10	*
VR506	芜菁	根部	4-05-067	HR	15	*	20	10	*	10	20	10	*
	谷类/种子												
GC0640	大麦	麦粒	4-00-549	HR	88	50	70	80	70	45	40	40	40
VD0071	菜豆	种子	4-00-515	HR	88	*	20	50	*	*	20	15	*
GC0645	玉米，田间	玉米粒	4-20-698	HR	88	80	80	80	75	45	30	20	80

（续）

Codex代码	作物	饲料中营养成分	IFN代码	残留量	干燥量（%）	肉牛				奶牛			
						US CAN	EU	AU	JP	US CAN	EU	AU	JP
	体重（kg）					500	500	500	730	600	650	500	600
	每日采食量（DM in kg）					9.1	12	20	14	24	25	20	17
GC0656	玉米，裂花	玉米粒	4-02-964	HR	88	80	*	80	75	45	30	20	80
VG0527	豇豆	种子	5-01-661	HR	88	*	20	20	*	*	20	20	*
VD0545	羽扇豆	种子	5-02-707	HR	88	*	20	40	*	*	20	20	*
GC0646	稷	谷粒	4-03-120	HR	88	50	40	50	*	20	40	50	*
GC0647	燕麦	麦粒	4-03-309	HR	89	*	40	80	55	20	40	10	5
VD0561	豌豆	种子	5-03-600	HR	90	*	20	40	*	*	20	20	*
GC0649	大米	米粒	4-03-939	HR	88	20	*	40	*	20	*	20	*
GC0650	黑麦	麦粒	4-04-047	HR	88	20	40	80	35	20	40	*	15
GC0651	高粱，谷粒	谷粒	4-04-383	HR	86	40	40	80	35	45	40	50	30
SO4724 VD4521	大豆	种子	5-64-610	HR	89	5	10	20	15	10	10	20	10
GC0653	黑小麦	麦粒	4-20-362	HR	89	20	40	80	*	20	40	30	*
AL1029	野豌豆	种子	5-26-351	HR	89	*	*	20	*	*	*	20	*
GC0654	小麦	麦粒	4-05-211	HR	89	20	40	80	25	20	40	20	10
	副产品												
AM 0660	杏仁	壳	4-00-359	STMR	90	*	*	10	*	10	*	10	*
AB9226	苹果	渣，湿	4-00-419	STMR	40	*	20	20	*	10	10	10	*
AB	大麦	小部分糠		STMR	90				10				*
AB0596	甜菜，糖	干浆	4-29-307	STMR	88	15	20	*	5	15	20	*	40
AB	甜菜，糖	青贮糖浆	4-00-662	STMR	15	*	25	*	*	*	40	*	*
DM0596	甜菜，糖	糖浆	4-30-289	STMR	75	10	10	*	*	10	10	*	*
AB	啤酒糟	干	5-00-516	STMR	92	50	10	50	45	30	15	20	40
AB	加拿大油菜	饼	5-08-136	STMR	88	5	*	20	*	10	10	15	*
AB001	柑橘	干浆	4-01-237	STMR	91	10	5	30	*	10	20	30	*
SM	椰子	粕	5-01-572	STMR	91	*	20	30	*	*	10	*	*
AB	玉米，田间	asp gr. fn.	4-02-880	STMR	85	5	*	*	*	*	*	*	*
AB	玉米，田间	磨粉副产品	5-28-235	STMR	85	50	30	15	5	25	30	15	*
AB	玉米，田间	玉米糊	4-03-010	STMR	88	50	*	40	35	25	*	40	*
AB	玉米，甜	罐头废料	2-02-875	STMR	30	*	*	30	*	10	*	10	*
AB	玉米麸质	粗饲料	5-28-243	STMR	40	75	30	20	25	25	30	*	20
AB	玉米麸质	粗粉	5-28-242	STMR	40	75	15	20	*	25	20	*	15

（续）

Codex代码	作物	饲料中营养成分	IFN代码	残留量	干燥量（%）	肉牛				奶牛			
						US CAN	EU	AU	JP	US CAN	EU	AU	JP
	体重（kg）					500	500	500	730	600	650	500	600
	每日采食量（DM in kg）					9.1	12	20	14	24	25	20	17
AB	棉花	饼	5-01-617	STMR	89	5	5	30	*	10	5	15	*
AB	棉花	未剥绒棉籽	5-01-614	STMR	88	*	*	30	*	10	10	20	*
AB	棉花	壳	1-01-599	STMR	90	10	*	20	*	*	*	10	*
AB	棉花	轧棉副产品	1-08-413	STMR	90	5	*	*	*	*	*	*	*
AB	酒糟	干品	5-00-518	STMR	92	50	10	50	10	25	10	*	15
SO0693	亚麻仁/亚麻籽	饼	5-02-043	STMR	88	5	10	10	*	10	15	10	*
AB0269	葡萄	渣，湿	2-02-206	STMR	15	*	*	20	*	*	*	20	*
AB	羽扇豆种子	饼	NA	STMR	85	*	20	15	*	*	20	15	*
VS0626	棕榈	棕榈果仁饼	5-03-486	STMR	90	*	*	20	5	*	25	10	5
SO0697	花生	饼	5-03-649	STMR	85	*	20	10	*	10	10	15	*
AB	菠萝	加工废料	NA	STMR	25	10	*	60	*	10	*	30	*
AB	马铃薯	加工废料	4-03-777	STMR	12	30	40	5	*	10	30	*	*
AB	马铃薯	干浆	4-03-775	STMR	88	*	10	5	*	*	10	5	*
AB	油菜	饼	5-26-093	STMR	88	*	20	15	15	*	10	15	25
AB	大米	壳	1-08-075	STMR	90	*	*	5	*	*	*	10	*
CM	大米	糠	4-03-928	STMR	90	15	*	40	20	15	20	40	10
SN	芝麻种子	饼	NA	STMR	90								
SM	红花	粕	5-26-095	STMR	91	5	20	20	*	10	10	15	*
AB	高粱，谷粒	asp gr. fn.	NA	STMR	85	5	*	20	*	*	*	*	*
AB	大豆	asp gr. fn.	NA	STMR	85	5	*	*	*	*	*	*	*
AB	大豆	饼	5-20-638	STMR	92	5	20	10	65	10	25	15	60
AB	大豆	壳	1-04-560	STMR	90	15	10	*	*		10	*	*
AB	大豆	豆腐渣	NA	STMR	20	*	*	*	40				20
AB	大豆	糠	NA	STMR	?	*	*	15	*	*	*	*	*
AB	甘蔗	糖浆	4-13-251	STMR	75	10	10	30	*	10	10	25	*
AB	甘蔗	甘蔗渣	1-04-686	STMR	32	*	*	20	*	*	*	25	*
AB	向日葵	饼	5-26-098	STMR	92	5	20	30	*	10	10	15	*
AB	番茄	果渣，湿	NA	STMR	20			10	*			10	*
AB	小麦	asp gr. fn.	NA	STMR	85	5	*	*	*	*	*	*	*
AB	小麦麸	粗粉	5-05-221	STMR	40	10	15	*	*	10	20	*	*
AB	小麦	磨粉副产品	4-06-749	STMR	88	40	30	40	55	30	30	40	45

表Ⅸ.3　家禽的膳食比例

代码	作物	营养成分	IFN 代码	残留量	干燥量（%）	肉鸡，蛋鸡				肉鸡，蛋鸡				火鸡		
						US CAN	EU	AU	JP	US CAN	EU	AU	JP	US CAN	EU	AU
	体重（kg）					2	1.7	2	3	1.9	1.9	2	2	8	7	2
	每日采食量（DM in kg）					0.16	0.12	0.15	N/A	0.12	0.13	0.15	0.10	0.50	0.50	0.15
	草料															
AL1020	紫苜蓿	草料	2-00-196	HR	35	*	*	*	5	*	*	*	*	*	*	*
AL1021	紫苜蓿	干草	1-00-054	HR	89	*	*	*	*	*	*	*	*	*	*	*
AF	紫苜蓿	粗粉	1-00-023	HR	89	5	5	10	*	5	10	10	10	5	5	10
AF	紫苜蓿	青贮饲料	3-08-150	HR	40	*	*	*	*	*	*	*	*	*	*	*
AF	大麦	草料	2-00-511	HR	30	*	*	*	*	*	*	*	*	*	*	*
AS0640	大麦	干草	1-00-495	HR	88	*	*	*	*	*	*	*	*	*	*	*
AS0641	大麦	麦秆	1-00-498	HR	89	*	*	*	*	*	5	*	*	*	*	*
AF	大麦	青贮饲料	NA	HR	40	*	*	*	*	*	*	*	*	*	*	*
AL1030	菜豆	藤蔓	2-14-388	HR	35	*	*	*	*	*	*	*	*	*	*	*
AV0569	甜菜，饲料甜菜	饲料	2-00-632	HR	15	*	*	*	*	*	*	*	*	*	*	*
VR0596	甜菜，糖用	地上部分	2-00-649	HR	23	*	*	*	*	*	5	*	*	*	*	*
VB0041	甘蓝	头，叶子	2-01-046	HR	15	*	*	*	*	*	5	*	*	*	*	*
AL1023	三叶草	草料	2-01-434	HR	30	*	*	*	*	*	10	*	*	*	*	*
AL1031	三叶草	干草	1-01-415	HR	89	*	*	*	*	*	10	*	*	*	*	*
AF	三叶草	青贮饲料	3-01-441	HR	30	*	*	*	*	*	10	*	*	*	*	*
AF0645	玉米，田间	草料/青贮饲料	3-28-345	HR	40	*	*	*	*	*	10	*	*	*	*	*
AS0645	玉米，田间	秣草	3-28-251	HR	83	*	*	*	*	*	10	*	*	*	*	*
AF	玉米，裂花	秣草	2-02-963	HR	85	*	*	*	*	*	10	*	*	*	*	*
AF	玉米，甜	草料	1-08-407	HR	48	*	*	*	*	*	*	*	*	*	*	*

（续）

代码	作物	营养成分	IFN 代码	残留量	干燥量（%）	肉鸡，蛋鸡				肉鸡，蛋鸡				火鸡		
						US CAN	EU	AU	JP	US CAN	EU	AU	JP	US CAN	EU	AU
	体重（kg）					2	1.7	2	3	1.9	1.9	2	2	8	7	2
	每日采食量（DM in kg）					0.16	0.12	0.15	N/A	0.12	0.13	0.15	0.10	0.50	0.50	0.15
AF	玉米，甜	秣草	NA	HR	83	*	*	*	*	*	*	*	*	*	*	*
AF	豇豆	草料	2-01-655	HR	30	*	*	*	*	*	10	*	*	*	*	*
AF	豇豆	干草	1-01-645	HR	86	*	*	*	*	*	10	*	*	*	*	*
AF	王冠野豌豆	草料	2-19-834	HR	30	*	*	*	*	*	10	*	*	*	*	*
AF	王冠野豌豆	干草	1-20-803	HR	90	*	*	*	*	*	10	*	*	*	*	*
AF	牧草	草料（鲜）	2-02-260	HR	25	*	*	*	*	*	10	*	*	*	*	*
AF	牧草	干草	1-02-250	HR	88	*	*	*	*	*	10	*	*	*	*	*
AF	牧草	秣草	3-02-222	HR	40	*	*	*	*	*	10	*	*	*	*	*
AV480	羽衣甘蓝	叶	2-02-446	HR	15	*	*	*	*	*	5	*	*	*	*	*
AL1025	胡枝子	草料	2-07-058	HR	22	*	*	*	*	*	10	*	*	*	*	*
AF	胡枝子	干草	1-02-522	HR	88	*	*	*	*	*	10	*	*	*	*	*
AF	稷	草料	2-03-801	HR	30	*	*	*	*	*	10	*	*	*	*	*
AF	稷	干草	1-03-119	HR	85	*	*	*	*	*	10	*	*	*	*	*
AS0646	稷	秸秆	1-23-802	HR	90	*	*	*	*	*	*	*	*	*	*	*
AF0647	燕麦	草料	2-03-292	HR	30	*	*	*	*	*	10	*	*	*	*	*
AS0647	燕麦	干草	1-03-280	HR	90	*	*	*	*	*	10	*	*	*	*	*
AF	燕麦	麦秆	1-03-283	HR	90	*	*	*	*	*	*	*	*	*	*	*
AF	燕麦	青贮饲料	3-03-298	HR	35	*	*	*	*	*	*	*	*	*	*	*
AL0528	豌豆	藤蔓	3-03-596	HR	25	*	*	*	*	*	10	*	*	*	*	*

（续）

代码	作物	营养成分	IFN代码	残留量	干燥量（%）	肉鸡，蛋鸡				肉鸡，蛋鸡				火鸡		
						US CAN	EU	AU	JP	US CAN	EU	AU	JP	US CAN	EU	AU
	体重（kg）					2	1.7	2	3	1.9	1.9	2	2	8	7	2
	每日采食量（DM in kg）					0.16	0.12	0.15	N/A	0.12	0.13	0.15	0.10	0.50	0.50	0.15
AL0072	豌豆	干草	1-03-572	HR	88	*	*	*	*	*	10	*	*	*	*	*
AF	豌豆	青贮饲料	3-03-590	HR	40	*	*	*	*	*	10	*	*	*	*	*
AL0697	花生	干草	1-03-619	HR	85	*	*	*	*	*	*	*	*	*	*	*
VL0495	油菜	草料	2-03-867	HR	30	*	*	*	*	*	10	*	*	*	*	*
AS0649	大米	稻草	1-03-925	HR	90	*	*	*	*	*	*	*	*	*	*	*
AF	大米	全株青贮饲料		HR	40											
AF0650	黑麦	草料	2-04-018	HR	30	*	*	*	*	*	10	*	*	*	*	*
AS0650	黑麦	麦秆	1-04-007	HR	88	*	*	*	*	*	*	*	*	*	*	*
AF	黑麦	青贮饲料		HR	28											
AF0651	高粱，草料	见牧草														
	高粱，谷粒	草料	2-04-317	HR	35	*	*	*	*	*	10	*	*	*	*	*
AS	高粱，谷粒	秣草	1-07-960	HR	88	*	*	*	*	*	10	*	*	*	*	*
AF	高粱，谷粒	青贮饲料		HR	21											
AL1265	大豆	草料	2-04-574	HR	56	*	*	*	*	*	10	*	*	*	*	*
AL0541	大豆	干草	1-04-558	HR	85	*	*	*	*	*	10	*	*	*	*	*
AF	大豆	青贮饲料	3-04-581	HR	30	*	*	*	*	*	10	*	*	*	*	*
AF	甘蔗	地上部分	2-04-692	HR	25	*	*	*	*	*	*	*	*	*	*	*
AL	车轴草	草料	2-20-786	HR	30	*	*	*	*	*	10	*	*	*	*	*
AF	车轴草	干草	1-05-044	HR	85	*	*	*	*	*	10	*	*	*	*	*

（续）

代码	作物	营养成分	IFN 代码	残留量	干燥量（%）	肉鸡，蛋鸡				肉鸡，蛋鸡				火鸡		
						US CAN	EU	AU	JP	US CAN	EU	AU	JP	US CAN	EU	AU
	体重（kg）					2	1.7	2	3	1.9	1.9	2	2	8	7	2
	每日采食量（DM in kg）					0.16	0.12	0.15	N/A	0.12	0.13	0.15	0.10	0.50	0.50	0.15
AF	黑小麦	草料	2-02-647	HR	30	*	*	*	*	*	*	*	*	*	*	*
AF	黑小麦	干草	NA	HR	88	*	*	*	*	*	*	*	*	*	*	*
AF	黑小麦	麦秆	NA	HR	90	*	*	*	*	*	*	*	*	*	*	*
AF	黑小麦	青贮饲料	3-26-208	HR	35	*	*	*	*	*	*	*	*	*	*	*
AV0506	芜菁	叶	2-05-063	HR	30	*	*	*	*	*	*	*	*	*	*	*
AF	野豌豆	草料	2-05-112	HR	30	*	*	*	*	*	10	*	*	*	*	*
AF	野豌豆	干草	1-05-122	HR	85	*	*	*	*	*	10	*	*	*	*	*
AF	野豌豆	青贮饲料	3-26-357	HR	30	*	*	*	*	*	*	*	*	*	*	*
AF	小麦	草料	2-08-078	HR	25	*	*	*	*	*	10	*	*	*	*	*
AS0654	小麦	干草	1-05-172	HR	88	*	*	*	*	*	10	*	*	*	*	*
AS0654	小麦	麦秆	1-05-175	HR	88	*	*	*	*	*	10	*	*	*	*	*
AF	小麦	青贮饲料	3-05-186	HR	30	*	*	*	*	*	*	*	*	*	*	*
	块茎															
VR0577	胡萝卜	下脚料	2-01-146	HR	12	*	10	*	*	*	10	*	*	*	10	*
VR0463	木薯	根部	2-01-156	HR	37	*	20	*	*	*	15	*	*	*	5	*
VR0589	马铃薯	下脚料	4-03-787	HR	20	*	10	*	*	*	10	*	*	*	20	*
VR0497	瑞典甘蓝	根部	4-04-001	HR	10	*	10	*	*	*	10	*	*	*	10	*
VR506	芜菁	根部	4-05-067	HR	15	*	10	*	*	*	10	*	*	*	10	*

（续）

代码	作物	营养成分	IFN 代码	残留量	干燥量（%）	肉鸡，蛋鸡				肉鸡，蛋鸡				火鸡		
						US CAN	EU	AU	JP	US CAN	EU	AU	JP	US CAN	EU	AU
	体重（kg）					2	1.7	2	3	1.9	1.9	2	2	8	7	2
	每日采食量（DM in kg）					0.16	0.12	0.15	N/A	0.12	0.13	0.15	0.10	0.50	0.50	0.15
	谷粒/植物种子															
GC0640	大麦	麦粒	4-00-549	HR	88	75	70	15	10	75	100	15	*	75	50	15
VD0071	豆	种子	4-00-515	HR	88	*	20	70	*	*	20	70	*	*	20	70
GC0645	玉米，田间	玉米粒	4-20-698	HR	88	75	70	*	70	75	70	*	80	75	50	*
GC0656	玉米，裂花	玉米粒	4-02-964	HR	88	75	*	*	70	75	*	*	80	*	*	*
VG0527	豇豆	种子	5-01-661	HR	88	10	5	5	*	10	10	5	*	10	5	10
VD0545	羽扇豆	种子	5-02-707	HR	88	10	15	15	*	10	10	10	*	10	10	50
GC0646	稷	谷粒	4-03-120	HR	88	60	70	70	*	60	70	60	*	60	50	15
GC0647	燕麦	麦粒	4-03-309	HR	89	75	70	15	*	75	70	15	*	75	50	5
VD0561	豌豆	种子	5-03-600	HR	90	20	20	5	*	20	20	5	*	20	20	40
GC0649	大米	米粒	4-03-939	HR	88	20	*	50	*	20	*	50	*	20	*	60
GC0650	黑麦	麦粒	4-04-047	HR	88	35	70	50	*	35	35	35	*	35	60	60
GC0651	高粱，谷子	谷粒	4-04-383	HR	86	75	70	70	65	75	70	70	55	75	50	15
SO4724 VD4521	大豆	种子	5-64-610	HR	89	20	20	15	*	20	15	15	*	20	15	15
GC0653	黑小麦	麦粒	4-20-362	HR	89	75	15	*	*	75	15	*	*	75	15	60
AL1029	野豌豆	种子	5-26-351	HR	89	*	*	*	*	*	*	*	*	*	*	*
GC0654	小麦	麦粒	4-05-211	HR	89	75	70	70	10	75	70	55	*	75	50	*
	副产品															
AM 0660	杏仁	杏仁壳	4-00-359	STMR	90	*	*	*	*	*	*	*		*	*	*

（续）

代码	作物	营养成分	IFN代码	残留量	干燥量（%）	肉鸡，蛋鸡				肉鸡，蛋鸡				火鸡		
						US CAN	EU	AU	JP	US CAN	EU	AU	JP	US CAN	EU	AU
	体重（kg）					2	1.7	2	3	1.9	1.9	2	2	8	7	2
	每日采食量（DM in kg）					0.16	0.12	0.15	N/A	0.12	0.13	0.15	0.10	0.50	0.50	0.15
AB9226	苹果	苹果渣，湿	4-00-419	STMR	40	*	*	*	*	*	*	*		*	*	*
AB	大麦	糠		STMR	90				*							
AB0596	甜菜，糖用	干浆	4-29-307	STMR	88	*	*	*	*	*	*	*		*	*	*
AB	甜菜，糖用	青贮糖浆	4-00-662	STMR	15	*	*	*	*	*	*	*		*	*	*
DM0596	甜菜，糖用	糖浆	4-30-289	STMR	75	*	*	*	*	*	*	*		*	*	*
AB	啤酒糟	干	5-00-516	STMR	92	*	10	*	*	*	10	*		*	10	5
AB	加拿大油菜	饼	5-08-136	STMR	88	15	18	5	*	15	10	5		15	20	*
AB001	柑橘	干浆	4-01-237	STMR	91	*	*	*	*	*	*	*		*	*	*
SM	椰子	饼	5-01-572	STMR	91	*	*	*	*	*	*	*		*	*	*
AB	玉米，田间	asp gr. fn.	4-02-880	STMR	85	*	*	*	*	*	*	*		*	*	*
AB	玉米，田间	磨粉副产品	5-28-235	STMR	85	50	60	*	*	50	50	*		50	50	20
AB	玉米，田间	玉米粥	4-03-010	STMR	88	20	*	20	*	20	20	20		20	20	*
AB	玉米，甜	罐头废料	2-02-875	STMR	30	*	*	*	*	*	*	*		*	*	*
AB	玉米麸	粗饲料	5-28-243	STMR	40	*	10	*	*	*	*	*		*	*	*
AB	玉米麸	粗粉	5-28-242	STMR	40	*	10	*	*	*	10	*		*	10	10
AB	棉花	饼	5-01-617	STMR	89	20	5	10	*	20	5	10		20	10	*
AB	棉花	未剥绒棉籽	5-01-614	STMR	88	*	*	*	*	*	*	*		*	*	*
AB	棉花	壳	1-01-599	STMR	90	*	*	*	*	*	*	*		*	*	*
AB	棉花	轧棉副产品	1-08-413	STMR	90	*	*	*	*	*	*	*		*	*	*

（续）

代码	作物	营养成分	IFN 代码	残留量	干燥量（%）	肉鸡，蛋鸡				肉鸡，蛋鸡				火鸡		
						US CAN	EU	AU	JP	US CAN	EU	AU	JP	US CAN	EU	AU
	体重（kg）					2	1.7	2	3	1.9	1.9	2	2	8	7	2
	每日采食量（DM in kg）					0.16	0.12	0.15	N/A	0.12	0.13	0.15	0.10	0.50	0.50	0.15
AB	酒糟	干	5-00-518	STMR	92	*	10	*	5	*	10	*		*	10	*
SO0693	亚麻籽	饼	5-02-043	STMR	88	20	10	*	*	20	10	*		20	10	*
AB0269	葡萄	渣，湿	2-02-206	STMR	15	*	*	*	*	*	*	*		*	*	20
AB	羽扇豆种子	饼	NA	STMR	85	*	10	20	*	*	10	20		*	10	*
VS0626	棕榈	棕榈仁饼	5-03-486	STMR	90	*	*	*	*	*	*	*		*	5	10
SO0697	花生	饼	5-03-649	STMR	85	25	10	10	*	25	10	10		25	10	*
AB	菠萝	加工废料	NA	STMR	25	*	*	*	*	*	*	*		*	*	*
AB	马铃薯	加工废料	4-03-777	STMR	12	*	*	*	*	*	*	*		*	*	*
AB	马铃薯	干浆	4-03-775	STMR	88	*	20	*	*	*	15	*		*	*	5
AB	油菜	饼	5-26-093	STMR	88	*	*	5	5	*	10	5		*	20	*
AB	大米	稻壳	1-08-075	STMR	90	*	*	*	*	*	*	*	*	*	*	20
CM	大米	糠	4-03-928	STMR	90	10	10	20	5	10	5	20	20	10	*	15
SN	芝麻种子	饼	NA	STMR	90								5			
SM	红花	粕	5-26-095	STMR	91	25	10	15	*	25	5	15	*	25	5	*
AB	高粱，谷粒	asp gr. fn.	NA	STMR	85	*	*	*	*	*	*	*	*	*	*	*
AB	大豆	asp gr. fn.	NA	STMR	85	*	*	*	*	*	*	*	*	*	*	25
AB	大豆	饼	5-20-638	STMR	92	25	40	25	35	25	25	25	30	25	45	*
AB	大豆	壳	1-04-560	STMR	90	*	10	5	*	*	5	5	*	*	*	*
AB	大豆	豆腐渣	NA	STMR	20											

（续）

代码	作物	营养成分	IFN 代码	残留量	干燥量（%）	肉鸡，蛋鸡				肉鸡，蛋鸡				火鸡		
						US CAN	EU	AU	JP	US CAN	EU	AU	JP	US CAN	EU	AU
	体重（kg）					2	1.7	2	3	1.9	1.9	2	2	8	7	2
	每日采食量（DM in kg）					0.16	0.12	0.15	N/A	0.12	0.13	0.15	0.10	0.50	0.50	0.15
AB	大豆	糠	NA	STMR	?	*	*	*	*	*	*	*	*	*	*	*
AB	甘蔗	糖浆	4-13-251	STMR	75	*	*	*	*	*	*	*	*	*	*	*
AB	甘蔗	甘蔗渣	1-04-686	STMR	32	*	*	*	*	*	*	*	*	*	*	15。
AB	向日葵	饼	5-26-098	STMR	92	25	10	15	*	25	10	15	*	25	10	*
AB	番茄	渣，湿	NA	STMR	20											
AB	小麦	asp gr fn	NA	STMR	85	*	*	*	*	*	*	*	*	*	*	20
AB	小麦麸	粗粉	5-05-221	STMR	40	*	10	*	*	*	10	*	*	*	10	10
AB	小麦	磨粉副产品	4-06-749	STMR	88	50	20	20	5	50	20	20	30	50	20	20

表IX.4 羊的膳食比例

	植物	饲料成分	IFN 代码	残留量	干物质（%）	公羊/母羊			羊羔			猪，育肥期			猪，成熟期			
						US CAN	EU	AU	US CAN	EU	AU	US CAN	EU	AU	US CAN	EU	AU	JP
	体重（kg）					85	75	60	40	40	60	270	260	60	100	100	60	110
	每日采食量（DM in kg）					2	2.5	2.5	1.5	1.7	2.5	2	6	2.5	3.1	3	2.50	1.00
AL1020	紫苜蓿	草料	2-00-196	HR	35	90	40	100	90	40	90	*	*	*	*	*	*	*
AL1021	紫苜蓿	干草	1-00-054	HR	89	70	40	70	70	40	35	*	*	10	*	*	10	*
AF	紫苜蓿	粗粉	1-00-023	HR	89	20	20	*	20	20	*	5	10	10	5	10	10	5
AF	紫苜蓿	青贮饲料	3-08-150	HR	40	75	40	75	75	40	75	*	*	*	*	*	*	*
AF	大麦	草料	2-00-511	HR	30	70	50	100	30	50	100	*	*	*	*	*	*	*

（续）

	植物	饲料成分	IFN 代码	残留量	干物质（%）	公羊/母羊			羊羔			猪，育肥期			猪，成熟期			
						US CAN	EU	AU	US CAN	EU	AU	US CAN	EU	AU	US CAN	EU	AU	JP
	体重（kg）					85	75	60	40	40	60	270	260	60	100	100	60	110
	每日采食量（DM in kg）					2	2.5	2.5	1.5	1.7	2.5	2	6	2.5	3.1	3	2.50	1.00
AS0640	大麦	干草	1-00-495	HR	88	65	*	70	65	*	25	*	*	10	*	*	5	*
AS0641	大麦	麦秆	1-00-498	HR	89	25	60	30	25	60	30	*	*	10	*	*	10	*
AF	大麦	青贮饲料	NA	HR	40	*	50	*	*	50	*	*	*	*	*	*	*	*
AL1030	菜豆	藤蔓	2-14-388	HR	35	30	30	*	30	30	*	*	*	*	*	*	*	*
AV0569	甜菜，饲料甜菜	饲料	2-00-632	HR	15	*	10	*	*	10	*	*	15	*	*	*	*	*
VR0596	甜菜，糖用	地上部分	2-00-649	HR	23	15	20	*	20	20	*	*	10	*	*	*	*	*
VB0041	甘蓝	头，叶子	2-01-046	HR	15	*	10	*	*	10	*	*	10	*	*	*	*	*
AL1023	三叶草	草料	2-01-434	HR	30	85	85	100	30	30	100	*	20	*	*	*	*	*
AL1031	三叶草	干草	1-01-415	HR	89	80	80	75	20	20	35	*	20	10	*	*	10	*
AF	三叶草	青贮饲料	3-01-441	HR	30	85	85	75	30	30	75	*	20	*	*	*	*	*
AF0645	玉米，田间	草料/青贮饲料	3-28-345	HR	40	70	*	80	30	30	60	*	20	*	*	*	*	*
AS0645	玉米，田间	秣草	3-28-251	HR	83	50	*	*	25	*	*	*	20	*	*	*	*	*
AF	玉米，裂花	秣草	2-02-963	HR	85	25	*	*	25	*	*	*	20	*	*	*	*	*
AF	玉米，甜	草料	1-08-407	HR	48	75	*	25	25	*	*	*	*	*	*	*	*	*
AF	玉米，甜	秣草	NA	HR	83	70	*	30	30	*	*	*	*	*	*	*	*	*
AF	豇豆	草料	2-01-655	HR	30	75	35	100	30	35	100	*	20	*	*	*	*	*
AF	豇豆	干草	1-01-645	HR	86	50	35	65	20	35	35	*	20	10	*	*	10	*
AF	王冠野豌豆	草料	2-19-834	HR	30	80	*	95	30	*	95	*	*	*	*	*	*	*

（续）

	植物	饲料成分	IFN 代码	残留量	干物质（%）	公羊/母羊			羊羔			猪，育肥期			猪，成熟期			
						US CAN	EU	AU	US CAN	EU	AU	US CAN	EU	AU	US CAN	EU	AU	JP
	体重（kg）					85	75	60	40	40	60	270	260	60	100	100	60	110
	每日采食量（DM in kg）					2	2.5	2.5	1.5	1.7	2.5	2	6	2.5	3.1	3	2.50	1.00
AF	王冠野豌豆	干草	1-20-803	HR	90	65	*	70	20	*	35	*	*	*	*	*	*	*
AF	牧草	草料（鲜）	2-02-260	HR	25	95	95	100	25	50	100	*	20	*	*	*	*	*
AF	牧草	干草	1-02-250	HR	88	90	90	70	15	30	25	*	20	10	*	*	10	*
AF	牧草	秣草	3-02-222	HR	40	90	90	75	20	50	50	*	20	*	*	*	*	*
AV480	羽衣甘蓝	叶	2-02-446	HR	15	*	10	*	*	10	*	*	10	*	*	*	*	*
AL1025	胡枝子	草料	2-07-058	HR	22	80	*	*	30	*	*	*	*	*	*	10	*	*
AF	胡枝子	干草	1-02-522	HR	88	70	*	20	20	*	*	*	*	*	*	10	*	*
AF	稷	草料	2-03-801	HR	30	80	*	100	35	*	60	*	*	*	*	*	*	*
AF	稷	干草	1-03-119	HR	85	75	*	65	20	*	20	*	*	10	*	*	10	*
AS0646	稷	秸秆	1-23-802	HR	90	50	*	35	15	*	15	*	*	10	*	*	10	*
AF0647	燕麦	草料	2-03-292	HR	30	25	40	100	35	40	100	*	20	*	*	*	*	*
AS0647	燕麦	干草	1-03-280	HR	90	80	40	65	20	40	20	*	20	10	*	*	10	*
AF	燕麦	麦秆	1-03-283	HR	90	10	40	35	20	40	15	*	*	10	*	*	10	*
AF	燕麦	青贮饲料	3-03-298	HR	35	*	*	*	*	*	*	*	*	*	*	*	*	*
AL0528	豌豆	藤蔓	3-03-596	HR	25	75	20	90	35	20	90	*	20	*	*	*	*	*
AL0072	豌豆	干草	1-03-572	HR	88	75	20	70	25	20	30	*	20	15	*	*	10	*
AF	豌豆	青贮饲料	3-03-590	HR	40	73	20	75	35	20	70	*	20	*	*	*	*	*
AL0697	花生	干草	1-03-619	HR	85	79	*	25	25	*	*	*	*	*	*	*	*	*
VL0495	油菜	草料	2-03-867	HR	30	50	40	90	30	40	90	*	20	*	*	*	*	*

（续）

	植物	饲料成分	IFN 代码	残留量	干物质（%）	公羊/母羊			羊羔			猪，育肥期			猪，成熟期			
						US CAN	EU	AU	US CAN	EU	AU	US CAN	EU	AU	US CAN	EU	AU	JP
	体重（kg）					85	75	60	40	40	60	270	260	60	100	100	60	110
	每日采食量（DM in kg）					2	2.5	2.5	1.5	1.7	2.5	2	6	2.5	3.1	3	2.50	1.00
AS0649	大米	稻草	1-03-925	HR	90	10	10	20	10	10	15	*	*	10	*	*	10	*
AF	大米	全株青贮饲料		HR	40													
AF0650	黑麦	草料	2-04-018	HR	30	75	40	100	30	40	100	*	20	*	*	*	*	*
AS0650	黑麦	麦秆	1-04-007	HR	88	25	40	20	10	40	20	*	*	*	*	*	*	*
AF	黑麦	青贮饲料		HR	28													
AF0651	高粱，草料	见牧草																
	高粱，谷粒	草料	2-04-317	HR	35	30	20	100	30	20	65	*	20	10	*	*	*	*
AS	高粱，谷粒	秣草	1-07-960	HR	88	30	20	*	20	20	*	*	20	*	*	*	*	*
AF	高粱，谷粒	青贮饲料		HR	21													
AL1265	大豆	草料	2-04-574	HR	56	80	*	90	35	*	80	*	*	*	*	*	*	*
AL0541	大豆	干草	1-04-558	HR	85	65	*	70	20	*	25	*	*	*	*	*	*	*
AF	大豆	青贮饲料	3-04-581	HR	30	70	*	75	40	*	65	*	*	*	*	*	*	*
AF	甘蔗	地上部分	2-04-692	HR	25	*	*	*	*	*	*	*	*	*	*	*	*	*
AL	车轴草	草料	2-20-786	HR	30	75	40	90	35	20	90	*	20	*	*	*	*	*
AF	车轴草	干草	1-05-044	HR	85	60	40	70	25	20	70	*	20	15	*	*	10	*
AF	黑小麦	草料	2-02-647	HR	30	60	40	100	30	30	100	*	20	*	*	*	*	*
AF	黑小麦	干草	NA	HR	88	80	40	70	20	20	25	*	20	10	*	*	10	*
AF	黑小麦	麦秆	NA	HR	90	10	40	20	10	10	15	*	*	10	*	*	10	*
AF	黑小麦	青贮饲料	3-26-208	HR	35	30	*	*	25	*	*	*	*	*	*	*	*	*

（续）

	植物	饲料成分	IFN 代码	残留量	干物质（%）	公羊/母羊			羊羔			猪，育肥期			猪，成熟期			
						US CAN	EU	AU	US CAN	EU	AU	US CAN	EU	AU	US CAN	EU	AU	JP
	体重（kg）					85	75	60	40	40	60	270	260	60	100	100	60	110
	每日采食量（DM in kg）					2	2.5	2.5	1.5	1.7	2.5	2	6	2.5	3.1	3	2.50	1.00
AV0506	芜菁	叶	2-05-063	HR	30	65	30	75	20	30	75	*	*	*	*	*	*	*
AF	野豌豆	草料	2-05-112	HR	30	80	30	100	30	20	100	*	*	10	*	*	*	*
AF	野豌豆	干草	1-05-122	HR	85	75	30	75	20	20	30	*	*	10	*	*	10	*
AF	野豌豆	青贮饲料	3-26-357	HR	30	80	*	*	30	*	*	*	*	*	*	*	*	*
AF	小麦	草料	2-08-078	HR	25	75	40	100	30	30	100	*	20	10	*	*	*	*
AS0654	小麦	干草	1-05-172	HR	88	80	40	65	20	20	25	*	20	10	*	*	10	*
AS0654	小麦	麦秆	1-05-175	HR	88	25	40	20	10	40	15	*	*	10	*	*	10	*
AF	小麦	青贮饲料	3-05-186	HR	30	30	*	*	25	*	*	*	*	*	*	*	*	*
	根部 & 块茎																	
VR0577	胡萝卜	下脚料	2-01-146	HR	12	20	20	*	40	20	*	*	25	10	*	25	5	*
VR0463	木薯	根部	2-01-156	HR	37	*	20	*	*	20	*	*	40	*	*	40	*	*
VR0589	马铃薯	下脚料	4-03-787	HR	20	50	30	*	40	20	*	*	50	10	*	50	*	*
VR0497	瑞典甘蓝	根部	4-04-001	HR	10	*	30	80	*	30	80	*	40	5	*	40	*	*
VR506	芜菁	根部	4-05-067	HR	15	75	30	80	75	30	80	*	40	5	*	40	5	*
	谷粒/植物种子																	
GC0640	大麦	麦粒	4-00-549	HR	88	40	40	85	40	60	85	20	80	85	20	80	80	30
VD0071	豆	种子	4-00-515	HR	88	20	20	85	20	20	85	*	20	20	*	20	20	*

（续）

	植物	饲料成分	IFN 代码	残留量	干物质（%）	公羊/母羊			羊羔			猪，育肥期			猪，成熟期			
						US CAN	EU	AU	US CAN	EU	AU	US CAN	EU	AU	US CAN	EU	AU	JP
	体重（kg）					85	75	60	40	40	60	270	260	60	100	100	60	110
	每日采食量（DM in kg）					2	2.5	2.5	1.5	1.7	2.5	2	6	2.5	3.1	3	2.50	1.00
GC0645	玉米，田间	玉米粒	4-20-698	HR	88	50	30	85	50	30	85	85	70	80	85	70	80	85
GC0656	玉米，裂花	玉米粒	4-02-964	HR	88	50	30	85	50	30	85	*	*	*	*	*	*	*
VG0527	豇豆	种子	5-01-661	HR	88	*	20	75	*	20	75	10	10	10	10	20	10	*
VD0545	羽扇豆	种子	5-02-707	HR	88	*	10	100	*	10	100	*	15	25	*	20	25	*
GC0646	稷	谷粒	4-03-120	HR	88	40	30	*	40	30	*	20	70	70	20	70	70	*
GC0647	燕麦	麦粒	4-03-309	HR	89	*	40	90	*	60	90	*	70	80	*	70	80	*
VD0561	豌豆	种子	5-03-600	HR	90	20	20	*	20	20	*	15	20	40	15	20	40	*
GC0649	大米	米粒	4-03-939	HR	88	20	*	*	20	*	*	20	*	60	20	*	65	*
GC0650	黑麦	麦粒	4-04-047	HR	88	20	40	*	20	45	*	*	70	80	*	70	70	35
GC0651	高粱，谷粒	谷粒	4-04-383	HR	86	40	40	80	50	40	80	80	70	80	80	70	80	55
SO4724 VD4521	大豆	种子	5-64-610	HR	89	25	10	40	15	20	40	15	10	10	15	20	10	*
GC0653	黑小麦	麦粒	4-20-362	HR	89	20	30	85	20	40	85	*	60	80	*	60	80	*
AL1029	野豌豆	种子	5-26-351	HR	89	*	*	*	*	*	*	*	*	10	*	*	10	*
GC0654	小麦	麦粒	4-05-211	HR	89	20	40	80	20	60	80	*	70	80	*	70	80	35
	副产品																	
AM 0660	杏仁	壳	4-00-359	STMR	90	*	*	*	*	*	*	*	*	*	*	*	*	*
AB9226	苹果	渣，湿	4-00-419	STMR	40	10	10	*	10	10	*	*	*	*	*	*	*	*

（续）

	植物	饲料成分	IFN 代码	残留量	干物质（%）	公羊/母羊			羊羔			猪，育肥期			猪，成熟期			
						US CAN	EU	AU	US CAN	EU	AU	US CAN	EU	AU	US CAN	EU	AU	JP
	体重（kg）					85	75	60	40	40	60	270	260	60	100	100	60	110
	每日采食量（DM in kg）					2	2.5	2.5	1.5	1.7	2.5	2	6	2.5	3.1	3	2.50	1.00
AB	大麦	部分糠		STMR	90													
AB0596	甜菜，糖用	干浆	4-29-307	STMR	88	15	40	*	20	40	*	*	20	*	*	20	*	*
AB	甜菜，糖用	青贮糖浆	4-00-662	STMR	15	*	*	*	*	*	*	*	*	*	*	*	*	*
DM0596	甜菜，糖用	糖浆	4-30-289	STMR	75	15	5	*	10	5	*	*	5	*	*	5	*	*
AB	啤酒糟	干	5-00-516	STMR	92	70	30	*	40	10	*	*	10	10	*	10	10	*
AB	加拿大油菜	饼	5-08-136	STMR	88	15	*	35	15	*	35	15	20	20	15	20	20	*
AB001	柑橘	干浆	4-01-237	STMR	91	20	*	*	15	*	*	*	15	10	*	*	10	*
SM	椰子	饼	5-01-572	STMR	91	*	20	35	*	20	35	*	*	10	*	*	10	*
AB	玉米，田间	asp gr. fn.	4-02-880	STMR	85	*	*	*	*	*	*	*	*	*	*	*	*	*
AB	玉米，田间	磨粉副产品	5-28-235	STMR	85	35	30	*	50	30	*	60	75	70	60	75	70	*
AB	玉米，田间	玉米粥	4-03-010	STMR	88	50	*	*	50	*	*	20	*	40	20	*	40	*
AB	玉米，甜	罐头废料	2-02-875	STMR	30	30	*	*	20	*	*	*	*	*	*	*	*	*
AB	玉米麸	粗饲料	5-28-243	STMR	40	35	30	80	50	30	80	20	20	20	20	20	20	10
AB	玉米麸	粗粉	5-28-242	STMR	40	35	30	*	50	30	*	20	10	25	20	10	25	5
AB	棉花	饼	5-01-617	STMR	89	15	15	45	10	10	45	15	10	10	15	5	10	*
AB	棉花	未剥绒棉籽	5-01-614	STMR	88	25	*	25	25	*	25	*	*	*	*	*	*	*
AB	棉花	壳	1-01-599	STMR	90	15	*	20	20	*	20	*	*	*	*	*	*	*

（续）

	植物	饲料成分	IFN 代码	残留量	干物质（%）	公羊/母羊			羊羔			猪，育肥期			猪，成熟期			
						US CAN	EU	AU	US CAN	EU	AU	US CAN	EU	AU	US CAN	EU	AU	JP
	体重（kg）					85	75	60	40	40	60	270	260	60	100	100	60	110
	每日采食量（DM in kg）					2	2.5	2.5	1.5	1.7	2.5	2	6	2.5	3.1	3	2.50	1.00
AB	棉花	轧棉副产品	1-08-413	STMR	90	*	*	*	*	*	*	*	*	*	*	*	*	*
AB	酒糟	干	5-00-518	STMR	92	35	10	*	25	10	*	*	20	20	*	20	20	*
SO0693	亚麻籽	饼	5-02-043	STMR	88	15	20	*	20	10	*	10	20	10	10	20	10	*
AB0269	葡萄	渣，湿	2-02-206	STMR	15	*	*	*	*	*	*	*	*	10	*	*	10	*
AB	羽扇豆种子	饼	NA	STMR	85	*	25	*	*	20	*	*	10	25	*	10	25	*
VS0626	棕榈	棕榈仁饼	5-03-486	STMR	90	*	*	*	*	*	*	*	10	10	*	10	10	15
SO0697	花生	饼	5-03-649	STMR	85	20	20	*	15	20	*	15	20	10	15	20	10	*
AB	菠萝	加工废料	NA	STMR	25	*	*	*	*	*	*	*	*	*	*	*	*	*
AB	马铃薯	加工废料	4-03-777	STMR	12	50	40	*	25	20	*	*	20	*	*	*	*	*
AB	马铃薯	干浆	4-03-775	STMR	88	*	40	*	*	20	*	*	10	*	*	20	*	*
AB	油菜	饼	5-26-093	STMR	88	15	15	*	15	15	*	*	10	15	*	20	15	20
AB	大米	稻壳	1-08-075	STMR	90	20	*	20	10	*	15	*	*	10	*	0	10	*
CM	大米	糠	4-03-928	STMR	90	*	30	*	*	30	*	10	10	30	10	0	20	10
SN	芝麻种子	饼	NA	STMR	90													
SM	红花	粕	5-26-095	STMR	91	15	*	*	15	*	*	15	*	20	15	*	20	*
AB	高粱，谷粒	asp gr. fn.	NA	STMR	85	*	*	*	*	*	*	*	*	*	*	*	*	*
AB	大豆	asp gr. fn.	NA	STMR	85	*	*	*	*	*	*	*	*	*	*	*	*	*
AB	大豆	饼	5-20-638	STMR	92	25	25	35	15	25	35	15	30	30	15	30	30	*
AB	大豆	壳	1-04-560	STMR	90	50	*	20	20	*	20	*	*	10	*	*	10	*

（续）

	植物	饲料成分	IFN 代码	残留量	干物质（%）	公羊/母羊			羊羔			猪，育肥期			猪，成熟期			
						US CAN	EU	AU	US CAN	EU	AU	US CAN	EU	AU	US CAN	EU	AU	JP
	体重（kg）					85	75	60	40	40	60	270	260	60	100	100	60	110
	每日采食量（DM in kg）					2	2.5	2.5	1.5	1.7	2.5	2	6	2.5	3.1	3	2.50	1.00
AB	大豆	豆腐渣	NA	STMR	20													
AB	大豆	糠	NA	STMR	?	*	*	*	*	*	*	*	*	*	*	*	*	*
AB	甘蔗	糖浆	4-13-251	STMR	75	10	5	10	10	5	10	*	*	*	*	*	*	*
AB	甘蔗	甘蔗渣	1-04-686	STMR	32	*	*	10	*	*	*	*	*	*	*	*	*	*
AB	向日葵	饼	5-26-098	STMR	92	20	20	40	20	20	40	15	10	30	15	10	30	*
AB	番茄	渣，湿	NA	STMR	20													
AB	小麦	asp gr. fn.	NA	STMR	85	*	*	*	*	*	*	*	*	*	*	*	*	*
AB	小麦麸	粗粉	5-05-221	STMR	40	10	30	*	10	30	*	10	10	25	10	10	25	*
AB	小麦	磨粉副产品	4-06-749	STMR	88	40	40	*	50	50	*	50	50	40	50	50	40	15

注：

干物质百分比：在牛肉、牛乳品、羊饲料中，未加工的农产品和处理过的农产品的典型样品应注明含水量。

饲料分类：R：粗饲料；CC：浓缩糖类；PC：浓缩蛋白质。

残留量：HR：高残留（或 HAFT）；STMR：残留中值。

干物质百分比：在牛肉、牛乳品、羊饲料中，未加工的农产品和处理过的农产品都应注明含水量。

*注：日摄入量较少的饲料（低于 5%）不适用。

牲畜日摄入量：通过人们消费肉、牛奶和蛋的数量能更好的估算成熟期牲畜每日摄入饲料的百分比含量，肉牛、乳牛、羊及脏器的干重可以提供日摄入饲料百分比，根据列出的体重和每日摄入的干物质量得出表中的值，涉及到以下动物：

美国/加拿大

牛肉：成熟期肉牛，体重 500kg，每日饲喂 9.1kg 干物质。牛乳：成熟期的母牛，体重 600kg，日产奶 23kg，每日饲喂 18.2kg 干物质。

公羊/母羊：生育期，体重 85kg，每日饲喂 2.0kg 干物质。肥羔羊：成熟期，体重 40kg，每日饲喂 1.5kg 干物质。

公猪/母猪：生育期，体重 270kg，每日饲喂 2.0kg 干物质。成熟期生猪，体重 100kg，每日饲喂 3.1kg 干物质。

肉鸡：体重 2.5kg，每日饲喂 0.16kg 干物质。蛋鸡：体重 3.2kg，每日饲喂 0.12kg 干物质。

火鸡：体重 12kg，每日饲喂 0.5kg 干物质。

欧盟

牛肉：成熟期肉牛，体重500kg，每日饲喂10kg干物质。牛乳：成熟期母牛，体重650kg，日产奶40kg，每日饲喂25kg干物质。

公羊/母羊：生育期，体重75kg，每日饲喂2.5kg干物质。肥羔羊：成熟期，体重40kg，每日饲喂1.7kg干物质。

公猪/母猪：生育期，体重260kg，每日饲喂2.0kg干物质。成熟期生猪，体重100kg，每日饲喂3kg干物质。

肉鸡：体重1.7kg，每日饲喂0.12kg干物质。蛋鸡：体重1.9kg，每日饲喂0.13kg干物质。

火鸡：体重20kg，每日饲喂0.7kg干物质。

澳大利亚

牛肉：成熟期肉牛，体重400kg，每日饲喂9.1kg干物质。牛乳：成熟期母牛，体重600kg，日产奶23kg，每日饲喂18.2kg干物质。

公羊/母羊：生育期，体重85kg，每日饲喂2.0kg干物质。肥羔羊：成熟期，体重40kg，每日饲喂1.5kg干物质。

公猪/母猪：生育期，体重270kg，每日饲喂2.0kg干物质。成熟期生猪，体重100kg，每日饲喂3.1kg干物质。

肉鸡：体重2.5kg，每日饲喂0.16kg干物质。蛋鸡：体重3.2kg，每日饲喂0.12kg干物质。

火鸡：体重12kg，每日饲喂0.5kg干物质。

饲料

紫苜蓿：除非受到气候条件影响收割时期，最少需要3个收割时期的残留资料，芽后期到开花期为第一次收割期，开花1/10期及最后一次收割不晚于盛花期。苜蓿粉（17%蛋白），尽管用于家畜日常饮食中，苜蓿粉不需要残留资料，而采用干草的最大残留限量值。苜蓿干草需要在大田晾晒成含水10%～20%。苜蓿青贮饲料：青贮饲料的残留数据是可选择的，但它的饮食暴露评估是非常令人满意的。在紫苜蓿出芽后期到1/10花期收割，枯萎到含水量大约60%时切成细条，打捆，经过最少3周的密闭发酵达到pH为4。这个方法适用于青贮饲料及窖藏干草饲料，如果缺少了青贮饲料的数据，草料的残留数据经过干物质校正后可应用于青贮饲料。

大麦干草：麦粒灌浆成熟期收割，晾晒至水分含量10%～20%。

大麦麦秆：大麦植株收割麦穗（脱粒）后剩余部分（干麦秆或叶茎）。

大麦青贮饲料：残留数据只有在作膳食暴露评估时需要，将含水率为55%～65%的青绿饲料经切碎后，在密闭缺氧的条件下贮存发酵3周，达到pH为4。如果没有青贮饲料的数据，草料的残留数据经过干物质校正后可应用于青贮饲料。

糖用甜菜头部：美国现在普遍的农业操作中，甜菜叶只用来饲喂牛和羊，其他国家可能另有他用。

三叶草草料：开花前期切割10～20cm（4～8英寸），近乎30%干物质。

三叶草干草：盛花前期收割，干草晾晒至含水量为10%～20%，三叶草籽粒不需要残留数据。

三叶草青贮饲料：青贮饲料的残留数据是可选择的，但它的饮食暴露评估是非常令人满意的。在三叶草1/4花期前收割，枯萎到含水量大约60%时切成细条，打捆，经过最少3周的密闭发酵达到pH为4。这个方法适用于青贮饲料及窖藏干草饲料，如果缺少青贮饲料数据，草料的残留数据经过干物质校正后可应用于青贮饲料，提供了红三叶草的IFN密码。

玉米饲料（大田和裂花）：在玉米蜡熟后期到玉米出穗期收割整个地上部分。

玉米秣草（田间和裂花）：去除了玉米粒和整个玉米穗（玉米棒+玉米粒）的成熟干秸秆，含80%～85%的干物质。

玉米青贮饲料（田间和裂花）：新鲜收割的样品要经过最多3周的分解、发酵，达到pH≤5，要经过干物质百分含量校正。

玉米草料（甜）：样本在甜玉米采收卖到鲜品市场后收割，包含或不包含穗。新鲜收割的样品要经过最多3周的分解、发酵，达到pH≤5，要经过干物质百分含量校正。

豇豆草料：豇豆爆豆前期收割15cm（6英寸），大约含有30%的干物质。

豇豆干草：豆荚成熟到一半时收割，田间晾晒到含水量大约10%～20%。

王冠野豌豆草料：爆豆前期收割15cm（6英寸），大约含有30%干物质。

王冠野豌豆干草：豆荚成熟到一半时收割，田间晾晒到含水量为 10%～20%。

牧草：牧草草料需要提供田间 0d 的残留数据，尽管这是不可能的。例如，用于播种前期或者出土前期的农药。干草的采收需要合理的采收间隔期。牧草包括稗草、糠穗草、狗牙草、草地早熟禾、大须芒草、无芒雀麦草、水牛草、草芦、马唐、杯子草、雀稗、砂地鼠尾粟、草原看麦娘、东方格兰马草、侧燕麦马草、羊草、印度草、石茅高粱、画眉草、紫狼尾草、野燕麦、野茅草、俯仰马唐、小糠草、意大利野麦草、千金子、芒麦草、肺筋草、柳枝稷、梯牧草、麦穗草、野生黑麦草。也包括苏丹草、苏丹草料及两种的混合饲料。

牧草草料：孕穗期收割 15～20cm（6～8 英寸），大约含有 25%的干物质。

牧草干草：生长早期收割，干草需田间晾晒到含水量大约为 10%～20%。包括苏丹草、苏丹草料和两种混合的草料。对于收获种子的牧草，PGIs 和 PHIs 都被认同，残留数据可能是收获的种子中的。

牧草青贮饲料：青贮饲料的残留数据是可选择的，但它的饮食暴露评估是非常令人满意的。在生长早期收割，枯萎到含水量大约 55%～65%时切细，打捆，经过最少 3 周的密闭发酵达到 pH 为 4。如果缺少了青贮饲料的数据，草料的残留数据经过干物质校正后可应用于青贮饲料。在日本，三种饲料类型中，肉牛和牛奶的表格中意大利黑麦草、野茅草和牛草的数值百分数都是最高的。

羽衣甘蓝叶：新鲜的。

胡枝子草料：开花前期至植株长到 10～15cm（4～6 英寸）时收割，约含有 20%～25%干物质。

胡枝子干草：一年生/韩国，开花前期至盛花期收割。绢毛蔷薇：高 30～37.5cm（12～15 英寸）时收割。田间晾晒到含水量为 10%～20%。

稷草料：植株长到 25cm（10 英寸）至开花前期时收割，约含有 30%干物质。

稷干草：植株达到孕穗期或植株约 1m（40 英寸）高时收割，干草需田间晾晒到含水量为 10%～20%，稷包括珍珠稷。

稷秆：只有稷需要数据。

稷秆：谷粒收割后的植株（干燥的茎、秆及叶）。

燕麦草料：分蘖期和拔节期之间收割。

燕麦干草：蜡熟初期收割。干草需田间晾晒至含水量 10%～20%。

燕麦秆：收割脱粒后剩余的植株（干燥的茎、秆和叶）。

豌豆，田间：不包括用于人类罐头食物的紫花豌豆。包括用于家畜饲料的种植品种，如奥地利冬季豌豆。

紫花豌豆藤：豆荚形成后收割，约含有 25%干物质。

紫花豌豆干草：盛花期至豆荚形成期收割。干草需田间晾晒至含水 10%～20%。

豌豆，田间，青贮饲料：紫花豌豆藤的残留资料经过干物质校正后用于紫花豌豆青贮饲料。

花生干草：花生干草料是由机械收割后剩余的干燥花生藤和叶子组成，含水量 10%～20%。

稻秆：收完穗后剩余的植株（基部的茎）。在日本，规定用于人类消费的肉牛和奶牛的最大饲喂量，稻秆（湿重）不少于总饲喂量的 20%。

黑麦草料：植株 15～20cm（6～8 英寸）至拔节期收割，约含有 30%干物质。

黑麦麦秆：收割麦穗脱粒后剩余植株（干燥的茎、秆和叶）。

高粱草料：蜡熟初期至硬蜡熟期收割（整个地上部分）。草料样品要经过分解或分解后青贮最多 3 周，达到 pH≤5，要经过干物质百分含量校正。

高粱秣草：采收穗后成熟的干茎，包含约 85%干物质。

大豆草料：植株 15～20cm（6～8 英寸）高（第六个节）至开始结荚期收割，约含 35%干物质。

大豆干草：植株在花中期到盛花期，底部叶子开始脱落，结荚率 50%时收割，干草需田间晾晒至含水量为 10%～20%。

大豆青贮饲料：青贮饲料的残留数据是非强制需要的，样本在豆荚一半以上至全成熟（满荚期）时收割，如果缺少了青贮饲料的数据，草料的残留数据经过干物质校正后可应用于青贮饲料。

黑小麦草料：开花前期或者植株高 12.5～25cm（5～10 英寸）时收割，约含有 30%干物质。

黑小麦干草：第一次开花至盛花期收割，干草需田间晾晒到含水 10%～20%。

黑小麦：见小麦。

野豌豆草料：开花前期至植株长到 15cm（6 英寸）时收割，约含有 30%干物质。

野豌豆干草：开花前期至植株下半部约有 50%的花时收割，干草需田间晾晒到含水 10%～20%。不包括王冠野豌豆。

小麦：包括二茬小麦和杂交小麦，二茬小麦不需要特殊的 MRL。

小麦草料：小麦 15～20cm（6～8 英寸）到拔节期收割样品，干物质含量约为 25%。

小麦干草：开花前期（孕穗期）到蜡熟初期收割样品。干草需要田间晾晒至含水量 10%～20%

小麦秆：麦穗采收后收割的植株（包括干燥的茎、秆及叶）。

根 & 块茎

胡萝卜下脚料：未加工过的农产品的残留数据包括胡萝卜下脚料中的残留。

木薯根：整个根部通过机器切成小片，然后剥皮晾干。

剔除的马铃薯：不适合超市和加工的未剥皮的整个马铃薯。

谷粒/作物种子

大麦或燕麦谷粒：需要谷仁（颖果）和谷壳（外稃和内稃）的残留资料。

菜豆、豇豆、羽扇豆、豌豆、大豆、野豌豆种子：干燥的、成熟的种子需要残留资料。

玉米粒（田间和爆米花型）：去棒成熟的玉米粒（颖果）需要残留资料。

稷谷粒：谷仁和外壳（内稃和外稃）需要残留资料。

珍珠稷谷粒：去除壳（外稃和内稃）的谷仁（颖果）需要残留资料。

稻米：带壳不带壳的稻米（颖果）都需要残留资料。登记人员需随时与管理部门联系从而提供特殊的数据。

黑麦、黑小麦、高粱（谷粒）、小麦谷粒：去壳（外稃和内稃）的谷仁（颖果）需要残留资料。

副产品

综述。在美国，家畜日常饮食中包括不止一种副产品（杏仁壳、苹果渣、分选谷物颗粒、胡萝卜下脚料、柑橘渣、甜玉米罐头废料、棉花轧棉副产品、菠萝加工废料、马铃薯下脚料和马铃薯加工废料）。

杏仁壳：杏仁外面的干果皮。

苹果渣，湿：苹果加工后的副产品。包括整个小苹果酿酒后剩余的茎、果核，以及榨果汁和果酱剩余的果皮。

分选谷物颗粒（细粒粉尘）：在粮仓中，基于对环境等安全情况考虑，移动、处理谷物或油料种子时收集的粉尘。

玉米、高粱、大豆或者小麦等收割后加工的饲料需残留资料，尽管粮食中的残留量低于分析方法的定量限，也需要收获期至种子形成期的残留数据。在营养期（生殖生长期）和收获前期，尽管植物代谢及加工分析等研究表明残留量与种皮有一定关系，但一般不需要残留数据。例如，麦麸、大豆壳。如果需要 MRL 值，那么需要对玉米、大豆、高粱、小麦的分选谷物颗粒设定较高的残留值。

甜菜渣，干燥：甜菜清洗去掉顶部、叶子、沙土，通过压榨提取糖液后剩余的干物质，要标注水分含量。

糖甜菜糖浆：甜菜制造蔗糖的副产品，糖分含量不低于 48%，两次稀释后的密度不低于 79.5 Brix。

啤酒糟：以大麦、其他谷类混合物及谷类制品为原料，制造麦汁或啤酒后干燥的残渣，干啤酒花含量不超过 3%，要标注水分含量。

加拿大油菜饼：加拿大油菜籽榨油（物理压榨或化学浸提）后剩下的残渣。

干的柑橘渣：柑橘属水果偶尔出现的残留一部分果肉、果皮，干的或粗糙的片状物，可能包含干的果肉、果粒和整个种子。

椰子饼：椰子榨油（物理压榨或化学浸提）后剩下的残渣。

玉米（田间）加工副产品：（干加工：玉米碴、玉米饼、玉米粉以及玉米油）如果玉米干加工产品需要制定 MRL，玉米碴、玉米饼、玉米粉上需要制定高浓度。

玉米（田间），玉米粉：玉米糠、玉米胚芽以及部分玉米粒的混合物，用来做珍珠玉米粥、玉米粗粉或者用于桌餐（<4%脂肪）。

玉米蛋白饲料：田间玉米通过湿磨处理去除了大量淀粉和麸皮的部分剩余玉米皮。

玉米蛋白粉：田间玉米通过湿磨加工去糠，再去除大量淀粉和胚芽的干剩余物。

甜玉米：青玉米的残留数据可以充分提供给甜玉米，该数据是在甜玉米种植区，通过在甜玉米乳熟期进行足够数量的试验及地域环境资料得来的。

甜玉米罐头废料：包括外皮、叶子、玉米棒子和籽粒。需要玉米植株的残留数据。

棉籽饼：棉籽榨油（物理压榨或化学浸提）后剩下的残渣。

没有剥除短绒的棉籽：轧棉后仍带有细微棉纤维的棉籽。

棉壳：主要是由收割后的棉籽壳组成。

棉花轧棉副产品（一般称作轧棉垃圾）：轧棉后的残余物，是由毛刺、叶子、枝条、生棉籽、沙子和土组成。棉花的收割必须用商业设备来进行，从而提供轧棉过程中残留物的充分数据。需要现场收割剥棉。采摘的棉花不需要数据。

酒糟：从发酵后的谷物或混合谷物中蒸出酒精后的残渣，要标注水分含量。

亚麻籽饼：亚麻籽榨油（物理压榨或化学浸提）后剩下的残渣。

葡萄渣，湿：葡萄榨汁后剩余的残渣，也称作“榨渣”，要标注水分含量。

羽扇豆籽饼：羽扇豆籽榨油（物理压榨或化学浸提）后剩下的残渣。

棕榈仁粉：棕榈籽榨油（物理压榨或化学浸提）后剩下的残渣。

花生仁饼：花生仁榨油（物理压榨或化学浸提）后剩下的残渣。

菠萝加工残渣（也称作湿糠）：湿废料源于鲜切生产线，包括菠萝顶（去冠）、根部、果皮、去皮时修剪下的东西、果肉（榨过果汁剩余部分）；也包括下脚料。

马铃薯渣：干的马铃薯加工废料，参照马铃薯加工废料。

马铃薯加工废料（包括鲜果皮和干果皮，生薯条，炸薯片，煮熟的马铃薯）：鲜果皮的最大残留限量值一般被用来做膳食配料计算。通过试点或大规模加工得到马铃薯加工废料，废料中鲜果皮所占的最大百分比可用来提供残留数据。

油菜籽饼：工业用非食用油菜籽油不需要残留数据。食用油菜籽油只是由加拿大油菜籽榨制（见加拿大油菜）。

稻壳：稻米外层包裹物（包括糠）。

藏红花饼：藏红花籽榨油（物理压榨或化学浸提）后剩下的残渣。

豆腐渣：豆腐渣和酱油是煮制豆浆后剩余的部分白色或微黄色的不溶物。作为豆腐和豆浆的副产品，豆腐渣一般用于动物饲料。

大豆粗粉：榨油过程中产生的豆饼等磨成的粉。

甘蔗糖浆：需要废糖蜜的残留资料。

甘蔗渣：美国的资料中标明甘蔗渣主要用于燃料，其他国家也许应用于不同领域。

葵花籽饼：葵花籽榨油（物理压榨或化学浸提）后剩下的残渣。

番茄渣，湿的：番茄酱的副产品，大部分为果皮和种子。

麦粉制品：如果需要设定最大残留限量值，要对小麦麸、米糠和细麸粉等设定最高值。

附　录　X

FAO 专家组成员 JMPR 手册

内容

1. 前言

本《手册》旨在帮助 FAO 专家组成员按照统一格式准备会议的草稿文件，也有助于相关人员提交资料供 FAO 专家组审核。本《手册》不用于解决评估过程中的问题或对估计最大残留水平进行指导。统一格式的文件有助于 JMPR 人员快速了解信息，并且利于编辑在会后整理最终发行文件版本。

2. 总则

使用 Office 2003 或升级后的 word 版本编辑生成文件。

对所有要讨论的文件进行连续编号，便于读者找出文件中要讨论的内容。

尽量用英式英语（UK）对文件进行拼写检查。

使用公制单位并将非公制单位进行转换。

Fahrenheit °F	°C=（°F−32）×5/9
feet^2	0.0929 m^2
1 lb =	0.4536 kg
1 gal（US）=	3.7854 L
1 fl oz =	0.02957 L
1 acre（A）=	0.404687 hm^2
fl oz/A	0.073069 L/hm^2
g/acre	2.470058 g/hm^2
100 sq ft =	9.290 sq m
1 lb/100 gal（US）=	0.1198 kg/hL
1 gpa =	9.353 L/hm^2　（gpa = gallon/acre）
1 lb/acre =	1.1208 kg/hm^2

1 oz/1000 cu ft =　　　1.0012 g/m^3（熏蒸体积）

1 quarts，US Liquid　　0.946325 L

将 Ib ai/acre 转换为 kg ai/hm^2，百分制剂含量转换为 g/kg 或 g/L，残留浓度 ppm 转换为 mg/kg，但在饲喂试验中有效成分的浓度单位仍以 ppm 表示。转换的目的是为了避免混淆 mg/kg 饲料和 mg/kg 体重。

3. 格式

采用 Times NewRoman 字体，文本字体大小为 11，表格字体大小至少为 9。

左右边距应为 1 英寸（25mm），上下边距 0.5 英寸（12.5mm）。行列通过 widow/orphan 保护调整。

整体文本的制表符应设定为半英寸（12.5mm）间距。

紧随标题的段落应左对齐，之后的段落应缩进半英寸（12.5mm）

页眉置于草稿文件每页的左上角显示文件标题，例如：PHORATE 评估（Evaluation）或 PHORATE 评价（Appraisal），或饲料中残留报告。页码置于页眉之上，居中，使用 Times New Roman 字体，12 号字。

3.1　表格

本部分包括制表指南。表格布局示例，如残留数据表，置于“残留评价（草稿）”部分相关标题之下。

在文中适当的位置插入表格，不要置于文件的最末。

使用 word 中的表格功能。通常，不同项目的信息记录在相应的单元格中。例如：“Codex Commodity Number”和“Codex Commodity description”应在同一列的不同单元格中。尤其需要注意表格的不同行在单元格的不同列的情况。

一般避免使用象征符号。在表格中以上标字母的形式指示表下注（表下注置于表格的下方，而不是页面的底部）。

禁止垂直合并单元格（以区分分离各单元格的删除线），当单元格占据几行的深度时会导致相同的问题。

尽量选择纵向（垂直）表格而不是横向（水平）表格。设置相同的页边距。比较宽的表格可通过使用 9 号字体并调整为纵向表格而包含在整个页面中。

长达几页的表格可使用“前置标题”的功能，以保证表格标题总是会出现在每页的上端。不要将表格总标题放在表格内的标题栏之中，否则会使总标题出现在以后的每一页，而使读者很难找到表格的起始页。

不要将表格设置为贯穿几页的一系列单独页面的表格，这样通常会产生多页不完整的页面。

若缩略词不便于对表格的理解，尽量避免在表格中使用。若缩略词对于读者而言不常见或未出现在报告或评估起始的缩略词列表中，则在表格下方备注中对其进行解释。

不需要解释的常见特指缩略词如下：

ARfD　　急性参考剂量

ADI　　每日允许摄入量

CAC　　国际食品法典委员会

CAS　　化学文摘社

CCPR	国际食品法典农药残留委员会
CXL	国际食品法典 MRL
ECD	电子捕获检测器
EMRL	最大再残留限量
FPD	火焰光度检测器
g・ai/m	克 有效成分每米
g・ai/m^3	克 有效成分每立方米
g・ai/t	克 有效成分每吨
GAP	良好农业操作规范
GC-MS（MS）	气相色谱-质谱联用仪
HR	试验中检测到的产品可食部分中的最高残留，用于评估产品的最高残留水平
HR-P	由初级农产品的 HR 值乘以相应的加工因子得出的加工产品的残留值
IEDI	国际估计每日摄入量
IESTI	国际估计短期摄入量
kg・ai/hm^2	千克 有效成分每公顷
kg・ai/hL	千克 有效成分每百升
LC-MS/MS	液相色谱-串联质谱联用仪
LOQ	最低检测量
mg/kg	毫克每千克
LP	用于 IESTI 计算的主要可食部位（kg・食品/d）
MRL	最大残留限量
NTID	氮磷选择性检测器
PHI	安全间隔期
RAC	初级农产品
STMR	规范试验残留中值
STMR-P	加工产品规范试验残留中值
TMDI	理论最大每日摄入量

注意：上述缩略词以及国家或组织的名称均无停顿符（.）（如 UK，USA，FAO，CCPR），但一些常见的缩略词要使用停顿符（c.、e.g.、etc.、i.e.、viz.）。正确的缩略词参见最新 JMPR 报告起始部分和残留评价报告部分。注意 *et al* 的格式（斜体，“al”后使用停顿符）。

尽量使用“Codex commodity descriptions”①，按照“Codex Classification of Foods and Feeds”中“类别”的顺序排序产品，如水果、蔬菜、……，然后遵循“类别”中的“分组”进行排序，如柑橘类、仁果类、核果类等。

用 mg/kg 表示残留浓度，在残留表格中添加参考文献或研究项目号，有助于确定所有报告数据的来源。

① FAO/WHO 1993 年《法典食品和动物饲料分类》第 2 版，第 2 卷。

3.2 图表

可以使用生产商提供的电子版图表或运用商业化学结构绘图工具绘制的图表，如下图：

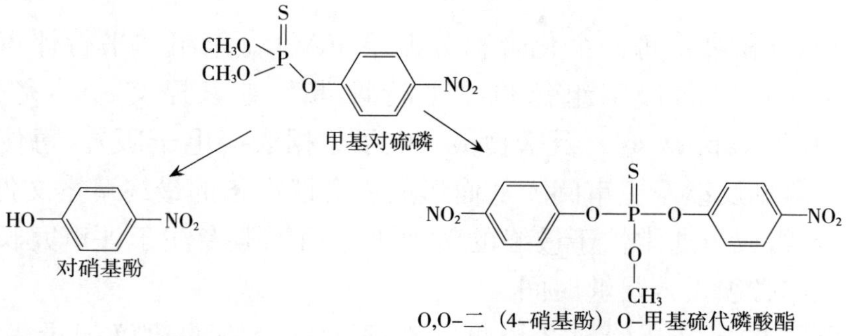

甲基对硫磷

对硝基酚

O,O–二（4–硝基酚）O–甲基硫代磷酸酯

图 X.1 甲基对硫磷的有氧代谢物（JMPR 评估报告残留卷，2000 年，第 580 页）

4. JMPR 报告

发行的 JMPR 报告通常由 6 或 7 章及一系列附录组成。

部分章节和附录由编辑人员完成。准备联席会议的专家组成员最感兴趣的章节和附录包括以下内容。

第二章：概论。本章涉及报告的所有议题，但不针对具体化合物。

第三章：针对 CCPR 提出的具体问题的回复。

第四章：食品中农药残留膳食风险评估。本章报道了膳食风险评估的总结结果。

第五章：具体化合物的报告。编辑人员会将评价文件（Appraisal documents）转换成报告形式放入第四章内容。专家组成员撰写评估（Appraisal）时，应意识到 JMPR 报告描述化合物时会用到相同的文字，也就是说评价 Appraisal 报告应该自成一体，无需参照评估报告（Evaluation）中的特定表格或图表。

附录 1：所有 MRL，STMR，HR，ADI，ARfD 及会议推荐残留定义的详细列表。本附录根据每个化合物的推荐表格整理完成。

附录 3：长期摄入量计算结果及其与 ADIs 的比较。

附录 4：农药残留的国际估计短期摄入量。

附录 6：家畜膳食负担。

5. FAO 专家组主席及记录员的职责

专家组主席负责就会议的进展情况与 WHO 工作组主席进行沟通，并共同制定会议议程。FAO 专家组主席同时兼任联席会议主席或副主席。

专家组主席确保所有议题都得到充分讨论并力求会议达成一致。讨论必须取得合理进展，最好于联席会议结束前的第 4 天向 WHO 工作组提交基本议题进展草案初稿，并于会议结束前第 3 天提交会议大部分报告议题的最终草案。

在更新的会议系统中，每位专家组成员在其准备的文件被讨论时都扮演记录员的角色。由于工作量巨大，将所有记录工作交由一个人完成是不实际的。

FAO 专家组记录员负责与 WHO 记录员沟通，确保文件的互换，并对互换进行记录。

FAO专家组记录员承担复印的职责，确保文件不被延误。

6. 会前准备

JMPR的FAO秘书将每一个化合物分派给FAO专家组“平行评审”专家。主评审人应在会前4～6周向评审组每位“平行评审”专家提交一份完整的基础评估（evaluation）、评价（appraisal）及膳食摄入电子数据表（电子版）。每位平行评审专家应阅读文件并将意见反馈至主审阅人从而形成为会议准备的最终草案文件。会议开始前的2～3周，专家组成员通常忙于最终的整理工作而无暇专注于评审冗长的文件。会前对文件的预审工作必须投入足够时间。

专家组成员应在会议开始前2周将针对每个化合物的建议记录表电子版提交至FAO联合秘书，以便于FAO联合秘书或编辑人员在会前准备附录1。

专家组成员应在会议开始前2周将每个化合物的建议记录表及加工过程和食物产品可食部分中残留数据电子版提交至WHO联合秘书，以便于告知GEMS/Food每个被评估的化合物的潜在膳食摄入情况。

专家组成员应及时将各自文件的最终草案提交FAO联合秘书，以便于复印出会议用材料。

作者应准备一份针对每个化合物的问题及专家组成员的讨论要点的简要列表。列表应于专家组会的第1天准备好，其目的是将专家的注意力集中在评审过程中出现的所有异议上。

7. 残留评估报告（文件草案）

按照下列格式准备会议用评估草案。大写字母、标题行、粗体及下划线的使用都应遵循该格式。在首页的右上角标明年份、草稿编号及作者姓氏。会议上应对每个化合物指明一个参考编号，如：文件名中的“FAO/2001/ref no. EV1”表示该文件是评估文件的草案1。详细范例如下：

FAO/2001/
作者
COMPOUND _ EV1. doc
草案1

化合物（Codex代码）

说明

鉴别

代谢及环境归趋

- 动物代谢
- 植物代谢
- 土壤中的环境归趋
- 水-沉积物系统中的环境归趋（若相关）

残留分析

分析方法

分析样品贮藏过程中农药残留的稳定性

施药方法

作物上监管试验的残留结果

贮藏和加工过程中的残留归趋

贮藏过程中的残留归趋

加工过程中的残留归趋

食物可食用部分中的残留

动物产品中的残留

直接动物处理

家畜饲喂试验

商业买卖或消费过程中食物中的残留

国家残留定义

参考文献

说明

在前言中简述化合物的历史。

例如：于1965年首次对甲基对硫磷进行了评估，后多次对其进行复审，最近的几次在1991、1992、1994和1995年。

若CCPR对其提出疑问，参见会议号及年份

第30次（1998年）CCPR会议建议（ALINORM 99/24，Appendix VII）…

若CCPR阶段性评审会议中对该化合物进行了评价，则在第一段表述。

1998年CCPR评估了甲基对硫磷（30th Session，ALINORM 99/24，Appendix VII），用于2000年JMPR进行周期性再评价。

若与主题相关，简要介绍已有的JMPR要求。总结已有的信息。表明信息的提供方（国家列表）及（主要）生产者。不要指出公司名称。

对于新的和周期性复审的化合物，详细说明所用信息是否基于严格的支持试验（代谢、家畜取食、加工、分析方法、冷藏稳定性）而得到。

对周期性复审的化合物，以说明（EXPLANATION）部分开始，然后是鉴别（IDENTITY）部分。对于新化合物，省略其说明（EXPLANATION）部分。

鉴别

ISO通用名称

化学名称

IUPAC：[缩进12.5mm]

CAS：

CAS登录号：

CIPAC号：

别名及商品名：

分子结构式：

分子式：
分子量：

理化性质：

纯有效成分［下划线、句型、左对齐］
外观：
蒸气压：
熔点：
正辛醇/水分配系数：
溶解度：
比重：
水解：
光解：
解离常数：
原药［下划线、句型、左对齐］
外观：
密度：
纯度：
熔点范围：
热稳定性：
稳定性：
制剂

代谢及环境归趋

动物代谢

对于新的及周期性复审的化合物，应该向 FAO 专家组和 WHO 工作组提供动物代谢研究试验。从 FAO 专家组的角度对试验动物（通常为大鼠）的代谢研究结果进行评审。应提供有助于阐述家畜代谢和饲喂试验的信息。这些信息包括排泄的速率和途径，主要代谢物的信息以及靶器官的情况。有时只将动物代谢研究结果提供给 WHO 工作组。若未提供，FAO 专家组评审人员应对这些试验提出明确要求。

可以对代谢数据类型的描述引入本章节的内容。

会议收到了哺乳期山羊、产蛋期母鸡取食多杀霉素后及哺乳期山羊经皮进行多杀霉素处理后，多杀霉素在动物体内的归趋的信息。

每个试验可以以一段用于记录的信息汇总的形式引入。

用相当于饲料中代森锰锌的浓度为 3mg/kg、14mg/kg、36mg/kg 的放射性标记的代森锰锌胶囊（［^{14}C］乙二胺）经口处理 7d 后，分析产蛋期母鸡的组织、蛋及排泄物内的残留。饲料摄入量为 88～96g/（只·d），试验期间收集全部的蛋和排泄物，最终处理 24h 后屠宰动物并采集组织样本。

根据家畜饲喂试验（参见第 3 部分）的要求检查动物代谢物。得出能够对家畜饲喂试验做出合理解释的结论。对残留的生物富集及潜在的靶标组织做出说明。

本部分还应包括鱼体内的生物富集试验。

本部分结尾为动物代谢的图示。

植物代谢

以对代谢数据类型的描述引入本章节的内容。

会议收到经多杀霉素叶面处理的苹果、甘蓝、番茄、芜菁、葡萄和棉花后，多杀霉素在植物体内的归趋的信息。

每个试验可以以一段用于记录的信息汇总的形式引入。

用放射性标记的代森锰锌胶囊（$[^{14}C]$ 乙二胺）以 2.7kg・ai/hm^2 浓度处理番茄植株，每周施用 1 次，连续施用 9 次，最后一次处理 5d 后收获番茄（试验参照标准）。

在残留试验的帮助下，总结目标农药在植物体内的代谢。说明残留在植物表面或植物组织内的残留。描述残留在植物体内的移动性并说明残留从叶片向果实、根系或其他可食用部分转移的可能性。特别指出所有动物所不具有的植物代谢物。

此部分结尾为植物代谢的图示。

土壤中的环境归趋；水-沉积物系统中的环境归趋

遵循动物和植物代谢部分的格式，即先提出简介，然后为对每种模式的环境归趋研究进行描述。

此部分包括对轮作作物中农药残留的研究。

残留分析

分析方法

简介部分的文字或段落应阐述收到的用于残留评估的分析方法并说明目标物（母体及降解产物）和基质。

用 1～2 段文字或总结性表格简要描述每种分析方法。包括萃取、净化和最终测定方法，如：GLC-FPD。重点强调分析过程中的关键性或复杂的步骤以及复杂基质。根据基质种类、峰高水平、试验数量和回收率范围阐述方法验证分析结果，并说明 LOQ。

本部分包括按照试验准则完成的对化合物的测定及残留分析方法，无论分析方法可行与否。

分析样品储存过程中农药残留的稳定性

首先应包括向 JMPR 提交的信息总结。

会议收到冷冻条件下四季豆、蚕豆、棉籽、草莓、李子、苹果、葵花籽、杏仁、菠菜、青椒、柑橘、苜蓿、蓖麻籽、蓖麻初榨油、蓖麻粕、蓖麻加工废料、高粱面粉、玉米及玉米加工产品中农药残留稳定性的资料。

使用方式

以对所用化合物的简述引入本部分内容。

甲基对硫磷在很多国家登记注册，用于水果、蔬菜、谷物、油籽和草料作物上的害虫防治。在会议上可能使用的关于注册用途的信息应总结到表格中……

良好农业规范（GAP）与监督试验条件之间的对比是评估过程中必不可少的一部分，因此以表格的形式描述GAP利于进行比较。表Ⅹ.1是甲基对硫磷评估报告（《评估手册2000》，第一部分：农药残留，p.617）的关于GAP表格的摘录，以供参考。

表Ⅹ.1 甲基对硫磷登记的使用模式

作物	国家	剂型	施药				安全间隔期（d）
			方法	施药量（kg・ai/hm²）	喷雾浓度（kg・ai/hL）	施药次数	
农林作物	荷兰	EC	土壤处理	2.6		1	
苜蓿	匈牙利	CS450 g/L	叶面处理	0.45			14
苜蓿	匈牙利	EC480 g/L	叶面处理	0.24～0.34			14
苜蓿	美国	EC480 g/L	叶面处理	0.28～1.1			15
苹果	澳大利亚	ME 240	叶面处理	—	0.03	注[a]	14

[a] 苹果和梨——施用次数根据诱捕到害虫的数量而定，最小间隔期为2周。

表格第一栏应列出作物名称，并且集中列出每一作物上所使用的全部农药，这样便于残留数据的评估。其他栏目应包括：国家（按字母顺序排列）、制剂种类、施药（方法、剂量、喷雾浓度、次数）和安全间隔期。请注意这只是普遍情况，通常还需要更多信息，如施药方式的细节。例如：沟施处理或种子处理、作物生长阶段、退牧还草，等等。

请勿在表格中标出商品名称。列出有效成分和制剂类型。例如：100g/kg WP，200 g/L EC。制剂类型请使用CIPAC规定的缩略词（详见附录Ⅲ）。

指出正式标签由何处提供。提供给JMPR的对GAP的总结通常涵盖标签上一些没有的细节，例如：施药剂量和喷雾浓度的其中一个可能会在标签上注明，而这两者都需要包含在提交给JMPR的对GAP的总结中。最多使用次数通常不会在标签上标出，而美国标签可能会注明在某一季节杀虫剂的最大使用量。表格应包含这一数据（最好以表下注形式标出），而不必根据每次使用量和最多使用次数来计算。表格中列出的任何信息，若没有在标签上体现，都应在表下注中标记。

表下注虽暂非官方用法，但是建议使用。

一些必要的解释可在表下注中添加，例如：飞机施药、田间和温室使用、仅温室使用、生长阶段限制使用、施药间隔期、采收后使用、种子处理，仅鲜食葡萄使用，以及仅酿酒葡萄使用。

若有多种使用方法，请将其分类归入不同水果、蔬菜等的表格中。

对施药量和喷雾浓度的表示请遵循以下单位；请注意缩写是没有句号的。

田间处理	kg・ai/hm²
谷物处理（收获后）	g・ai/t
沟施处理	g・ai/m
空间熏蒸	g・ai/m³
喷雾浓度	kg・ai/hL

作物上监管试验的残留结果

在残留表格很多的情况下，将其按数字顺序排成列表插入本部分开头处。以下是甲基对硫磷残留表格摘录（《评估手册 2000》，第一部分：残留，p.594）。

会议收到关于甲基对硫磷监管田间试验的以下方面的信息：

水果	苹果、梨	表 20.
	桃	表 21.
	葡萄	表 22.
蔬菜	洋葱	表 23.
	花椰菜	表 24.
	甘蓝	表 25.

在引言的段落中说明所有田间试验的要点，如：低于 LOQ 的残留的表示、回收率的校正、取整及对照小区的残留等。

在评价报告中，残留水平和施药量以矮壮素表示，但残留物通常会以阳离子的形式重新进行计算。当残留无法检测到时，表现为低于 LOQ，即<0.1mg/kg。残留、施药量及喷施浓度通常保留两位有效数字。HR 和 STMR 值从根据 GAP 的剂量完成的试验中得出，用于最大残留水平的评价。所有结果用下划线标记。

室内试验报告中的方法验证，包括在最高残留水平时的回收率，该值与监管试验的测定结果相近。并提高样品分析的日期或残留样品的储存时间。田间试验报告应提供喷雾器械及其刻度、小区大小、残留样品取样量及取样日期。尽管试验中包括对照小区，除非对照样品的残留量超过 LOQ 值，表格中不记录对照的数据。残留数据用未经校正的回收百分率（%）表示。

对未记录在表格中，但对评价结果的有效性和相对重要性的数据也应进行讨论，如施药间隔期、小区重复数、相同或不同小区内的样品是否重复取样或是否重复分析同一样品、小区大小、作物生长季节、施药方法、灌溉及动物试验和饲喂试验中动物的体重和年龄。需要评审人员判断影响残留或试验有效性的指标。

监管试验的残留结果表格应从有助于完成评价的角度仔细准备。以下为甲基对硫磷评价报告（Evaluations 2000，Part 1-Residues，p.602）的部分摘录，仅供参考。

按照 Codex 规定的次序对产品进行排序处理，即：水果在蔬菜前，柑橘类在仁果、核果前等。若一种作物可用于加工多种产品，如谷类作物可生产谷粒、草料、饲料，则应针对每种产品单独准备残留数据表格。

表格标题应清楚全面。包括产品名称及作物或作物类别，并指出残留来自于监管试验。

表格第一栏中的年份应为试验完成的年份而不是报告完成的年份。若试验在一个地域辽阔的国家进行，则应在国家后的括号内标明州名或地区，如：USA（CA）。

“施药”一栏应包括剂型、施用量（kg·ai/hm^2）、喷洒浓度（kg·ai/hL）、用水量（L/hm^2）和施用次数。

垂直列出安全间隔期(PHIs)，并尽可能单独列出每个残留数据。若同一数值水平中有多个残留值，则可记录为诸如“<0.05(7)”的数据，表示 7 个值都处于<0.05mg/kg

的水平。

在GAP范围内的，并用于STMR的评估残留值下画下划线，但在每部分的引言中应对下划线标记的意义做出解释，“作物监管试验的残留结果”。在对结果进行评价时，尤其当表格很多时，下划线标记对评审人员有很大帮助，使专家能够找到评审人员在GAP范围内或范围外的评审数据。

按实际水平将表格中的数字取整。例如制剂浓度应表示为250g·ai/kg，而不是250.00g·ai/kg。残留数据应表示为0.046 mg/kg、0.36 mg/kg和4.5 mg/kg，而不是0.0463 mg/kg、0.363 mg/kg和4.47 mg/kg。

表X.2 法国和意大利的监管试验中酿酒葡萄上甲基对硫磷和甲基对氧磷的残留数据

葡萄 国家、年份 （品种）	施药					PHI，d	残留，mg/kg		参考文献
	剂型	kg·ai/hm²	kg·ai/hL	水，L/hm²	次数		甲基对硫磷	甲基对氧磷	
法国，1994 (Chenin Blanc)	CS	0.29	0.15	200	2	0 3 7 14 21 35	0.09 0.05 0.11 0.06 0.05 0.07	<0.01 <0.01 <0.01 <0.01 <0.01 <0.01	AP/2582/HR F1 951174
法国，1994 (Chenin blanc)	EC	0.30	0.15	200	2	0 3 7 14 21	0.05 0.04 0.01 <0.01 <0.01	<0.01 <0.01 <0.01 <0.01 <0.01	Tours F1 951175
法国，1994 (Grenache)	CS	0.32	0.16	200	2	0 3 7 14 21 31	0.28 0.16 0.28 0.11 0.13 0.07	<0.01 <0.01 <0.01 <0.01 <0.01 <0.01	AP/2582/HR Site II 951174
意大利，1994 (Sangiovese) - red	CS	0.30	0.060	500	2	0 7 14 21	0.30 0.12 0.14 0.16 0.18		407240

对残留试验数据进行制表时，FAO评审人员应分别指出区别于母体化合物的相关代谢物的水平，但随后应有总量，保证联席会议可以对残留物的限量进行调整。

以下提供的是2008年JMPR对乙基多杀菌素评价报告的节选，其中列出了重复抽样样品中两个代谢物的残留水平（表X.3）及计算出的总残留量。

若摄入评价使用的残留定义不同于监测，应在另外的单独表格（X.4）中表示。

表X.3 USA规范田间试验中橙子上乙基多杀菌素的残留结果（用于最大残留水平的评估）

橙子 地点，年份 （品种）	剂型	施药			总量/季， g·ai/hm²	PHI，d	残留，mg/kg			报告号
		g·ai/hL	g·ai/hm²	次数			XDE-175-J	XDE-175-L	总量	
GAP，USA 柑橘	SC或WG		53～105	3	210	1				

（续）

橙子地点，年份（品种）	剂型	施药			总量/季，g·ai/hm²	PHI，d	残留，mg/kg			报告号
		g·ai/hL	g·ai/hm²	次数			XDE-175-J	XDE-175-L	总量	
低喷雾量，叶面处理（～700 L/hm²）										
Deleon Springs，FL，2004（Valencia）	SC	10	70～72	3	213	1	0.030 0.028	<0.01 <0.01	0.030 0.028	040063
Mount Dora，FL，2004（Valencia）	SC	11	71～72	3	214	1	0.011 0.022	ND 0.01	0.011 0.022	040063

表X.4　USA 监管试验中橙子上乙基多杀菌素及其代谢物的残留结果（用于 STMR 的评估）

橙子地点，年份（品种）	剂型	施药			总量/季，g·ai/hm²	PHI，d	残留，mg/kg					报告号
		g·ai/hL	g·ai/hm²	次数			XDE-175-J	XDE-175-L	ND-J	NF-J	总量	
GAP，USA 柑橘	SC 或 WG		53～105	3	210	1						
低喷雾量，叶面处理（～700 L/hm²）												
Deleon Springs，FL，2004（Valencia）	SC	10	70～72	3	213	1	0.030	<0.01	0.011	0.016	0.057	040063
							0.028	<0.01	0.014	0.024	0.066	
Mount Dora，FL，2004（Valencia）	SC	11	71～72	3	214	1	0.011	ND	<0.01	<0.01	0.021	040063
							0.022	<0.01	0.012	0.017	0.051	

储存和加工过程中的残留环境归趋

储存

包括在农产品的商业储存过程中残留的环境归趋方面的信息。如：水果冷藏或谷物库存期间。

加工过程

说明部分应对加工产品相关信息进行阐释。

会议收到苹果、桃、葡萄、橄榄、菜豆、大豆、番茄、甜菜、小麦、玉米、水稻、棉籽、葵花籽及蓖麻的加工过程中甲基对硫磷和甲基对氧磷的残留归趋相关信息。规范残留试验中同时包括啤酒花干燥处理期间残留归趋的信息。

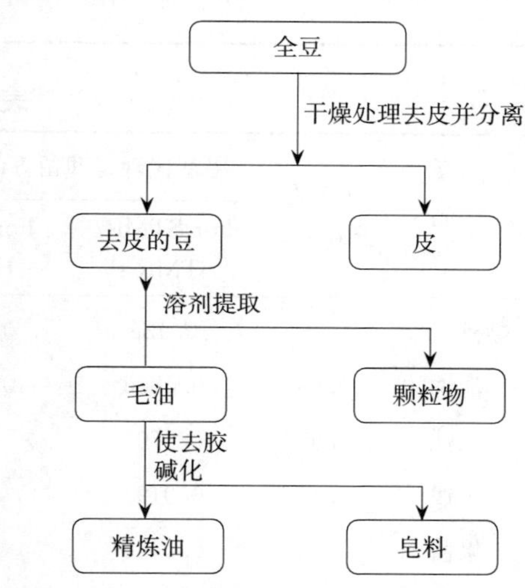

图X.2　大豆加工过程（参考）
（JMPR 评估报告残留卷，P655，2000 年）

仔细设计表格，以便从中能够明确看出某个样品取自哪种加工的产品。用加工产品重量表示加工规模并指出最初的 RAC 残留是否来自于实际总体样品或来自于同一试验的田间样品的某一部位。标明采样或分析中出现的任何问题。对试验中的田间处理进行简单描述并说明试验的施药量，并与标签推荐的最高用量进行比较，如：5×标签用量。

用一段文字对每个加工产品的信息进行总结描述。对残留数据制表并附一个图表说明完整的产品加工过程。

大豆：1988 年在美国完成 2 个试验，甲基对硫磷施用浓度为 2.8kg・ai/hm² (5×标签用量)，施药 2 次，最后一次处理后 15d 收获用于加工（图Ⅹ.2）。其中一个试验（MP-SY-2102）中，所有样品的残留水平均低于 LOQ。试验 MP-SY-2101 中，甲基对硫磷的水平在豆粕中降低，但在豆油中升高（表Ⅹ.5）。

表Ⅹ.5　大豆加工产品中甲基对硫磷和甲基对氧磷的残留数据

大豆 国家，年份 （品种）	施药					PHI，d	产品	残留，mg/kg		参考文献
	剂型	kg・ai/hm²	kg・ai/hL	水量，L/hm²	次数			甲基对硫磷	甲基对氧磷	
USA（IA），1988（Pioneer 9271）	EC	2.8		200	2	15	干种子	0.15	<0.05	MP-SY-2101
							豆粕	< 0.05	< 0.05	
							豆荚	0.12	< 0.05	
							粗提豆油	0.71	< 0.1	
							精炼豆油	0.57	< 0.1	

摘录自表 59.（JMPR 评估报告残留卷，2000 年，第 654 页）。

加工因子（加工成品的残留量÷初级产品的残留量）若比较简单时可以包括在加工过程残留数据表中。用于复杂的不同残留限量或膳食摄入情况时，最好将加工因子总结在单独的表格中。表Ⅹ.6 和表Ⅹ.7 为示例。

表Ⅹ.6　各种产品的加工因子、HR-P 和 STMR-P 值

农产品原料			加工成品			
产品	STMR，mg/kg	HR，mg/kg	产品	加工因子	STMR-P，mg/kg	HR-P，mg/kg
梅子	0.80	3.6	西梅（干品）	1.91	0.96	4.3
			果汁	0.10	0.080	
			蜜饯	0.50	0.40	

表Ⅹ.7　复杂的加工情况示例

产品	加工因子$_{甲基代森锌}$	甲基代森锌残留，mg/kg		加工因子$_{PTU}$	丙烯硫脲残留，mg/kg		校正值，mg/kg	
		For STMR/STMR-P	For HR/HR-P		For STMR/STMR-P	For HR/HR-P	STMR[a]	HR[b]
樱桃		0.128	0.351		0.01	0.02		
清洗的	0.63	0.0803	0.221	1	0.01	0.02	0.103	0.287
果汁	0.55	0.0701		0.68	0.0068		0.0858	
蜜饯	0.15	0.0191		0.5	0.005		0.0306	
果酱	0.35	0.0446		0.78	0.0078		0.0626	
番茄		1.0	2.93		0.03	0.16		
清洗的	0.45	0.45	1.32	0.4	0.012	0.064	0.478	1.53

（续）

产品	加工因子$_{甲基代森锌}$	甲基代森锌残留，mg/kg		加工因子$_{PTU}$	丙烯硫脲残留，mg/kg		校正值，mg/kg	
		For STMR/STMR-P	For HR/HR-P		For STMR/STMR-P	For HR/HR-P	STMR[a]	HR[b]
果汁	0.12	0.12		0.91	0.0273		0.183	
蜜饯	0.15	0.15		0.75	0.0225		0.202	
番茄酱	0.12	0.12		0.54	0.0162		0.157	
膏	1.1	1.1		11	0.33		1.86	

[a] 校正 STMR-P ＝ $STMR\text{-}P_{甲基代森锌}$ ＋ 2.3×$STMR\text{-}P_{丙烯硫脲}$

[b] 校正 HR-P ＝ $HR\text{-}P_{甲基代森锌}$ ＋ 3.3×$HR\text{-}P_{丙烯硫脲}$

食物产品可食用部分中的残留

注意可食用部分的残留与农产品整体的残留数据不同的产品。如：柑橘、香蕉、洗净的芹菜、外部包有待弃叶子的甘蓝。

动物产品中的残留

直接处理动物

部分农药可能直接应用于家畜身体，以防治体虱、苍蝇、螨类和蜱。施药方法可能包括浸泡、喷雾、黏贴和喷射。若在动物产品上可能检测到残留物，就需进行特定的施药方法、药量和休药期的残留试验。尽可能使用与作物残留相近的表格总结动物监管残留试验的数据。

家畜饲喂试验

家畜饲喂试验使用未标记的化合物建立饲料中的残留水平与可能的动物组织、奶和蛋中残留水平之间的关系。

家畜饲喂试验以记录信息清单的一段文字作为开始段落。

试验对象为几组产蛋鸡（每只 1.0～1.3kg），饲以添加代森锰锌残留的饲料，标称浓度为 5、15、50mg/kg（1×、3×、10×），饲喂 28d（研究参考）。每天收集鸡蛋用于分析。第 29d 时，每组选 6 只产蛋鸡解剖并采集组织，每组的剩余产蛋鸡饲喂无残留的饲料，分别于第 36d 和第 43d 解剖。产蛋鸡每天取食 130g 饲料。

贸易或消费过程食物中的残留

对提供的残留监管数据做出说明。根据 3.10 对信息进行制表并列出农产品、分析样品数量和残留检测结果。

国家残留限量

通常将信息汇总于表格中。

参考文献

所参考的非公开报告、学报或书籍应在列表中汇总，示例如下。参考文献根据试验（或报告）号、作者、年份的顺序按字母顺序排列。

号码	作者	年份	标题
	MacDougall D	1964	Guthion. In：Zweig，G.，Analytical Methods for Pesticides，Plant Growth Regulators and Food Additives，Vol. II，Academic Press，New York，London.
	Meagher WR，Adams JM，Anderson CA and MacDougall D	1960	Colorimetric determination of Guthion residues in crops. J. Agric. Food Chem. 8，282-6
B221/85	Gildemeister H，Bürkle WL and Sochor H	1985	Hoe 029664-14-C. Anaerobic soil metabolism study with the fungicide triphenyltin hydroxide（TPTH）. Hoechst Analyt. Labor.，Germany. Rep. B221/85. Unpublished.
OEK 83 001E	Fischer R and Schulze E-F	1983	The effect of Hoe 02782 OF AT202（fentin acetate，active ingredient 96.4%）on *Salmo gairdneri*（Rainbow trout）in a static test. Hoechst Pfl. Fo. Biol.，Germany. Rep. OEK 83 001E. Unpublished.
OEK 83/028E	Fischer R and Schulze E-F	1983	The effect of Hoe 29664 OF AT205（fentin hydroxide，active ingredient 97.0%）on *Salmo gairdneri*（Rainbow trout）in a static test. Hoechst Pfl. Fo. Biol.，Germany. Rep. OEK 83/028E. Unpublished.

备注：

a. 表格中的研究参考文献要求研究号（或报告号）。

b. 文中的引文应有固定格式：作者、年份、研究（或报告）号。

c. 文中的引文应列出前 2 个作者，第 3 或更多作者只列其中的第 1 个，如：上例中：Gildemeister et al. 1985，B221/85。

8. 评价草稿

按照如下格式准备会议用评价草稿。大写字母、标题、粗体和下划线的使用都应遵循该格式。首页右上角标明年份、草稿号和作者的姓氏。会议中会为每个化合物指定参考编号，如：文件名“FAO/2001/ref no. AP1”表示评价草稿 1。格式布局如下：

FAO/2001/
作者姓氏
COMPOUND _ AP1. doc
草稿 1

化合物名称（Codex 编号）

评价

动物体内代谢

植物体内代谢

土壤中环境归趋

水-沉积物系统中环境归趋

分析方法

分析样品储存期间的残留稳定性

残留限量

作物监管试验结果

加工过程中残留归趋

动物产品中的残留

建议下一步工作或信息

必备信息（到［年份］为止）

补充信息

摄入风险评估

长期摄入

短期摄入

对残留数据的解释通常应在评价报告的评价部分中，而不应出现在作物规范试验残留结果部分中。

文章的评价部分，以及后续工作或信息、建议和摄入风险评估部分，应在单独的文件中分别描述，便于会议的深入讨论。应包含对每个建议的合理、完整的解释。

评价报告中应使用行号，有助于会议的讨论。

简要介绍评审的理由并总结已有的信息。评价报告中的标题序号应与评估报告中的顺序一致。

评价报告的文字部分中不要插入表格，除非是为了使表述更清楚，如：文本中使用的代谢物缩略词，详细加工研究总结或相应的加工因子，但家畜取食量计算表格和动物产品 STMR 和 MRL 计算表格除外。

若风险评估中建议的残留限量与已经推行的残留限量不同，则必须在评价报告中说明。

当残留限量包括不止一个化合物时，则评价报告中应对由各个组分得出总残留量的过程进行描述。描述中应体现关键分子量的校正及“低于 LOQ”的残留量的处理方法。

示例：氟虫腈

当氟虫腈残留物的一个组分高于 LOQ 而其他组分低于 LOQ 时，总残留量应接近可测量组分的残留量与其他组分 LOQ 值的总和。为了说明其中一个残留结果为实测值，将总和表示为一个实际数字，如：＜（0.002＋0.004）mg/kg＝0.006mg/kg。不同情况下总残留量的计算方法描述如下：

氟虫腈	代谢物 MB 46136 或 MB 46513	总量
＜0.002	＜0.002	＜0.004
＜0.002	0.004	0.006
0.003	0.005	0.008

氟虫腈（437.2 g/mol）及代谢物 MB 46136（453.1 g/mol，factor 0.965）和 MB 46513（389.02 g/mol，factor 1.1）的残留浓度以各单独的化合物列于评价表格内，但在评价报告中根据各自的残留限量（按氟虫腈计）进行计算。每个化合物的 LOQ 值不根据这些转换因子进行校正。

示例：多杀霉素

多杀霉素的残留定义为多杀霉素 A 和 D 的残留总和。多杀霉素 A 最初占残留总量的约85%且是多杀霉素残留的主要组成部分。当多杀霉素D的残留量<LOQ时，可假定为零；除非多杀霉素A和D的残留量均<LOQ，此时可认为总残留量<LOQ。由于多杀霉素D的残留量水平通常远低于多杀霉素A，故上述假定合理。不同情况下总残留量计算方法如下：

多杀霉素A	多杀霉素D	多杀霉素A和D的总和
0.59	0.082	0.67
0.03	<0.01	0.03
<0.01	<0.01	<0.01

提供全面的阐述用于建立最大残留限量。解释残留外推、施用条件的对比及作物特点等，都会对阐述有影响。作为示例，下段描述了作物上的相关施药方法、试验数量和试验所处国家，并与评估STMRs的施药方法及残留数据相对应。结尾段落中明确推荐MRL值和STMR值，并包括相关残留限量表示的残留量。

英国推荐福美双在草莓上的施药方法为：施用量有效成分1.6kg·ai/hm^2，花蕾初期用药，施药间隔期7～10d，PHI为7d。在比利时按照英国推荐的施药方法完成了7个草莓试验。每个试验福美双的最高残留值（中值下划线）分别为1.4，1.4，2.1，<u>2.1</u>，2.4，2.8和3.1 mg/kg。福美双最高残留值3.1 mg/kg，相当于2.0mg/kg二硫代氨基甲酸酯（以CS_2计）。

会议确立以5mg/kg二硫代氨基甲酸酯（以CS_2计）作为福美双在草莓上的最高残留限量。会议同时确立以2.1mg/kg（以福美双计）作为福美双在草莓上的STMR值。

其他总结性文字示例如下：

会议同意撤销樱桃（1mg/kg）、桃（3mg/kg）和梅（1mg/kg）上的推荐使用方法。

会议确立在美洲山核桃上的STMR值为0.05 mg/kg，最高残留限量为0.05 mg/kg，HR值为0.05 mg/kg。

会议确立在甜椒上的STMR值为0.38 mg/kg，最高残留限量为2 mg/kg，后者代替以前的推荐值（0.5 mg/kg），HR值为1.4 mg/kg。

会议同意撤销柑橘类水果以往的最高残留限量推荐值（5 mg/kg），替代推荐值分别为橙（1 mg/kg）和中国柑橘（2 mg/kg）。

会议同意保留目前马铃薯上的残留限量推荐值0.2 mg/kg。

建议

使用标准的引言段落：

会议认为：根据监管试验得出的数据，以下的残留水平值适用于最大残留限量的设置，并有助于IEDI和IESTI的评估。

阐述残留定义——选择合理的说明。若作物的残留定义与动物的残留定义不同，则需要进行补充说明。

对作物和动物而言：应用于MRLs的残留定义应与膳食摄入评估的残留定义一致：[残留定义]。

对作物和动物而言：残留定义应与 MRLs 残留定义一致［残留定义 1］。对膳食摄入评估：［残留定义 2］。

若残留物为脂溶性，则在残留定义之后插入以下文字：

残留物为脂溶性

列出每种农产品的 MRL，STMR 和 HR 的推荐值，在推荐值表格中按字母排列。对于不需要提供 ARfD 的化合物，其 HR 推荐值也无需提供。

CCN	农产品名称	MRL，mg/kg		STMR 或 STMR-P，mg/kg	HR 或 HR-P，mg/kg
		新值	现行值		

对于无推荐最大残留水平的加工产品，将产品的 HR-Ps 和 STMR-Ps 列于表格末尾部分，如果这些残留数据应用于膳食风险评估。

周期评估的化合物的推荐值表格应包括现行的 MRL 值；为更清楚起见，包括现行的 JMPR 的推荐 MRL 值。表格应清晰地表示出保留、修订及撤销的 MRL 值。

所有 MRL 值的撤销建议应列在表格的"建议"栏中，专门附于报告的附录 1，而不是在文中简单提及。如果不编写到附录 1 中，一些说明如"会议建议撤销梨果上的 MRL 值"很容易会被忽略。

若动物产品中无残留，并与取食量无关时，JMPR 会直接采用 LOQ 值或其相近的值作为推荐的 MRL 值。MRL 推荐值用于警示 Codex MRL 值的使用者：残留情况已经完成充分地评价，对于商业中的产品，残留值不会高于 LOQ 值。

上述情况下，推荐值表格下会有脚注说明：根据 JMPR 评估，消费的食用产品中无［____农药］残留物。

后续工作或信息

若要求或需要列出的项目在一个以上，则需进行编号。

必备信息

所有要求列出的项目都应该附有以年计算的到期日。若无其他信息，选择自本次会议开始后 2a 作为到期日。如：由一个国家或公司承诺明确期限，提供具体的日期。

每个要求列出的项目都应该附有 TMRL 值。若到期日时还没有补齐，则会议可以建议撤销其 TMRL 值。

通常新化合物或阶段性评价的化合物不涉及 TMRL 值，应按照最低值使用。

补充信息

按需求列出的信息对 MRL 值的继续使用没有决定性作用，但其有助于解释，支持残留外推或提供更全面的数据库，所以会对其提出要求。

膳食风险评估

应注意：附录Ⅲ中的参考文献仅针对 JMPR 报告的文本部分。当在残留评价部分使用时，参考文献格式应更改为“Annex [X] and [Y] of [year] JMPR Report”

长期摄入

估计摄入量在 ADI 范围内

当根据 ADI 对摄入量进行评估时，长期饮食摄入风险评价的标准描述方式如下：

情形：目的是对化合物进行毒理学评价，但不进行残留评价。已有 MRL 值，无 STMR 值。13 种区域性膳食消费中残留的 TMDI 值低于 ADI。

根据推荐的 MRL 值得出的在 GEMS/FOOD 范围内食物中残留的估计理论每日最大摄入量的范围为最大 ADI 的 [...] 到 [...]%之间（附录Ⅲ）。会议总结认为，JMPR 推荐的使用方法下产生的 [农药] 残留的长期摄入量不会对公共健康造成影响。

情形：新化合物或将进行残留周期性评估的化合物。13 种区域性膳食消费中残留的 IEDI 值低于 ADI。

根据 STMR 值，估计 [...] 产品在 GEMS/FOOD 范围内食物中残留的国际估计每日摄入量的范围为最大 ADI 值的 [...] 到 [...]%之间（附录Ⅲ）。会议总结认为，JMPR 推荐的使用方法下产生的[农药]残留的长期摄入量不会对公共健康造成影响。

情形：对化合物在多种农产品中的残留进行评价，但不包括周期性评估。13 种区域性膳食消费中残留的 IEDI 值低于 ADI。

此次评价中，估计了 [...] 产品的 STMR 值。在消费数据齐全的情况下，这些 STMR 值和已有的 MRL 值共同用于估计 [...] 农产品和其他食物产品中残留的取食摄入量。结果见附录Ⅲ。

5 种 GEMS/FOOD 区域性食物中残留的估计每日摄入量范围在最大 ADI 值的 [...] 到 [...]%。JMPR 推荐的使用方法下产生的 [农药] 残留的长期摄入量不会对公共健康造成影响。

估计摄入量高于 ADI 值

当估计摄入量高于 ADI 值时，对长期取食风险评价的标准描述方式如下：

情形：目的是对化合物进行毒理学评价，但不进行残留评价。已有 MRL 值，无 STMR 值。至少一种食物中残留的 TMDI 值高于 ADI 值。

根据推荐 MRL 值得出的在 GEMS/FOOD 范围内食物中残留的估计理论每日最大摄入量的范围为最大 ADI 的 [...] 到 [...]%之间（附录Ⅲ）。计划在 [年] 进行的残留阶段性评价将会对取食摄入估计值进行进一步限定。

情形：新化合物或将进行残留周期性评估的化合物。一种食物中的 IEDI 值高于 ADI 值。

根据 STMR 值，估计 [...] 农产品或 GEMS/FOOD 范围内食物（食物列表）中残留的国际估计每日摄入量的范围为最大 ADI 值的 [...] 到 [...]%之间（附录Ⅲ）。其他 GEMS/FOOD 范围内的区域性食物中残留的每日摄入量为 ADI 值的 [...] 到

[...]%之间（附录Ⅲ）。

向JMPR提交的信息排除了农药残留每日摄入量低于最大ADI值的可能性。

情形：对化合物在多种农产品中的残留进行评价，但不包括周期性评估。所有区域性食物中残留的摄入量均超过ADI。

此次评价中，估计了［...］产品的STMR值。在消费数据齐全的情况下，这些STMR值和已有的MRL值共同用于估计［...］农产品和其他食物产品中残留的取食摄入量。结果见附录Ⅲ。

13种GEMS/FOOD区域性食物中残留的估计每日摄入量范围高于ADI值：A［...］%，B［...］%.... 和M［...］%。

会议总结认为，所有GEMS/FOOD范围内区域性食物的［农药］残留的长期取食摄入量可能高于ADI值。在此后的残留阶段性评价中或当有补充性相关数据提交后，将会对取食摄入估计值作进一步限定。

短期摄入

无需ARfD

情形：JMPR毒理学评价认为无需ARfD。

于［年］举行的JMPR会议确定无需ARfD。会议由此认为［农药］残留的短期摄入对公共健康无影响。

所有IESTI值均在ARfD范围内

情形：新化合物或将进行周期性评估的化合物。所有农产品中残留的短期摄入量均在ARfD范围内。

对于已对最大残留限量进行估计且消费数据齐备的［...］食用产品［及其加工部分］，计算了其中残留的国际估计短期摄入量（IESTI），结果见附录Ⅳ。

对全体人群的IESTI值为最大ARfD值的［...～...］%，对儿童的IESTI值为最大ARfD值的［...～...］%。会议总结认为，JMPR推荐的使用方法下产生的［农药］残留的短期摄入量不会对公共健康造成影响。

IESTI值高于ArfD

情形：新化合物或将进行残留周期性评估的化合物。某些农产品中残留的短期摄入量高于ARfD。

对于已对最大残留限量进行估计且消费数据齐备的［...］食用产品［及其加工部分］，计算了其中残留的国际估计短期摄入量（IESTI），结果见附录Ⅳ。

对全体人群的IESTI值为最大ARfD值的［..～..］%，对儿童的IESTI值为最大ARfD值的［...～...］%。［...］、［...］和［...］%分别表示［产品1］、［产品2］和［产品3］对全体人群的估计短期摄入量，［...］、［...］和［...］%分别表示［产品1］、［产品2］和［产品3］对的儿童的估计短期摄入量。

会议总结认为，除［...］产品外，JMPR推荐的使用方法下产生的［农药］残留的短期摄入量不会对公共健康造成影响。

无ARfD值，但该值必需

情形：对化合物在很多农产品上进行的残留评价。该化合物尚未进行最新的毒理学评价，所以无 ARfD 值，但 ARfD 值是必需提供的。

对于在 JMPR 会议上已对最大残留限量进行估计且消费数据齐备的［...］食用产品［及其加工部分］，计算了其中残留的国际估计短期摄入量（IESTI），结果见附录Ⅳ。会议总结认为，ARfD 可能是必需的，但由于该值尚未确定，［农药］的急性风险评价未最终完成。

以往无 ARfD 值，但目前已经确定

情形：当前 JMPR 会议确定了 ARfD 值，并已完成很多农产品上的残留评价，但急性风险评价尚未结束的化合物。所有产品上残留的估计短期摄入量均在 ARfD 范围内。

会议估计了［农药］的 ARfD（［...］mg/kg・bw）。对于［年］JMPR 会议已经计算了［农药］在［...］食用产品［及其加工部分］其残留的国际估计短期摄入量(IESTI)，并且消费数据齐备，对最大残留限量进行了估计，但由于 ARfD 值尚未确定，［农药］的风险评价未最终完成。

对全体人群的 IESTI 值为最大 ARfD 值的［...～...］%，对儿童的 IESTI 值为最大 ARfD 值的［...～...］%。会议总结认为，JMPR 推荐的使用方法下产生的［农药］残留的短期摄入量不会对公共健康造成影响。

情形：对于 JMPR 会议完成了化合物在很多农产品上的残留评价，但急性风险评价尚未结束。但在某些产品上残留的估计短期摄入量高于 ARfD 值。

会议估计了［农药］的 ARfD（［...］mg/kg・bw）。对于［年］JMPR 会议已经计算了［农药］在［...］食用产品［及其加工部分］其残留的国际估计短期摄入量(IESTI)，并且消费数据齐备，对最大残留限量进行了估计，但由于 ARfD 值尚未确定，［农药］的风险评价未最终完成。

对全体人群的 IESTI 值为最大 ARfD 值的［...～...］%，对儿童的 IESTI 值为最大 ARfD 值的［...～...］%。［...］、［...］和［...］% 分别表示［产品 1］、［产品 2］和［产品 3］对全体人群的估计短期摄入量，［...］、［...］和［...］% 分别表示［产品 1］、［产品 2］和［产品 3］对儿童的估计短期摄入量。

会议总结认为，除［...］产品外，JMPR 推荐的使用方法下产生的［农药］残留的短期摄入量不会对公共健康造成影响。

附　录　Ⅺ

表格和电子数据表模板

目录

表Ⅺ.1　灭菌丹在番茄上的残留解释表

GAP和田间试验条件比较对MRL和STMR评估是有效的（JMPR，1998）。

作物	国家	使用方式				试验	灭菌丹 mg/kg
		kg・ai/hm^2	kg・ai/hL	施药次数	安全间隔期		
番茄	智利 GAP	1.7	0.15		7		
番茄	智利 trial	1.7	1.5	7	7	田试编号	2.4
番茄	匈牙利 GAP		0.13		14		
番茄	匈牙利 trial	0.65	0.13	3	14		＜0.05
番茄	匈牙利 trial	0.65	0.13	3	14		＜0.05
番茄	匈牙利 trial	0.65	0.13	3	14		＜0.05
番茄	匈牙利 trial	0.66	0.13	3	14		＜0.05
番茄	匈牙利 trial	0.63	0.12	5	14		＜0.02
番茄	墨西哥 GAP	2.0			不限		
番茄	墨西哥 trial	2.0	0.67	5	2		1.0
番茄	墨西哥 trial	2.0	0.71	5	2		1.6
番茄	墨西哥 trial	2.0	0.66	5	2		1.8
番茄	墨西哥 trial	2.0	0.71	5	2		0.45
番茄	墨西哥 trial	2.0	0.72	5	2		1.3
番茄	葡萄牙 GAP		0.13		7		
番茄	葡萄牙 trial	1.3	0.16	4	7		0.34
番茄	葡萄牙 trial	1.3	0.16	4	7		0.58
番茄	西班牙 GAP		0.15		10		
番茄	意大利 trial	1.2	0.13	4	10		0.60
番茄	意大利 trial	1.3	0.13	4	10		0.70
番茄	意大利 trial	1.3	0.13	4	10（14）	注[a]	0.80
番茄	意大利 trial	1.2	0.13	4	10		0.43
番茄	西班牙 trial	1.6	0.20	6	10		1.3
番茄	西班牙 trial	2.5	0.16	6	10		1.2

[a] 14d的残留量（0.80mg/kg）超过了10d的残留量（0.62mg/kg）。

表Ⅺ.2　农药的良好农业操作规范摘要

（适用于农业和园艺作物）

报告负责人（姓名、地址）：　　　　时间：

农药通用名：　　　　页码：

CCPR No（s）.：　　　　国家：

农药商品名：

主要用途，例如杀虫剂、杀菌剂：

使用方式

作物及使用情形（a）	F或G（b）	靶标害虫或害虫组（c）	剂型		应用			每处理用药量			安全间隔期（d）注释	备注（1）
			类型（d-f）	有效成分含量（i）	方法，种类（f-h）	生长阶段（j）	数量（范围）	kg・ai/hL	水，L/hm^2	kg・ai/hm^2		

注：以下注释只需要GAP摘要中的第一页出现。

只包含标签提供的信息

（a）作物分类按照法典作物分类

（b）室外或大田使用（F），或者温室使用（G）

（c）例如，刺吸式口器害虫，土壤传播害虫，叶面真菌

（d）例如，可湿性粉剂（WP）、乳油（EC）、颗粒剂（GR）

（e）在适当的地方使用CIPAC/FAO编码

（f）解释所有使用过的缩略词

（g）方法，例如大容量喷雾、小容量喷雾、撒施、喷粉、漫灌、浸种

（h）种类，例如漫施、播撒、飞机喷雾、沟施、各植株单独施药、植物间施药

（i）g/kg or g/L

（j）最后一次施药时生长阶段

（k）安全间隔期

（l）备注应该包括：使用范围/经济重要性/限制条件（例如饲养、放牧）/施药最低间隔期

表Ⅺ.3　监督试验残留数据汇总

（适用于农业和园艺作物）

有效成分：	作物/作物分组：
报告负责人（姓名、地址）：	提交日期：
国家：	页码：
有效成分含量（g/kg 或 g/L）：	室内/室外：
剂型（例如：可湿性粉剂）：	制剂中其他有效成分：
商品名称：	通用名称及含量：
生产厂家：	残留以．．．计：

报告编号：地点，包括邮政编码	作物种类	日期 （1）播种或种植 （2）开花 （3）收获（b）	每处理应用比例			日期 处理或者处理编号及最终日期	生长阶段 最终处理或者日期	产品，分析部位（a）	残留量（mg/kg）	安全间隔期（d）	备注（e）
			kg・ai/hm^2	水，L/hm^2	kg・ai/hL						

（a）根据法典分类/指南

（b）仅相关时需要

（c）必须标明哪一年

（d）最后一次施药间隔的天数（标签安全间隔期，PHI，加下划线）

（e）备注应该包括：气候条件、分析方法的参考文献和所包含代谢物的信息

注意：所有的记录都要尽量填写。

表Ⅺ.4 长期膳食摄入量估算表格格式（甲基对硫磷）

甲基对硫磷（173）　　国际估计每日摄入量（IEDI）　　ADI ＝ 0－0.009（mg/kg）

法典编码	产品	STMR 或 STMR-P mg/kg	饮食校正因子	膳食量：g/（人・d）		摄入量 ＝ 日摄入量：μg/人									
				A		B		C		D		E		F	
				膳食量	摄入量	膳食量	摄入量	膳食量	摄入量	膳食量	摄入量	膳食量	摄入量	膳食量	摄入量
FC 0001	柑橘类水果（柠檬汁、中国柑橘汁、橙汁、葡萄柚汁、不另说明的其他果汁除外）	0.04	0.7	15.7	0.4	86.5	2.4	52.6	1.5	24.2	0.7	16.2	0.5	12.0	0.3
—	柑橘类果汁不另说明	0.13	1	0.0	0.0	1.7	0.2	0.1	0.0	0.0	0.0	1.1	0.1	0.3	0.0
VC 0424	黄瓜	0.035	1	0.3	0.0	12.7	0.4	5.9	0.2	11.5	0.4	6.1	0.2	7.1	0.2
JF 0203	葡萄柚汁	0.13	1	0.0	0.0	0.2	0.0	0.1	0.0	0.1	0.0	1.1	0.1	0.2	0.0
-d	柠檬汁	0.13	1	0.0	0.0	0.9	0.1	0.1	0.0	0.0	0.0	0.2	0.0	0.4	0.1
—	中国柑橘及中国柑橘类混合果汁	0.13	1	0.0	0.0	1.4	0.2	0.9	0.1	0.4	0.1	0.7	0.1	0.9	0.1
FI 0345	芒果（包括果汁果浆）	0.01	0.7	6.3	0.0	1.0	0.0	4.6	0.0	0.2	0.0	0.7	0.0	0.3	0.0
JF 0004	橙汁	0.13	1	0.0	0.0	2.1	0.3	4.4	0.6	1.4	0.2	16.2	2.1	22.6	2.9
VO 0448	番茄（不包括番茄汁、番茄酱和去皮番茄）	0.24	1	1.3	0.3	178.4	42.8	102.8	24.7	53.4	12.8	1.6	0.4	0.0	0.0
JF 0448	番茄汁	0.053	1	5.2	0.3	0.5	0.0	0.4	0.0	2.1	0.1	6.9	0.4	15.2	0.8
-d	番茄酱	0.22	1	0.5	0.1	1.3	0.3	3.5	0.8	1.0	0.2	3.8	0.8	4.5	1.0
-d	去皮番茄	0.041	1	0.1	0.0	0.4	0.0	0.5	0.0	0.4	0.0	4.9	0.2	3.2	0.1
	总摄入量（μg/人）＝			1.2		46.8		27.9		14.5		5.0		5.7	
	体重/地区（kg・bw）＝			60		60		60		60		60		60	
	ADI（μg/人）＝			540		540		540		540		540		540	
	%ADI＝			0.2%		8.7%		5.2%		2.7%		0.9%		1.1%	
	凑成整数 %ADI＝			0%		9%		5%		3%		1%		1%	

注意：只有排在前 6 个的地区的膳食量显示在示例表格中。

表XI.5 长期膳食摄入量估算表格格式（腈菌唑）

腈菌唑（181）　　每日估计摄入量（TMDI-IEDI 混合估算）　　ADI = 0.03 mg/kg 或 1 800μg/人

法典编码	产品	MRL（mg/kg）	STMR 或 STMR-P（mg/kg）
FI 0327	香蕉		0.15
MM 0812	牛肉	0.01*	
ML 0812	牛奶	0.01*	
MO 0812	牛的可食用副产品	0.01*	
FB 0278	无核葡萄干		0.26
PE 0112	蛋	0.01*	
FB 0269	葡萄	1	
DH 1100	蛇麻草，干燥		0
FS 0014	李子（包括洋李）	0.2	
FP 0009	梨果类水果	0.5	
PM 0110	禽肉	0.01*	
PO 0111	家禽可食用副产品	0.01*	
DF 0014	洋李	0.5	
FS 0012	核果类水果[a]		0.62
FB 0275	草莓		0.19
VO 0448	番茄		0.06
	番茄汁		0.05
	番茄酱		0.02

* 定量限或定量限附近。

[a] 李子除外。

膳食表格包括（1）核果类水果（不包括李子干，包括杏干）和（2）李子（不包括李子干）的记录，核果类水果合理的消费量应该这样获得：不包括李子和洋李的核果类水果=（2）－（1）。13 个地区的膳食计算值将会插入到 Excel 计算表中。注意：新数据必须一个接一个的插入到合适的单元格中，确保公式中摄入量一列不受影响。

前 6 个膳食计算结果显示如下：

腈菌唑 0　　国际估计每日摄入量（IEDI）　　ADI = 0－0.0300（mg/kg）

法典编码	产　品	STMR 或 STMR-P mg/kg	膳食量：g/（人·d）		摄入量 = 日摄入量：μg/人									
			A		B		C		D		E		F	
			膳食量	摄入量	膳食量	摄入量	膳食量	摄入量	膳食量	摄入量	膳食量	摄入量	膳食量	摄入量
FI 0327	香蕉	0.15	38.8	5.8	17.4	2.6	16.0	2.4	6.6	1.0	21.5	3.2	33.8	5.1
MM 0812	牛肉（包括小牛犊肉）	0.01	13.4	0.1	49.4	0.5	13.6	0.1	35.8	0.4	42.4	0.4	53.9	0.5
ML 0812	牛奶（不包括加工过的产品）	0.01	34.5	0.3	178.5	1.8	52.0	0.5	284.2	2.8	178.6	1.8	237.1	2.4
MO 0812	牛的可食用副产品	0.01	2.5	0.0	8.8	0.1	1.8	0.0	6.3	0.1	4.6	0.0	4.0	0.0
FB 0278	无核葡萄干	0.26	0.0	0.0	0.0	0.0	0.0	0.0	1.1	0.3	1.6	0.4	1.0	0.3
PE 0112	蛋	0.01	2.5	0.0	29.7	0.3	25.1	0.3	24.5	0.2	37.8	0.4	27.4	0.3
FB 0269	葡萄（包括葡萄干、葡萄汁、葡萄酒）	1	3.7	3.7	128.5	128.5	27.1	27.1	33.1	33.1	107.5	107.5	44.0	44.0
DH 1100	蛇麻草，干燥	0	0.1	0.0	0.1	0.0	0.1	0.0	0.1	0.0	0.3	0.0	0.1	0.0
FS 0014	李子（不包括李子干）	0.2	0.1	0.0	5.3	1.1	2.5	0.5	7.0	1.4	5.5	1.1	0.9	0.2
DF 0014	李子干（洋李）	0.5	0.0	0.0	0.2	0.1	0.0	0.0	0.1	0.1	0.5	0.3	0.6	0.3
FP 0009	梨果类水果（包括苹果汁）	0.5	0.5	0.3	84.1	42.1	21.9	11.0	45.2	22.6	61.7	30.9	46.2	23.1
PM 0110	禽肉	0.01	7.1	0.1	58.5	0.6	31.9	0.3	24.0	0.2	61.0	0.6	27.3	0.3
PO 0111	家禽可食用副产品	0.01	0.4	0.0	0.4	0.0	1.7	0.0	0.1	0.0	0.6	0.0	0.2	0.0
FS 0012	核果类水果（不包括新鲜的和干的李子，不包括杏干）	0.62	0.7	0.4	42.7	26.4	13.8	8.5	26.6	16.5	27.0	16.8	9.3	5.8
FB 0275	草莓	0.19	0.0	0.0	5.0	1.0	2.0	0.4	1.7	0.3	5.2	1.0	4.1	0.8
VO 0448	番茄（不包括番茄汁、番茄酱和去皮番茄）	0.06	1.3	0.1	178.4	10.7	102.8	6.2	53.4	3.2	1.6	0.1	0.0	0.0
JF 0448	番茄汁	0.05	5.2	0.3	0.5	0.0	0.4	0.0	2.1	0.1	6.9	0.3	15.2	0.8
-d	番茄酱	0.02	0.5	0.0	1.3	0.0	3.5	0.1	1.0	0.0	3.8	0.1	4.5	0.1
	总摄入量（μg/人）=		11.2		215.7		57.4		82.3		164.8		83.8	
	体重/地区（kg）=		60		60		60		60		60		60	
	ADI（μg/人）=		1800		1800		1800		1800		1800		1800	
	%ADI=		0.6%		12.0%		3.2%		4.6%		9.2%		4.7%	
	凑成整数 %ADI=		1%		10%		3%		5%		9%		5%	

表XI.6 普通人群 IESTI 计算表格格式（甲基对硫磷）

甲基对硫磷（59）　　普通人群国际短期估计摄入量（IESTI）　　ARfD = 0.03 mg/kg（30μg/kg）

法典编码	产品	STMR 或 STMR-P（mg/kg）	HR（mg/kg）	大部分膳食			单位重量			可变因素	实例	IESTI（μg/kg）	% ARfD（取整）
				国家	体重（kg）	大部分（g）	单位重量（g）	国家	单位重量可食用部分（g）				
FP 0226	苹果		0.18	美　国	65	1348	110	法国	100	7	2a	5.4	20
	苹果汁	0.015			60						3		
VD 0071	豆类（干燥）		0.05	法　国	62.3	255					1	0.2	1
VB 0041	甘蓝，头状		0.26	法　国	62.3	312	908	美国	717	5	2b	6.5	20
OR 0691	棉籽油，食用	1.16		美　国	65	9.1					3	0.2	1
DF 0269	葡萄干（无核葡萄干）		0.70	法　国	62.3	135.2					1	1.5	5
FB 0269	葡萄		0.41	澳大利亚	67	513	125	法国	118	7	2a	7.5	20
GC 0645	玉米	0.05	0.09	法　国	62.3	260				参见玉米粉			
CF 1255	玉米粉	0.021		澳大利亚	67	90					3	0.03	0
OR 0645	玉米油，食用	0.051		荷　兰	63	43					3	0.03	0
FS 0247	桃		0.22	日　本	52.6	626	110	法国	99	7	2a	5.1	20
VD 0072	豌豆（干燥）		0.24	法　国	62.3	445					1	1.7	6
VR 0589	马铃薯		0	荷　兰	63	687	122	美国	99	7	2a	0	0
OR 0495	油菜籽油，食用	0.10		澳大利亚	67	65					3	0.1	0
GC 0654	小麦	0.29	4.1	美　国	65	383				参见麦麸和小麦粉			
CM 0654	麦麸，未经加工的	0.64		澳大利亚	67	37					3	0.35	1
CF 1211	小麦粉	0.11		美　国	65	365					3	0.62	2

IESTI（最大值）＝20

表Ⅺ.7　6岁前儿童群体IESTI计算表格格式（甲基对硫磷）

甲基对硫磷（59）　　6岁前儿童群体国际短期估计摄入量（IESTI）　　ARfD = 0.03 mg/kg（30μg/kg）

法典编码	产品	STMR或STMR-P (mg/kg)	HR (mg/kg)	大部分膳食			单位重量			可变因素	实例	IESTI (μg/kg)	% ARfD (取整)
				国家	体重（kg）	大部分 (g)	单位重量 (g)	国家	单位重量可食用部分（g）				
FP 0226	苹果		0.18	美　国	15	679	110	法国	100	7	2a	15.4	50
	苹果汁	0.015			15						3		
VD 0071	豆类（干燥）		0.05	法　国	17.8	209					1	0.59	2
VB 0041	甘蓝，头状		0.26	日　本	15.9	142	908	美国	717	5	2b	11.6	40
OR 0691	棉籽油，食用	1.16		美　国	15	6					3	0.48	2
DF 0269	葡萄干（无核葡萄干）		0.70	美　国	15	59					1	2.77	9
FB 0269	葡萄		0.41	澳大利亚	19	342	125	法国	118	7	2a	22.6	80
GC 0645	玉米	0.05	0.09	法　国	17.8	148				参见玉米粉			
CF 1255	玉米粉	0.021		澳大利亚	19	60					3	0.07	0
OR 0645	玉米油，食用	0.051		法　国	17.8	21					3	0.06	0
FS 0247	桃		0.22	澳大利亚	19	307	110	法国	99	7	2a	10.4	30
VD 0072	豌豆（干燥）		0.24	法　国	17.8	107					1	1.44	5
VR 0589	马铃薯		0	英　国	14.5	279	122	美国	99	7	2a	0	0
OR 0495	油菜籽油，食用	0.10		澳大利亚	19	18					3	0.1	0
GC 0654	小麦	0.29	4.1	美　国	15	151				参见麦麸及小麦粉			
CM 0654	麦麸，未经加工的	0.64		澳大利亚	19	13					3	0.43	1
CF 1211	小麦粉	0.11		澳大利亚	19	194					3	1.13	4

IESTI（最大值）=80

附　录　Ⅻ

OECD 成员国要求的试验点数

OECD 农药工作小组在给具有统一良好农业规范的所有 OECD 国家的指导中列出了农药登记时进行田间试验的最少点数，而这些国家针对同一关键参数最大允许偏离不能超过 25%。这个提案的基本原则对于 JMPR 也是通用的。在作物生产区的田间试验点数要反映该生产区的经济状况和/或在膳食中的重要性。因此，在提案中确定作物田间试验的最少点数时没有必要再考虑作物/商品的生长面积或摄入量，或者因作物的生长面积、摄入量或贸易而确定其重要或不重要。

任何一个 OECD 国家或作物生长区实验点数总的减少可以通过地理分布更广的区域的数据补充。

为量化总结报告中的试验点数，所有的田间试验需要符合以下标准：

a）田间试验根据临界 GAP（*c*GAP）进行（施药剂量、次数和采收间隔期在±25%之内）。至少有 50%的试验必须要遵照或高于 *c*GAP 进行。因此，那些本想要遵照 *c*GAP 进行的试验，却由于配置药液等误差使其减少了 10%，这样相对也是可以接受的。而且，根据国家的需要，一些试验是需要提供动态降解数据的。

b）试验包含了可能导致高残留量的代表性作物产区的操作，比如：灌溉或不灌溉，上架或不上架生长，秋季或春季种植。

试验点的减少应是按照作物生长区成比例的分配，比如，表Ⅻ.1 中列出了对于大麦试验点减少 40%的例子。表Ⅻ.2 中给出了 OECD 国家不同作物的试验点数。表中对于给定地区需要的试验点数是不同的，总的点数和减少的点数也随之变化。

表Ⅻ.1　举例说明：计算田间试验最小点数决定于作物种植地区

国家/地区	美国/加拿大（USA/CAN）	欧盟（EU）	日期（JP）	澳大利亚（AUS）	新西兰（NZ）	总计
法规要求的点数	24	16	2	8	4	54
减少 40%后	14	10	2	5	2	33

无论在什么情况下，试验的点数都不能低于 2，因此，在表Ⅻ.1 的例子中，日本的试验点数并没有减少 40%，最终的总数是 33，而不是 54 个点的 40%——32。

无论针对哪种作物，综合提交的最少试验点数都不应低于 8，而且，试验的总点数不应少于每个地区规定的点数。

表Ⅻ.2 规定的只是野外的大田作物，不针对温室或者收获后的处理。对于类似的良好农业规范试验点，最少需要 8 个温室处理。而温室处理中，可以不要求地理上的差异，但是对于有效成分见光易分解的农药，试验地点要在不同的纬度。

针对收获后处理的试验点应最少 4 个，而且要把施用技术、贮存设施和包装材料考虑在内。对于块状样品应至少采集和分析 3 个重复。

表Ⅻ.2 根据 cGAP 规定，田间试验所需要的最少试验点数

	不同地区规定的试验点数						减少 40%后不同地区规定的试验点数					
	NAFTA	EU	JP	AUS	NZ	总计	NAFTA	EU	JP	AUS	NZ	总计
Acerola (Barbados cherry) 西印度樱桃（巴巴多斯岛樱桃）	1	4	2			7	1	2	2			5
Alfalfa 苜蓿	18	12	2		4	36	11	7	2		2	22
Almond 仁杏树	5	4	2	6	2	19	3	2	2	4	2	13
Apple 苹果	20	16	2	8	6	52	12	10	2	5	4	33
Apple, Sugar 苹果，含糖	2	4	2			8	2	2	2			6
Apricot 杏	7	12	2	6	2	29	4	7	2	4	2	19
Arracacha 秘鲁胡萝卜	2	4	2			8	2	2	2			6
Artichoke, Globe 洋蓟，全球	3	4	2		2	11	2	2	2		2	8
Artichoke, Jerusalem 洋蓟，耶路撒冷	3	4	2		2	11	2	2	2		2	8
Asparagus 芦笋	10	8	2	4	4	28	6	5	2	2	2	17
Atemoya 杂交番茄枝	1	4	2		2	9	1	2	2		2	7
Avocado 鳄梨	5	4_	2	8	2	21	3	2	2	5	2	14
Banana 香蕉	5	4	2	8		19	3	2	2	5		12
Barley 大麦	24	16	2	8	4	54	14	10	2	5	2	33
Bean, Dried 大豆，干品	12	16	2		2	32	7	10	2		2	21
Bean, Edible Podded 大豆，鲜食豆荚	9	16	2		4	31	5	10	2		2	19
Bean, Lima, Dried 大豆，利马豆，干品	3	16	2		2	23	2	10	2		2	16
Bean, Lima, Green 大豆，利马豆，绿	8	8	2	8	2	28	5	5	2	5	2	19

（续）

	不同地区规定的试验点数						减少 40%后不同地区规定的试验点数					
	NAFTA	EU	JP	AUS	NZ	总计	NAFTA	EU	JP	AUS	NZ	总计
Bean，Mung 豆类，绿豆	3	16	2		2	23	2	10	2		2	16
Bean，Snap 豆类，菜豆	8	16	2		2	28	5	10	2		2	19
Bean，Succulent Shelled 豆类，皮可食	8	16	2		2	28	5	10	2		2	19
Beet，Garden 甜菜	8	4	2		2	16	5	2	2		2	11
Blackberry 黑莓	5	4	2		2	13	3	2	2		2	9
Blueberry 蓝莓	11	4	2	4	2	23	7	2	2	2	2	15
Bok choi 白菜	2	4	2		2	10	2	2	2		2	8
Boysenberry 杂交草莓	2	8	2		2	14	2	5	2		2	11
Broccoli 青花菜	12	8	2	8	4	34	7	5	2	5	2	21
Broccoli，Chinese（gal Ion）芥蓝	2	8	2		2	14	2	5	2		2	11
Brussels Sprouts 球芽甘蓝	5	12	2	4	2	25	3	7	2	2	2	16
Buckwheat 荞麦	9	8	2		2	21	5	5	2		2	14
Cabbage 甘蓝	12	12	2	8	4	38	7	7	2		2	23
Cabbage，Chinese 甘蓝，中国	5	8	2		2	17	3	5	2		2	12
Cacao Bean（cocoa）可可豆	3	8	2			13	2	5	2			9
Calabaza 南瓜	2	4	2				2	2	2			6
Calamondin 加利蒙地亚橘	1	4	2			7	1	2	2			5
Canary seed 加拿大油菜籽	5	4					3	2	2			7
Canola 加拿大油菜	22	12	2	8	2	46	13	7	2	5	2	29
Cantaloupe 罗马甜瓜	8	12	2	8	2	32	5	7	2	5	2	21

（续）

	不同地区规定的试验点数						减少40%后不同地区规定的试验点数					
	NAFTA	EU	JP	AUS	NZ	总计	NAFTA	EU	JP	AUS	NZ	总计
Carambola 杨桃	2	4	2		2	10	2	2	2		2	8
Caraway seed 香菜籽	2	4				6	2	2	2			6
Carob 长豆角	3	4	2			9	2	2	2			6
Carrot 胡萝卜	12	16	2	8	4	42	7	10	2	5	2	26
Cassava，bitter or sweet 木薯，苦的或甜的	2	4	2		2	10	2	2	2		2	8
Cauliflower 花椰菜	11	12	2	8	2	35	7	7	2	5	2	23
Celery 芹菜	12	8	2	4	4	30	7	5		2	2	18
Cherry，Sweet 樱桃，甜	9	4	2	3	4	22	5	2	2	2	2	13
Cherry，Tart（Sour）樱桃，酸	8	4	2	3	2	19	5	2	2	2	2	13
Chestnut 栗子	3	4	2	4	2	15	2	2	2	2	2	8
Chickpea（garbanzo bean）鹰嘴豆	3	16	2	4	2	27	2	10	2	2	2	18
Chicory 菊苣	2	8	2		2	14	2	5	2		2	11
Clover 苜蓿	12	12	2		4	30	7	7	2		2	18
Coconut 椰子	5	4	2			11	3	2	2			7
Coffee 咖啡豆	5	4	2	4		15	3	2	2	2		9
Collards 羽衣甘蓝	5	8	2		2	17	3	5	2		2	12
Corn，Field 大田谷物	20	16	2	2	4	44	12	10	2	2	2	28
Corn，Pop 爆裂玉米	3		2			5	2	0	2			4
Corn，Sweet 甜玉米	14	8	2	6	2	32	8	5	2	4	2	21
Cotton 棉花	12	8	2	8		30	7	5	2	5		19

（续）

	不同地区规定的试验点数						减少 40%后不同地区规定的试验点数					
	NAFTA	EU	JP	AUS	NZ	总计	NAFTA	EU	JP	AUS	NZ	总计
Cowpea（dried shelled bean）豇豆（干壳）	5	16	2		2	25	3	10	2		2	17
Cowpea（forage/hay）豇豆（用做饲料）	3	12	2		2	19	2	7	2		2	13
Cowpea（succulent，shelled bean）豇豆（多汁，皮可食）	3	8	2		2	15	2	5	2		2	11
Crabapple 野苹果	3	8	2		2	15	2	5	2		2	11
Cranberry 越橘	6	4	2		2	14	4	2	2		2	10
Cress，Upland 水芹	1	4	2			7	1	2	2			5
Cucumber 黄瓜	11	16	2	4	4	37	7	10	2	2	2	23
Currant 无核葡萄干	2	8	2		2	14	2	5	2		2	11
Dandelion 蒲公英	1	8	2		2	13	1	5	2		2	10
Dasheen（taro）芋头	2	4	2		2	10	2	2	2		2	8
Date 枣椰树	3	4	2			9	2	2	2			6
Dill（dill seed，dillweed）小茴香	2	8	2		2	14	2	5	2		2	11
Eggplant 茄子	3	8	2		2	15	2	5	2		2	11
Elderberry 接骨木果	3	4	2		2	11	2	2	2		2	8
Endive（escarole）菊苣	3	4	2		2	11	2	2	2		2	8
Fennel 茴香		8	2			10		5	2			7
Fig 无花果	3	4	2		2	11	2	2	2		2	8
Filbert（hazelnut）榛仁	5	4	2		2	13	3	2	2		2	9

（续）

	不同地区规定的试验点数						减少40%后不同地区规定的试验点数					
	NAFTA	EU	JP	AUS	NZ	总计	NAFTA	EU	JP	AUS	NZ	总计
Flax（= linseed）亚麻籽	10	8	2		2	22	6	5	2		2	15
Fodder beet 饲用甜菜	0	8	2		4	14	0	5	2		2	9
Garlic 大蒜	3	8	2		2	15	2	5	2		2	11
Genip 西班牙酸橙	1	4	2			7	1	2	2			5
Ginger 姜	2	4	2			8	2	2	2			6
Ginseng 人参	5	4	2			11	3	2	2			7
Gooseberry 醋栗	3	4	2		2	11	2	2	2		2	8
Grape 葡萄	16	16	2		6	40	10	10	2		4	26
Grape，table 葡萄，鲜食		12	2	8	4	26		7	2	5	2	16
Grapefruit 西柚	8	4	2	2	2	18	5	2	2	2	2	13
Grasses 牧草	12	16	2		4	34	7	10	2		2	21
Guar 瓜尔豆	3	4	2			9	2	2		2		6
Guava 番石榴	2	4	2		2	10	2	2	2		2	8
Herbs 草药		4	2			6		2	2			4
Hops 啤酒花	3	12	2		2	19	2	7	2		2	13
Horseradish 山葵	3	4	2		2	11	2	2	2		2	8
Huckleberry 越橘类	3	4	2		2	11	2	2	2		2	8
Kale 羽衣甘蓝	3	12	2		2	19	2	7	2		2	13
Kiwi fruit 猕猴桃	3	4	2		6	15	2	2	2		4	10
Kohlrabi 大头菜	3	8	2		2	15	2	5	2		2	11
Kumquat 金橘	1	4	2		2	9	1	2	2		2	7

（续）

	不同地区规定的试验点数						减少 40%后不同地区规定的试验点数					
	NAFTA	EU	JP	AUS	NZ	总计	NAFTA	EU	JP	AUS	NZ	总计
Leek 韭，葱	5	12	2	4	2	25	3	7	2	2	2	16
Lemon 柠檬	5	8	2	6	2	23	3	5	2	4	2	16
Lentil 小扁豆	8	4	2		2	16	5	2	2		2	11
Lettuce，Head 莴苣，头部	13	8	2	8	3	34	8	5	2	5	2	22
Lettuce，Leaf 莴苣，叶	13	8	2	8	3	34	8	5	2	5	2	22
Lime 酸橙	3	4	2		2	11	2	2	2		2	8
Loganberry 罗甘莓	2	8	2		2	14	2	5	2		2	11
Longan 桂圆	1	4	2			7	1	2	2			5
Lotus Root 莲藕	1	4	2			7	1	2	2			5
Lychee 荔枝	1	4	2	2		9	1	2	2	2		7
Macadamia Nut 澳洲坚果	3	4	2	6	2	17	2	2	2	4	2	12
Mamey Sapote 曼密苹果	2	4	2			8	2	2	2			6
Mandarin（tangerine）柑橘	5	8	2	8	4	27	3	5	2	5	2	17
Mango 芒果	3	4	2	8		17	2	2	2	5		11
Melon 甜瓜	3	12	2		2	19	2	7	2		2	13
Melon，Casaba 卡萨巴甜瓜	3	12	2		2	19	2	7	2		2	13
Melon，Crenshaw 克林萧甜瓜	3	12	2		2	19	2	7	2		2	13
Melon，Honeydew 蜜瓜	5	12	2		2	21	3	7	2		2	14
Millet，Proso 小米	8	8	2		2	20	5	5	2		2	14
Mint 薄荷	5	8	2		2	17	3	5	2		2	12
Mulberry 桑树	3	8	2			13	2	5	2			9

（续）

	不同地区规定的试验点数						减少40%后不同地区规定的试验点数					
	NAFTA	EU	JP	AUS	NZ	总计	NAFTA	EU	JP	AUS	NZ	总计
Mushrooms 蘑菇	3	8	2	6	2	21	2	5	2	4		13
Muskmelons 香瓜	8	12	2		2	24	5	7	2		2	16
Mustard Greens 绿芥末	8	8	2		2	20	5	5	2		2	14
Mustard，Chinese 芥末，中国	2	8	2		2	14	2	5	2		2	11
Mustard seed 芥末籽	5	8				13	3	5	2			10
Nectarine 油桃	10	12	2	8	2	34	6	7	2	5	2	22
Oat 燕麦	26	16	2	6	2	52	16	10	2	4	2	34
Okra 黄秋葵	5	4	2		2	13	3	2	2		2	9
Olive 橄榄	3	8	2		2	15	2	5	2		2	11
Onion，Dry Bulb 洋葱，干品	12	16	2	8	4	42	7	10	2	5	2	26
Onion，Green 洋葱，绿	5	8	2	4	2	21	3	5	2	2	2	14
Orange，Sour and Sweet 柑橘，酸的或者甜的	16	8	2	8	4	38	10	5	2	5	2	24
Papaya 番木瓜	3	4	2			9	2	2	2			6
Parsley 西芹	3	4	2	2	2	13	2	2	2	1	2	9
Parsnip 防风草	6	8	2		2	18	4	5	2		2	13
Passion Fruit 西番莲果	2	4	2		2	10	1	2	2		2	7
Pawpaw 木瓜	3	4	2			9	2	2	2			6
Pea，Chinese 豌豆，中国	1	8	2		2	13	1	5	2		2	10
Pea，Dried Shelled 豌豆，干壳	13	16	2	8	2	41	8	10	2	5	2	27
Pea，Edible podded 食荚豌豆	8	12	2	6	2	30	5	7	2	4	2	20
Pea，Edible Podded 食荚豌豆	3	8	2		2	15	2	5	2		2	11

（续）

	不同地区规定的试验点数						减少 40%后不同地区规定的试验点数					
	NAFTA	EU	JP	AUS	NZ	总计	NAFTA	EU	JP	AUS	NZ	总计
Pea，Field（Austrian Winter）(forage/hay) 红豌豆	3	12	2	8	2	27	2	7	2	5	2	18
Pea，Succulent Shelled（Pea，Garden，Succulent）青豆	14	12	2		2	30	8	7	2		2	19
Peach 桃	16	12	2	8	4	42	10	7	2	5	2	26
Peanut 花生	12	4	2	8		26	7	2	2	5		16
Peanut，Perennial 花生，多年生	3	4	2			9	2	2	2			6
Pear 梨	11	16	2	8	4	41	7	10	2	5	2	26
Pecan 美洲山核桃	5	4	2	4	2	17	3	2	2	2	2	11
Pepper，(other than bell) 辣椒，不包括甜椒	3	4	2		2	11	2	2	2		2	8
Pepper，Bell 甜椒	12	12	2		2	28	7	7	2		2	18
Persimmon 柿子	3	4	2		4	13	2	2	2		2	8
Pimento 甘椒	2	4	2		2	10	2	2	2		2	8
Pineapple 菠萝	8	4	2			14	5	2	2			9
Pistachio 开心果	3	4	2			9	2	2	2			6
Plantain 芭蕉	3	4	2			9	2	2	2			6
Plum 李	11	12	2	8	2	35	7	7	2	5	2	23
Pomegranate 石榴	3	4	2			9	2	2	2			6
Potato 马铃薯	26	16	2	8	4	56	16	10	2	5	2	35
Pumpkin 南瓜	8	8	2	4	2	24	5	5	2	2	2	16
Quince 榅桲	3	4	2		2	11	2	2	2		2	8

（续）

	不同地区规定的试验点数						减少40%后不同地区规定的试验点数					
	NAFTA	EU	JP	AUS	NZ	总计	NAFTA	EU	JP	AUS	NZ	总计
Radish 小萝卜	7	8	2		2	19	4	5	2		2	13
Radish，Oriental（daikon）萝卜，日本	2	4	2		2	10	2	2	2		2	8
Rapeseed 油菜籽	3	12	2		2	19	2	7	2		2	13
Raspberry，Black and Red 油菜籽，黑色和红色	6	4	2		2	14	4	2	2		2	10
Rhubarb 食用大黄	5	4	2		2	13	3	2	2		2	9
Rice 水稻	16	8	2	6		32	10	5	2	4		21
Rice，Wild 水稻，野生	5	8	2			15	3	5	2			10
Rutabaga 芜菁甘蓝	8	8	2		2	20	5	5	2		2	14
Rye 黑麦	10	16	2		2	30	6	10	2		2	20
Safflower 红花	6	8	2		2	18	4	5	2		2	13
Sainfoin 红豆草	3	12	2		2	19	2	7	2		2	13
Salsify 婆罗门参	3	8	2		2	15	2	5	2		2	11
Saskatoons 唐棣	2	4				6	2	2	2			6
Sesame 芝麻	3	4	2			9	2	2	2			6
Shallot 青葱	3	8	2		2	15	2	5	2		2	9
Sorghum，Grain 高粱，谷物	12	8	2	6	2	30	7	5	2	4	2	20
Soybean（dried）大豆（干）	20	12	2	8	4	46	12	7	2	5	2	28
Spices 香料		4	2			6		2	2			4
Spinach 菠菜	11	8	2		2	23	7	5	2		2	16
Squash，Summer 南瓜，夏天	11	8	2		4	25	7	5	2		2	16

（续）

	不同地区规定的试验点数						减少 40%后不同地区规定的试验点数					
	NAFTA	EU	JP	AUS	NZ	总计	NAFTA	EU	JP	AUS	NZ	总计
Squash，Winter 南瓜，冬天	5	8	2		2	17	3	5	2		2	12
Strawberry 草莓	10	16	2	8	4	40	6	10	2	5	2	25
Sugar Beet 甜菜	14	16	2	2		34	8	10	2	2		22
Sugarcane 甘蔗	8	4	2	8		22	5	2	2	5		14
Sunflower 向日葵	10	12	2	8	2	34	6	7	2	5	2	22
Sweet Potato 甘薯	8	4	2		2	16	5	2	2		2	11
Chard 甜菜	3	4	2		2	11	2	2	2		2	8
Tangelo 橘柚	3	4	2		2	11	2	2	2		2	8
Tanier（cocoyam）可可芋	2	4	2			8	2	2	2			6
Tea 茶叶		4	2			6		2	2			4
Tobacco 烟草	8	4	2		2	16	5	2	2		2	11
Tomato 番茄	27	16	2	8	4	57	16	10	2	5	2	35
Triticale 黑小麦	5	16	2	4	2	29	3	10	2	2	2	19
Turnip，root 萝卜，根茎	5	4	2		4	15	3	2	2		2	9
Turnip，tops（leaves）萝卜，叶	5	4	2		2	13	3	2	2		2	9
Walnut，Black and English 胡桃，黑色和英国的	3	8	2		2	15	2	5	2		2	11
Watercres 水田芥	2	4	2		2	10	2	2	2		2	8
Watermelon 西瓜	8	4	2	4	2	20	5	2	2	2	2	13
Wheat 小麦	33	16	2	12	4	67	20	10	2	7	2	41
Yam，True 山药	3	4	2		2	11	2	2	2		2	8

附录XIII　MANN-WHITNEY 检验的临界值（$A_2=0.05$）

n_1 和 n_2 分别是两个系列的残留的个数，当两个系列点个数不同时，n_1 表示其中个数少的。如果计算出的 U_1 比表格中相应查出的值大，那么表明，两组样品是相同的。

n_1	3	4	5	6	7	8	9	10	11	12	13	14	15	16	17	18	19	20	21	22	23	24	25
n_2																							
4	—	0																					
5	0	1	2																				
6	1	2	3	5																			
7	1	3	5	6	8																		
8	2	4	6	8	10	13																	
9	2	4	7	10	12	15	17																
10	3	5	8	11	14	17	20	23															
11	3	6	9	13	16	19	23	26	30														
12	4	7	11	14	18	22	26	29	33	37													
13	4	8	12	16	20	24	28	33	37	41	45												
14	5	9	13	17	22	26	31	36	40	45	50	55											
15	5	10	14	19	24	29	34	39	44	49	54	59	64										
16	6	11	15	21	26	31	37	42	47	53	59	64	70	75									
17	6	11	17	22	28	34	39	45	51	57	63	69	75	81	87								
18	7	12	18	24	30	36	42	48	55	61	67	74	80	86	93	99							
19	7	13	19	25	32	38	45	52	58	65	72	78	85	92	99	106	113						
20	8	14	20	27	34	41	48	55	62	69	76	83	90	98	105	112	119	127					
21	8	15	22	29	36	43	50	58	65	73	80	88	96	103	111	119	126	134	142				
22	9	16	23	30	38	45	53	61	69	77	85	93	101	109	117	125	133	141	150	158			
23	9	17	24	32	40	48	56	64	73	81	89	98	106	115	123	132	140	149	157	166	175		
24	10	17	25	33	42	50	59	67	76	85	94	102	111	120	129	138	147	156	165	174	183	192	
25	10	18	27	35	44	53	62	71	80	89	98	107	117	126	135	145	154	163	173	182	192	201	211

图书在版编目（CIP）数据

联合国粮食及农业组织用于推荐食品和饲料中最大残留限量的农药残留数据提交和评估手册/联合国粮食及农业组织农药残留专家联席会议编．—2版．—北京：中国农业出版社，2012.12

ISBN 978-7-109-17426-9

Ⅰ．①联…　Ⅱ．①联…　Ⅲ．①联合国粮农组织-食品-农药残留-残留量测定-评估-手册②联合国粮农组织-饲料-农药残留-残留量测定-评估-手册　Ⅳ．①TS207.5－62②S816－62

中国版本图书馆CIP数据核字（2012）第279992号

中国农业出版社出版
（北京市朝阳区农展馆北路2号）
（邮政编码100125）
责任编辑　阎莎莎　张洪光

中国农业出版社印刷厂印刷　　新华书店北京发行所发行
2013年1月第2版　　2013年1月第2版北京第1次印刷

开本：880mm×1230mm 1/16　　印张：15
字数：332千字
定价：80.00元